わかる制御工学入門

電気・機械・航空宇宙システムを学ぶために

嶋田有三

産業図書

はじめに

　かつて，航空工学では，流体力学，構造力学，推進工学，飛行力学が重要学問であったが，近年はこれに制御工学が必須の学問として加わってきている．
　制御工学は，もともと自動制御技術として電気工学，機械工学等の各分野で個別に発展してきたものが，数学的に共通の現象を取り扱っていることから理論的な体系化がなされ，今ではどの分野にも共通に通用する学問として位置付けられるようになってきている．しかも，今なお発展中の現在進行形の学問である．そのためか最近はその一般性を強調した抽象的な取扱いの成書が多数出版されるようになり，逆に工学的見地から取り扱った入門書が少ないように見受けられる．
　このように制御工学の教科書はどうしても理論的解説が工学の他の教科書より多くなりがちであり，初心者にとって取っつきにくい科目の一つである．そこで，本書では，電気回路や直流サーボモータから始まって機械的振動問題や航空宇宙システムに至るまでの数多くの実例をとり扱うことで工学的興味を失うことなく自然に制御理論を理解できるように心掛けている．例えば，7章で航空機の姿勢制御システムのブロック線図を描いてみる．すると，水平尾翼の効果がフィードバックループとして目に見えるようになり，この水平尾翼の空力的フィードバック（と著者は呼んでいるが）の不足分を，電気的（初期のオートパイロットは空気圧＋機械）なフィードバックで補っているのが安定増加装置だということが理解できるようになる．ヘリコプターや人工衛星の運動ではこれらの空力的フィードバックが固有に備わっていないため，安定化装置が必須であることも自然と理解できるようになり，設計の糸口も見えてくるようになる．
　本書はこのような意図から書かれているが，ただの例題集でもない．本書を通読された方は，入門書とうたっている割にはその式の多さに圧倒されるかも知れない．しかしこれは，理論的な背景もしっかり理解できるように式展開を手抜きしないで書くことにしたからである．また，**ラプラス変換や行列論に自信のない人にもわかるよう**工夫している．したがって，頁数は多いが9章を除いては古典制御の範囲に限定しており，学部レベルをこえる内容は扱ってはいない．
　このように，本書の特徴は何といってもその**豊富な例題**や**航空宇宙機**に関する問題集と相まって，**手を抜かない式展開**と，理解容易のための**数多くの挿し絵や図**を用意した点にある．また，**専門用語に対応する英語**もそのつど載せるように努力した．

本書の成り立ち

　DTP（ディスクトップ・パブリッシング）の言葉にのせられMacintoshにて講義用テキストを作成しはじめて１２年近くが過ぎてしまった．その前の某メーカーのワープロ専用機による講議テキストを含めれば１５年近くになる．この間，制御工学に関する類書が次々と刊行され，本書を出す意義は？と悩んだ時期もあったが，その間も，日々の講議や学生実験の審査を通じて感じて来たことをフィードバックしながら毎年テキストを更新し続けてきたものである．

　この間，筆者の悪筆と戦いながら本書の清書に努力された斉藤博子，宮澤裕子さんに感謝します．

２００４年２月，著者

この分野に誘導して下さった恩師　佐貫亦男　先生に捧ぐ．

（第３刷発行に際し，誤植を訂正し，表現上の手直しや図の追加などを行いました．
２００９年2月，著者）

目　次

はじめに

第1章　数学的準備 ……………………………………………… 1
- 1—1　ラプラス変換と逆変換 ……………………………………… 1
- 1—2　ラプラス変換の諸性質 ……………………………………… 6
- 1—3　ラプラス変換法による線形（型）微分方程式の解法 ……… 9
- 1—4　ラプラス逆変換による求解 ………………………………… 12
- 1—5　線形微分方程式の極位置と過渡応答 ……………………… 15
- 1—6　まとめ ………………………………………………………… 19
-     　問題 …………………………………………………………… 19

第2章　伝達関数とブロック線図 ……………………………… 23
- 2—1　伝達関数 ……………………………………………………… 23
- 2—2　直流電動機の伝達関数 ……………………………………… 29
- 2—3　ブロック線図の等価変換 …………………………………… 35
- 2—4　シグナルフロー線図（信号流れ線図／信号伝達線図） …… 41
- 2—5　まとめ ………………………………………………………… 49
-     　問題 …………………………………………………………… 49

第3章　フィードバック制御の特性 …………………………… 55
- 3—1　閉ループ制御システムの定常偏差 ………………………… 55
- 3—2　パラメータ変動に対する制御システムの低感度化 ……… 57
- 3—3　制御システムの過渡応答の改善 …………………………… 62
- 3—4　フィードバック制御システムによる外乱信号の抑制 …… 64
- 3—5　追値制御と定値制御 ………………………………………… 68
- 3—6　フィードバック制御のコスト ……………………………… 69
- 3—7　まとめ ………………………………………………………… 70
-     　問題 …………………………………………………………… 71

第4章 制御システムの性能評価 ・・・・・・・・・・・・・・・ 77
- 4—1 過渡特性とテスト信号 ・・・・・・・・・・・・・・・ 77
- 4—2 標準2次システムの過渡応答 ・・・・・・・・・・・・ 80
- 4—3 過渡特性の評価 ・・・・・・・・・・・・・・・・・ 83
- 4—4 高次系の過渡応答と根位置 ・・・・・・・・・・・・・ 86
- 4—5 零点がシステム過渡応答に及ぼす影響 ・・・・・・・・ 90
- 4—6 フィードバック制御システムの定常偏差 ・・・・・・・ 93
- 4—7 PID制御則 ・・・・・・・・・・・・・・・・・・ 96
- 4—8 性能指数と評価関数 ・・・・・・・・・・・・・・・ 99
- 4—9 まとめ ・・・・・・・・・・・・・・・・・・・・ 103
  - 問題 ・・・・・・・・・・・・・・・・・・・・・ 104

第5章 周波数応答法 ・・・・・・・・・・・・・・・・・・ 109
- 5—1 はじめに ・・・・・・・・・・・・・・・・・・・ 109
- 5—2 周波数伝達関数 ・・・・・・・・・・・・・・・・ 109
- 5—3 ベクトル軌跡（極プロット）・・・・・・・・・・・・ 112
- 5—4 ボード線図 ・・・・・・・・・・・・・・・・・・ 116
- 5—5 周波数応答の複素ベクトル的解釈 ・・・・・・・・・ 124
- 5—6 ボード線図の作図例 ・・・・・・・・・・・・・・ 128
- 5—7 非最小位相（推移）系 ・・・・・・・・・・・・・・ 132
- 5—8 周波数領域における性能仕様 ・・・・・・・・・・・ 134
- 5—9 MATLABの利用 ・・・・・・・・・・・・・・・ 136
- 5—10 まとめ ・・・・・・・・・・・・・・・・・・・ 137
  - 問題 ・・・・・・・・・・・・・・・・・・・・・ 138

第6章 s平面における安定判別法 ・・・・・・・・・・・・・ 141
- 6—1 安定性の概念 ・・・・・・・・・・・・・・・・・ 141
- 6—2 ラウスの安定判別法（基準）・・・・・・・・・・・・ 142
- 6—3 制御システムの相対的安定度と代表根の指定 ・・・・・ 149
- 6—4 まとめ ・・・・・・・・・・・・・・・・・・・ 150
  - 問題 ・・・・・・・・・・・・・・・・・・・・・ 151

第7章　根軌跡法 ……………………………………… 153
7—1　はじめに ……………………………………… 153
7—2　根軌跡の概念 ………………………………… 153
7—3　根軌跡の諸性質と根軌跡法 ………………… 154
7—4　根軌跡法による航空・宇宙機の姿勢制御システム設計例 … 165
7—5　根軌跡法による複数パラメータの設計 …… 172
7—6　まとめ ………………………………………… 176
　　　　問題 ……………………………………………… 176

第8章　周波数領域における安定判別法 ……………… 183
8—1　はじめに ……………………………………… 183
8—2　s平面上における閉曲線の等角写像 ……… 183
8—3　ナイキスト線図とナイキストの安定判別法 … 187
8—4　相対安定とナイキスト線図 ………………… 201
8—5　ゲイン－位相線図 …………………………… 205
8—6　時間遅れがある制御システムの安定性 …… 207
8—7　閉ループ周波数応答とニコルス線図 ……… 210
8—8　まとめ ………………………………………… 213
　　　　問題 ……………………………………………… 215

第9章　制御システムの時間領域解析 ………………… 221
9—1　状態空間表示 ………………………………… 221
9—2　実現問題 ……………………………………… 224
9—3　状態ベクトル微分方程式の解 ……………… 235
9—4　2次形式と正定値行列の意味 ……………… 242
9—5　リアプノフの直接法（第2法）……………… 247
9—6　まとめ ………………………………………… 251
　　　　問題 ……………………………………………… 253

参考文献 ……………………………………………………… 257
索　　引 ……………………………………………………… 258

第1章 数学的準備

1-1 ラプラス変換と逆変換

ラプラス変換法とは，時間領域で記述された関数を複素周波数領域の関数に変換することによって，微分方程式の解法を代数方程式の解法問題に変換する方法のことである．ラプラス変換法はもともと過渡現象を便宜的に取り扱うことを目的に工学分野で開発された実用的数学であるが，その後線形微分方程式を解くための演算子法として整備され，今日では過渡現象問題を取り扱う工学の諸分野で多いに利用されるに至っている．

本章では，このラプラス変換法を，2章以降から始まる制御システムの解析と設計の道具として自由に使いこなせるよう，実用的な観点から説明する．

(1) ラプラス変換と逆変換の定義

$t<0$ において $f(t)=0$ で，$t \geq 0$ で定義されるある時間関数 $f(t)$ について，次の(1-1), (1-2)式のようにラプラス変換とその逆変換を定義する．

$$\text{ラプラス変換}: F(s) = \mathcal{L}[f(t)] = \int_0^\infty f(t)e^{-st}dt \qquad (1\text{-}1)$$

$$\text{ラプラス逆変換}: f(t) = \mathcal{L}^{-1}[F(s)] = \frac{1}{2\pi j}\int_{c-j\infty}^{c+j\infty} F(s)e^{st}ds \qquad (1\text{-}2)$$

ここで $s=\sigma+j\omega$ はラプラス演算子と呼ばれる複素数であり，j は虚数単位である．また，c は積分が収束するように定められた任意の実定数である．なお，$\mathcal{L}[\ ]$ や $\mathcal{L}^{-1}[\ ]$ はラプラス変換やラプラス逆変換を表す形式的な記号として以後使用する．さらに，Re, Im を実部と虚数部を表す記号として後に使用する．

$$\mathcal{L}[\ ] = \int_0^\infty [\ ]e^{-st}dt \qquad (1\text{-}3)$$

$$\mathcal{L}^{-1}[\ ] = \frac{1}{2\pi j}\int_{c-j\infty}^{c+j\infty}[\ ]e^{st}ds \qquad (1\text{-}4)$$

(1-1),(1-2)式において，ラプラス変換される前の関数 $f(t)$ を表（原）関数(original function)，ラプラス変換された複素関数 $F(s)$ を裏（像）関数(image function)という．図1-1はラプラス変換と逆変換をイメージとして表現したものである．なお，ラプラス変換に類似した変換法の一種として，フーリエ変換がある．ラプラス変換が過渡現象（応答）を取り扱うのに対して，フーリエ変換は定常的な振動現象（応答）を取り扱う点が異なっており，ラプラス変換はフーリエ変換の拡張として考えることができる．

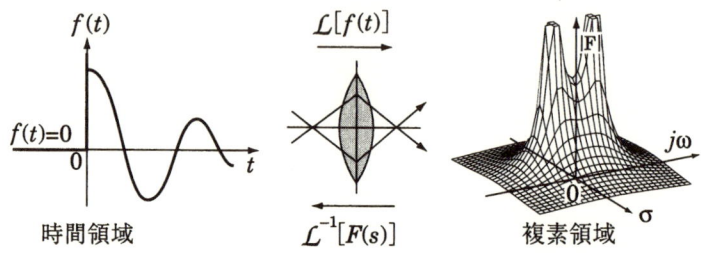

図 1-1　ラプラス変換・逆変換のイメージ

(2) Euler の公式（恒等式）

オイラーの恒等式(Euler identity)と呼ばれる次の公式は，本書においてよく使用される極めて重要な公式であり，特定の位相では図1-2のようになる．

$$e^{\pm j\theta} = \cos\theta \pm j\sin\theta \tag{1-5}$$

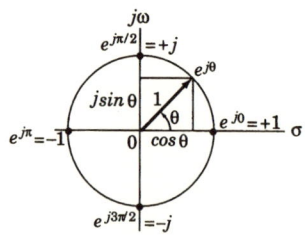

図 1-2　Euler の公式

(3) ラプラス変換の例

例題 1-1　単位ステップ関数(unit step function)をラプラス変換する．
(1-1)の定義式に従って図1-3に示す単位ステップ関数 $u(t)$ をラプラス変換する

と

$$\mathcal{L}[u(t)] = \int_0^\infty u(t)e^{-st}dt = \left[-\frac{1}{s}e^{-st}\right]_0^\infty = -\frac{1}{s}\left(\lim_{t\to\infty}e^{-st} - e^0\right) \quad (1\text{-}6)$$

オイラーの公式から右辺の第1項は次のようになる．

$$e^{-st} = e^{-(\sigma+j\omega)t} = e^{-\sigma t}e^{-j\omega t} = e^{-\sigma t}(\cos\omega t - j\sin\omega t) \quad (1\text{-}7)$$

ここで実部が $\operatorname{Re} s = \sigma > 0$ のとき，$\lim_{t\to\infty}e^{-\sigma t} = 0$ であるから

$$\lim_{t\to\infty}e^{-st} = 0 \quad (1\text{-}8)$$

と原点に収束する．図1-4にその様子を示す．したがって(1-6)式のラプラス積分は第1項が0になるから次の関数に収束する．

$$\therefore \mathcal{L}[u(t)] = \frac{1}{s} \quad (1\text{-}9)$$

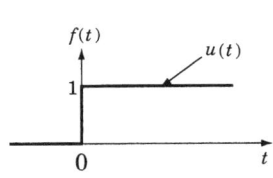
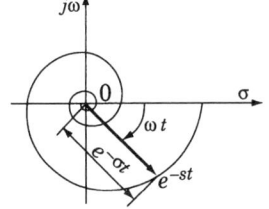

図 1-3　単位ステップ関数　　　図 1-4　実部と収束性

例題 1-2　**指数関数**(exponential function)をラプラス変換する．

図1-5に示すように，$t<0$ では $f(t) = 0$ で，$t \geq 0$ で指数関数 e^{-at} に一致するような関数は，$f(t) = e^{-at}u(t)$ のように，単位ステップ関数 $u(t)$ を e^{-at} に掛けることで表すことができる．これをやはり定義に従ってラプラス変換すると

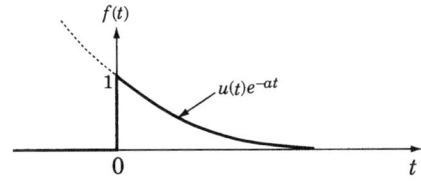

図 1-5　指数関数

$$\mathcal{L}\left[u(t)e^{-at}\right] = \int_0^\infty 1 \cdot e^{-at}e^{-st}dt = \int_0^\infty e^{-(s+a)t}dt \quad (1\text{-}10)$$
$$= -\frac{1}{s+a}\left[e^{-(s+a)t}\right]_0^\infty = -\frac{1}{s+a}\left(\lim_{t\to\infty}e^{-(s+a)t} - e^0\right)$$

ここで

$$e^{-(s+a)t} = e^{-(\sigma+a)t-j\omega t} = e^{-(\sigma+a)t}(\cos\omega t - j\sin\omega t) \quad (1\text{-}11)$$

から $\mathrm{Re}(s+a) = \sigma + a > 0$，すなわち $\mathrm{Re}\,s = \sigma > -a$ のとき

$$\lim_{t\to\infty} e^{-(s+a)t} = 0 \quad (1\text{-}12)$$

となる．したがって(1-10)式のラプラス積分は収束して次の関数となる．

$$\therefore \mathcal{L}\left[u(t)e^{-at}\right] = \frac{1}{s+a} \quad (1\text{-}13)$$

さて，例題1-1, 1-2 においてラプラス積分が収束するためには，図1-6に示すように収束域があることを知った．しかし応用に際しては，この収束域の左側の特異点を除く正則領域にまでこの関数を拡張することが行われる（これを**解析接続**という）．このあたりのことは複素関数論の専門書を読む必要があるが，実用上はこの収束域のことを気にしなくても一向にかまわない．

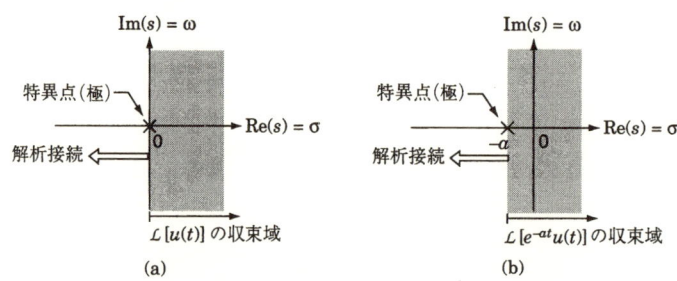

図 1-6　ラプラス積分の収束域と解析接続

(4) ラプラス変換・逆変換表

表1-1によく使用される関数のラプラス変換・逆変換表を示す．原関数の表示に際しては，$t < 0$ では $f(t) = 0$ であることを積極的に明示するために，単位ステップ関数 $u(t)$ を $f(t)$ の各関数につける場合と，自明のこととして省略する

表 1-1 ラプラス変換・逆変換表

	波形	原関数 $f(t)$	$F(s)$
1		$\delta(t)$ (ディラックのデルタ関数)	1
2		$u(t)$ あるいは 1 (単位ステップ関数)	$\dfrac{1}{s}$
3		$u(t)\,t$ あるいは t	$\dfrac{1}{s^2}$
4		$u(t)\,e^{-at}$ あるいは e^{-at} (a は一般に複素数)	$\dfrac{1}{s+a}$
5		$u(t)\sin\omega t$ あるいは $\sin\omega t$	$\dfrac{\omega}{s^2+\omega^2}$
6		$u(t)\cos\omega t$ あるいは $\cos\omega t$	$\dfrac{s}{s^2+\omega^2}$
7		$u(t)\,e^{-at}\sin\omega t$ あるいは $e^{-at}\sin\omega t$ a は実数で $\begin{cases} a>0;\ 収束 \\ a<0;\ 発散 \end{cases}$	$\dfrac{\omega}{(s+a)^2+\omega^2}$
8		$u(t)\,e^{-at}\cos\omega t$ あるいは $e^{-at}\cos\omega t$ a は実数で $\begin{cases} a>0;\ 収束 \\ a<0;\ 発散 \end{cases}$	$\dfrac{s+a}{(s+a)^2+\omega^2}$

場合の2通りの流儀があるので慣れるまでは注意が必要である．また，インパルス関数$\delta(t)$や単位ステップ関数$u(t)$の記号については，航空宇宙関係で用いられるエレベータ，ラダー，エイルロン舵角を表す$\delta_e, \delta_r, \delta_a$や，対気速度を意味する$u$と混同しないように応用に際しては注意が必要である．

次節では微分方程式の解法に有用なラプラス変換の諸性質について証明抜きに示す．

1-2　ラプラス変換の諸性質

さて，対面する問題によっては表1-1の変換表には存在しないような関数をラプラス変換あるいは逆変換しなければならなくなることがある．このような場合には，ラプラス変換に係わる以下の諸性質を用いて，変換表が利用可能な形に書き直すことを試みる．こうすることで制御工学の問題で現れるほとんどの関数はラプラス変換可能になるのである．

(1) 線形性
次の性質が成立するとき，その関数は**線形性**を有するという．（線形性については1-5節を参照のこと）

$$\mathcal{L}[af(t)] = a\mathcal{L}[f(t)] = aF(s) \tag{1-14a}$$

$$\mathcal{L}[f_1(t) \pm f_2(t)] = \mathcal{L}[f_1(t)] \pm \mathcal{L}[f_2(t)] = F_1(s) \pm F_2(s) \tag{1-14b}$$

$$\mathcal{L}[a_1 f_1(t) \pm a_2 f_2(t)] = a_1 \mathcal{L}[f_1(t)] \pm a_2 \mathcal{L}[f_2(t)] = a_1 F_1(s) \pm a_2 F_2(s) \tag{1-14c}$$

(2) 導関数のラプラス変換
導関数のラプラス変換に関しては実用上極めて重要な次の公式がある．

$$\mathcal{L}[f^{(1)}(t)] = sF(s) - f(0) \tag{1-15a}$$

$$\mathcal{L}[f^{(2)}(t)] = s^2 F(s) - sf(0) - f^{(1)}(0) \tag{1-15b}$$

$$\mathcal{L}[f^{(n)}(t)] = s^n F(s) - s^{n-1} f(0) - s^{n-2} f^{(1)}(0) \ldots - s f^{(n-2)}(0) - f^{(n-1)}(0) \tag{1-15c}$$

ただし$f^{(n)}(t) = d^n f(t)/dt^n$とする．なお，関数$f(t)$の初期値として図1-7(a)

に示すように,

$$f(0) = \begin{cases} f(-0) & \cdots\cdots 第1種初期値 \\ f(+0) & \cdots\cdots 第2種初期値 \end{cases} \quad (1\text{-}16)$$

と区別する場合があるが，ここで通常扱うのは第1種初期値の方である．

(3) 積分のラプラス変換

$$\mathcal{L}\left[f^{(-1)}(t)\right] = \frac{F(s)}{s} + \frac{f^{(-1)}(0)}{s} \quad (1\text{-}17\text{a})$$

$$\mathcal{L}\left[f^{(-n)}(t)\right] = \frac{1}{s^n} F(s) + \frac{1}{s^n} f^{(-1)}(0) + \frac{1}{s^{n-1}} f^{(-2)}(0) + \cdots + \frac{1}{s} f^{(-n)}(0)$$
$$(1\text{-}17\text{b})$$

ただし $f^{(-n)}(t)$ は $f(t)$ の n 重積分を表す．例えば $n=1$ の場合は

$$f^{(-1)}(t) = \int_{-0}^{t} f(\tau)d\tau + f^{(-1)}(-0) \quad (1\text{-}17\text{c})$$

である．(1-15),(1-17a,b)式において，初期値を無視すれば微分作用と積分作用は，ラプラス変換された複素領域においては，それぞれ s による**乗算**と**除算**の関係にあると記憶するとこの先便利である．

$$\boxed{\frac{d}{dt} \Leftrightarrow s, \quad \int dt \Leftrightarrow \frac{1}{s}} \quad (1\text{-}18)$$

(4) 複素推移定理

本定理は関数 $f(t)$ のラプラス変換が既にわかっていて，指数的な減衰（発散）を表す指数関数との積が与えられた場合に便利である．

$$\mathcal{L}\left[e^{-at}f(t)\right] = F(s+a), \quad ただし \mathcal{L}[f(t)] = F(s) \quad (1\text{-}19)$$

一例として，本定理を用いて表1-1の7欄を導こう．(1-19)式の左辺において $f(t) = u(t)\cdot \sin\omega t$ と考えれば，次のように簡単に求めることができる．

$$\mathcal{L}\left[e^{-at}\cdot u(t)\sin\omega t\right] = \mathcal{L}[u(t)\sin\omega t]\Big|_{s=s+a} = \left[\frac{\omega}{s^2+\omega^2}\right]_{s=s+a} = \frac{\omega}{(s+a)^2+\omega^2}$$
$$(1\text{-}20)$$

(5) 実推移定理（時間推移定理）

関数 $f(t)$ のラプラス変換がわかっている場合，時間軸上で正あるいは負の方向に移動した関数のラプラス変換を求める際に有効である（図1-7）．

$$\mathcal{L}[f(t-a)] = e^{-as}F(s) \tag{1-21}$$

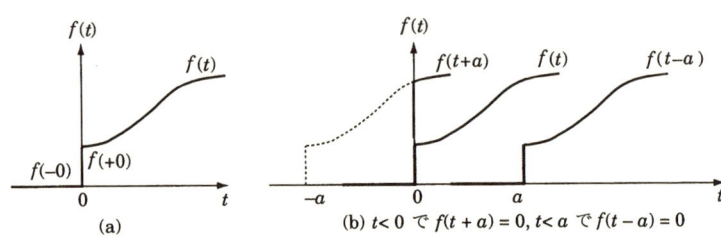

図 1-7　時間推移定理の意味

$t = \infty$ における $f(t)$ の最終値を求めるには，次の定理が便利である．

(6) 最終値の定理

$$f(\infty) = \lim_{s \to 0}[sF(s)] \tag{1-22}$$

ただし，$sF(s)$ は $\mathrm{Re}(s) \geq 0$ において正則であること，すなわち $\mathrm{Re}(s) \geq 0$ 上に特異点（特性根）がないことである．もし不安定根があれば当然 $\lim_{t \to \infty} f(t)$ は存在しない．

(7) 相乗定理

$$\mathcal{L}\left[\int_0^t f_1(t-\tau)f_2(\tau)d\tau\right] = \mathcal{L}\left[\int_0^t f_1(\tau)f_2(t-\tau)d\tau\right] = F_1(s)F_2(s) \tag{1-23}$$

ただし，$t < 0$ では $f_1(t) = f_2(t) = 0$ である．

本定理の具体例として，4-1節でインパルス応答 $f_1(t) = g(t)$ と入力信号 $f_2(t) = r(t)$ に関して $\int_0^t g(t-\tau)r(\tau)d\tau$ の形の積分が現れる．この形の積分を畳み込み積分あるいは**重畳積分**，**合成積分**，**相乗積分**(convolution integral, superposition integral) などという．関数 $g(t-\tau)$ は図1-8に示すように，元の関数 $f_1(t) = g(t)$ を時間軸を反転した（折りたたんだ）形になっている．

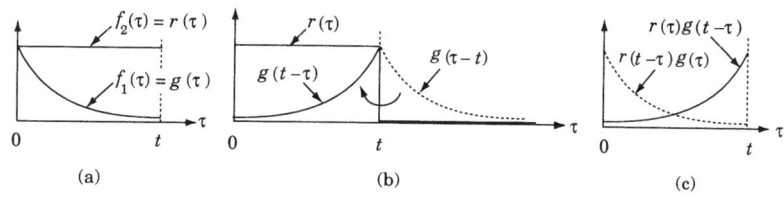

図1-8 畳み込み積分の意味（τの関数であることに注意）

(8) 複素相乗定理

$$\mathcal{L}[f_1(t)f_2(t)] = \frac{1}{2\pi j}\int_{c-j\infty}^{c+j\infty} F_1(s-\lambda)F_2(\lambda)d\lambda \quad (1\text{-}24)$$

（注意）2つの相乗定理(1-23),(1-24)で注意しなければならないことは，$\mathcal{L}[f_1(t)f_2(t)] = F_1(s)F_2(s)$とはならないことである．

1-3 ラプラス変換法による線形（型）微分方程式の解法

定係数をもつ微分方程式の一般形は

$$y^{(n)}(t) + a_{n-1}y^{(n-1)}(t)\cdots + a_1 y^{(1)}(t) + a_0 y(t) = f(t) \quad (1\text{-}25)$$

で示され，右辺を**強制（入力）項**と称する．強制項 $f(t)$ が $f(t) \equiv 0$ の場合を**斎次方程式**，$f(t) \neq 0$ の場合を**非斎次方程式**という．斎次方程式は初期条件のみで解の挙動が決定される．

さて，(1-25)式の両辺をラプラス変換すると

$$\mathcal{L}\left[y^{(n)}(t) + a_{n-1}y^{(n-1)}(t) + \cdots + a_1 y^{(1)}(t) + a_0 y(t)\right] = \mathcal{L}[f(t)] \quad (1\text{-}26)$$

ラプラス変換の線形性より各項のラプラス変換は次のようになる．

$$\begin{aligned}
&\mathcal{L}[f(t)] = F(s), \quad \mathcal{L}[a_0 y(t)] = a_0 Y(s) \\
&\mathcal{L}[a_1 y^{(1)}(t)] = a_1\{sY(s) - y(0)\} \\
&\mathcal{L}[a_2 y^{(2)}(t)] = a_2\{s^2 Y(s) - s^1 y(0) - y^{(1)}(0)\} \\
&\cdots\cdots\cdots \\
&\mathcal{L}[y^{(n)}(t)] = s^n Y(s) - s^{n-1}y(0) - s^{n-2}y^{(1)}(0)\cdots - y^{(n-1)}(0)
\end{aligned} \quad (1\text{-}27)$$

これを(1-26)式に代入し，左辺には $Y(s)$ に関する項のみを残し，初期値の項を

右辺に移行すると

$$(s^n + a_{n-1}s^{n-1} + a_{n-2}s^{n-2} \cdots + a_1 s + a_0)Y(s) =$$
$$F(s) + (s^{n-1} + a_{n-1}s^{n-2} \cdots + a_1)y(0) \cdots + (s + a_{n-1})y^{(n-2)}(0) + y^{(n-1)}(0)$$
(1-28)

両辺を左辺の多項式で割って $Y(s)$ を得る．

$$Y(s) = \frac{F(s)}{s^n + a_{n-1}s^{n-1} + a_{n-2}s^{n-2} + \cdots + a_1 s + a_0}$$
$$+ \frac{(s^{n-1} + a_{n-1}s^{n-2} \cdots + a_1)y(0) + \cdots + y^{(n-1)}(0)}{s^n + a_{n-1}s^{n-1} + a_{n-2}s^{n-2} + \cdots + a_1 s + a_0} \quad (1\text{-}29)$$

この右辺第1項を**強制応答**，初期値によって定まる第2項を**自由応答**といい，これらをラプラス逆変換すれば微分方程式論でいう**特殊解**と**余関数**にそれぞれ対応する．また，すべての初期値を0，すなわち，$y(0) = \cdots = y^{(n-1)}(0) = 0$ とおいたときの強制応答と強制入力の比 $Y(s)/F(s)$ を**伝達関数**(transfer function)という．

$$\frac{Y(s)}{F(s)} = \frac{1}{s^n + a_{n-1}s^{n-1} + \cdots + a_1 s + a_0} \quad (1\text{-}30)$$

ここで，伝達関数の分母多項式のことを**特性多項式**といい，特性多項式を0とおいた**特性方程式**(characteristic equation)

$$s^n + a_{n-1}s + \cdots + a_1 s + a_0 = (s + \lambda_1)(s + \lambda_2) \cdots (s + \lambda_n) = 0 \quad (1\text{-}31)$$

の**特性根**(characteristic root) $-\lambda_1, -\lambda_2, \cdots, -\lambda_n$ を制御工学では**極**(pole)という．

さて，(1-29)式を逆変換する方法として次の部分分数に展開する**展開定理**と呼ばれる方法がある．

$$Y(s) = \frac{A_1}{s + \lambda_1} + \frac{A_2}{s + \lambda_2} + \cdots + \frac{A_n}{s + \lambda_n} \quad (1\text{-}32)$$

このような形に展開できれば，各項は(1-13)式あるいは表1-1の4欄より

$$y(t) = \left\{ A_1 e^{-\lambda_1 t} + A_2 e^{-\lambda_2 t} + \cdots + A_n e^{-\lambda_n t} \right\} u(t) \quad (1\text{-}33)$$

の形にラプラス逆変換される．この式の各指数部より極の値が過渡応答波形を定めていることがわかる．なお，右辺の単位ステップ関数 $u(t)$ は $t \geq 0$ のみを考えるときは省略してもよい．

1-3 ラプラス変換法による線形（型）微分方程式の解法

例題 1-3 次の微分方程式をラプラス変換し $Y(s)$ を求めよ．ただし，$r(t) = e^{-t}u(t), y(0) = 3, \dot{y}(0) = 0, \ddot{y}(0) = 0$ で，[・]記号は時間微分を表すものとする．

$$\dddot{y}(t) + 6\ddot{y}(t) + 16\dot{y}(t) + 16y(t) = -20\{\dot{r}(t) + r(t)\} \quad (1\text{-}34)$$

両辺をラプラス変換すると

$$\mathcal{L}\left[\dddot{y}(t) + 6\ddot{y}(t) + 16\dot{y}(t) + 16y(t)\right] = -20\mathcal{L}\left[\dot{r}(t) + r(t)\right] \quad (1\text{-}35)$$

ここで，各項のラプラス変換は

$$\mathcal{L}[y(t)] = Y(s)$$
$$\mathcal{L}[\dot{y}(t)] = sY(s) - y(0) = sY(s) - 3$$
$$\mathcal{L}[\ddot{y}(t)] = s^2Y(s) - sy(0) - \dot{y}(0) = s^2Y(s) - 3s - 0$$
$$\mathcal{L}[\dddot{y}(t)] = s^3Y(s) - s^2y(0) - s\dot{y}(0) - \ddot{y}(0) = s^3Y(s) - 3s^2 \quad (1\text{-}36)$$
$$\mathcal{L}[r(t)] = R(s) = \mathcal{L}[e^{-t}u(t)] = \frac{1}{s+1}$$
$$\mathcal{L}[\dot{r}(t)] = sR(s) - r(0) = \frac{s}{s+1} - 0$$

右辺については次のように処理してもよい．

$$\begin{aligned}
\dot{r}(t) + r(t) &= \frac{d}{dt}\left(u(t)e^{-t}\right) + u(t)e^{-t} \\
&= \dot{u}(t)e^{-t} + u(t)\left(-e^{-t}\right) + u(t)e^{-t} \\
&= \delta(t)e^{-t}
\end{aligned} \quad (1\text{-}37)$$

複素推移定理を使ってラプラス変換すると

$$\mathcal{L}[\dot{r}(t) + r(t)] = \mathcal{L}[\delta(t)e^{-t}] = [1]_{s=s+1} = 1 \quad (1\text{-}38)$$

以上を与式に代入し整理すると

$$(s^3 + 6s^2 + 16s + 16)Y(s) = -20 + 3(s^2 + 6s + 16) \quad (1\text{-}39)$$

左辺の多項式で割って $Y(s)$ を求める．

$$Y(s) = \underbrace{\frac{-20}{(s+2)(s^2+4s+8)}}_{\text{（強制応答）}} + \underbrace{\frac{3(s^2+6s+16)}{(s+2)(s^2+4s+8)}}_{\text{（自由応答）}} \quad (1\text{-}40)$$

1-4 ラプラス逆変換による求解

展開定理と変換表による微分方程式の求解

例題 1-4 異なる特性根を有する場合

例題1-3で求めた(1-40)式を逆変換することを考える．まず，右辺を整理する．

$$Y(s) = \frac{3s^2 + 18s + 28}{(s+2)(s^2 + 4s + 8)} \tag{1-41}$$

上式を次の部分分数に分ける．

$$Y(s) = \frac{A}{s+2} + \frac{B}{s+2+2j} + \frac{\overline{B}}{s+2-2j} \tag{1-42}$$

ここで係数 $A, B, \overline{B}$ は留数(residue)と呼ばれ，次のように求める．

まず，A を求めるには(1-42)式の両辺に対応する分母多項式 $(s+2)$ を掛け $s = -2$ を代入する．すると第1項以外は消去されるから A が求まる．

$$A = \left[(s+2)Y(s)\right]_{s=-2} = \left[\frac{3s^2 + 18s + 28}{s^2 + 4s + 8}\right]_{s=-2} = 1 \tag{1-43a}$$

以下 B，$\overline{B}$ も同様にして求める．

$$B = \left[(s+2+2j)Y(s)\right]_{s=-2-2j} = \left[\frac{3s^2 + 18s + 28}{(s+2)(s+2-2j)}\right]_{s=-2-2j} = 1 + \frac{3}{2}j \tag{1-43b}$$

$$\overline{B} = \left[(s+2-2j)Y(s)\right]_{s=-2+2j} = \left[\frac{3s^2 + 18s + 28}{(s+2)(s+2+2j)}\right]_{s=-2+2j} = 1 - \frac{3}{2}j \tag{1-43c}$$

これらを(1-42)式に代入して

$$Y(s) = \frac{1}{s+2} + \left(1 + \frac{3}{2}j\right)\frac{1}{s+2+2j} + \left(1 - \frac{3}{2}j\right)\frac{1}{s+2-2j} \tag{1-44}$$

変換表1-1の第4欄より，上式の逆変換は

$$\begin{aligned}
y(t) &= \left\{e^{-2t} + \left(1 + \frac{3}{2}j\right)e^{(-2-2j)t} + \left(1 - \frac{3}{2}j\right)e^{(-2+2j)t}\right\}u(t) \\
&= e^{-2t}\left\{1 + \left(e^{+j2t} + e^{-j2t}\right) + \frac{3}{2}j\left(e^{-j2t} - e^{+j2t}\right)\right\}u(t)
\end{aligned} \tag{1-45}$$

ここでオイラーの公式より次のように整理することができる．

$$\begin{aligned}
y(t) &= e^{-2t}\left\{1 + 2\cos 2t + \frac{3}{2}j(-j2\sin 2t)\right\}u(t) \\
&= e^{-2t}(1 + 2\cos 2t + 3\sin 2t)u(t) \\
&= e^{-2t}\left\{1 + \sqrt{13}\sin(2t + \theta)\right\}u(t), \quad \theta = \tan^{-1}(2/3)
\end{aligned} \tag{1-46}$$

このように，$Y(s)$ を部分分数に展開した後に各項をラプラス逆変換し $y(t)$ を求める方法をヘビサイド(Heaviside)の**展開定理**(expansion theorem)と呼ぶ．図1-9に $y(t)$ と(1-46)式右辺の2項の応答曲線を示す．

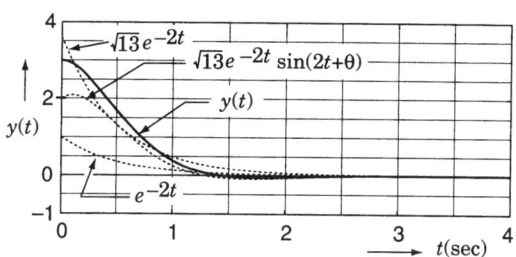

図1-9　過渡応答曲線

例題 1-5　実数根と複素根を区別する方法

本方法では実数根と共役複素根の取り扱いを区別する．すなわち，実数根は1次の部分分数に分け，共役複素根は表1-1の7, 8欄の2次式の形に展開する．

$$Y(s) = \frac{3s^2 + 18s + 28}{(s+2)(s^2 + 4s + 8)}$$
$$= A\frac{1}{s+2} + B\frac{2}{(s+2)^2 + 2^2} + C\frac{s+2}{(s+2)^2 + 2^2} \quad (1\text{-}47)$$

ここで通分して，分子を s のベキごとに整理する．

$$Y(s) = \frac{(A+C)s^2 + (4A + 2B + 4C)s + 8A + 4B + 4C}{(s+2)\{(s+2)^2 + 2^2\}} \quad (1\text{-}48)$$

分子の係数を比較することで次の連立方程式が成立する．

$$\begin{cases} A + C = 3 \\ 4A + 2B + 4C = 18 \\ 8A + 4B + 4C = 28 \end{cases} \quad (1\text{-}49)$$

これより $A=1, B=3, C=2$ を得て，(1-47)式は次の形に展開される．

$$Y(s) = \frac{1}{s+2} + 3\frac{2}{(s+2)^2 + 2^2} + 2\frac{s+2}{(s+2)^2 + 2^2} \quad (1\text{-}50)$$

最後に，変換表を用いて各項を逆変換すると

$$y(t) = \left\{ e^{-2t} + 3e^{-2t}\sin 2t + 2e^{-2t}\cos 2t \right\}u(t) \quad (1\text{-}51)$$

となって，例題1-4と同じ結果が得られる．

例題 1-6 重根のある場合

$$Y(s) = \frac{4}{(s+1)^2(s+2)} \tag{1-52}$$

重根がある場合，部分分数は次のように展開する．初心者は第1項を見落としがちであるから注意が必要である．

$$Y(s) = \frac{A}{s+1} + \frac{B}{(s+1)^2} + \frac{C}{s+2} \tag{1-53}$$

まず，Aを求めるために，両辺に$(s+1)$の最高ベキを掛ける．

$$(s+1)^2 Y(s) = A(s+1) + B + C\frac{(s+1)^2}{s+2} \tag{1-54}$$

両辺をsで微分すると

$$\frac{d}{ds}\{(s+1)^2 Y(s)\} = A + C\frac{2(s+1)(s+2) - (s+1)^2}{(s+2)^2} \tag{1-55}$$

ここで$s = -1$とおけば右辺の第2項は0となりAのみが残る．(1-52)式を代入して

$$A = \left[\frac{d}{ds}\{(s+1)^2 Y(s)\}\right]_{s=-1} = \left[\frac{d}{ds}\left(\frac{4}{s+2}\right)\right]_{s=-1} = \left[\frac{-4}{(s+2)^2}\right]_{s=-1} = -4 \tag{1-56}$$

次に，Bを求めるために，(1-54)式の両辺に$s = -1$を代入すると，右辺は第2項以外は0になるから

$$B = \left[(s+1)^2 Y(s)\right]_{s=-1} = \left[\frac{4}{s+2}\right]_{s=-1} = 4 \tag{1-57}$$

最後にCを求めるために(1-53)式の両辺に$(s+2)$を掛ける．

$$(s+2)Y(s) = A\frac{s+2}{s+1} + B\frac{s+2}{(s+1)^2} + C \tag{1-58}$$

ここで$s = -2$を代入すると

$$C = \left[(s+2)Y(s)\right]_{s=-2} = \left[\frac{4}{(s+1)^2}\right]_{s=-2} = 4 \tag{1-59}$$

以上求めたA, B, Cを(1-53)式に代入すると

$$Y(s) = 4\left\{-\frac{1}{s+1} + \frac{1}{(s+1)^2} + \frac{1}{s+2}\right\} \tag{1-60}$$

ラプラス変換表より

$$\therefore y(t) = 4(-e^{-t} + te^{-t} + e^{-2t})u(t) \quad (1\text{-}61)$$

となる．第2項についてはラプラス変換表の第3欄と複素推移定理を用いた．

なお，2重根以上の多重根の一般的な解法については，ラプラス変換法の専門書を参考にされたい．

1-5　線形微分方程式の極位置と過渡応答

多くの物理システムは一般になにがしかの非線形特性を有しているため，その運動方程式は非線形微分方程式として表現されることが多い．しかし，非線形常微分方程式で表されるシステムは，特別の場合を除いては解析解（理論解）を得ることがむずかしい．そこで，通常はある釣合条件を基準にしてその近傍の微小運動範囲に限定して線形近似がなされ，ようやく解析が可能となるのである．このとき，どの釣り合い条件で線形化するのかによって得られる方程式の係数に違いが出てくることに注意が必要である．

次の2式は図1-10の単振子の非線形運動方程式と，釣り合い位置 $\theta = 0$ で $\sin\theta \approx \theta$ と近似した線形運動方程式を表している．

非線形微分方程式　　$l^2 m\ddot{\theta}(t) + lmg\sin\theta(t) = f(t)$ 　　(1-62)

線形化された微分方程式　　$l^2 m\ddot{\theta}(t) + lmg\theta(t) = f(t)$ 　　(1-63)

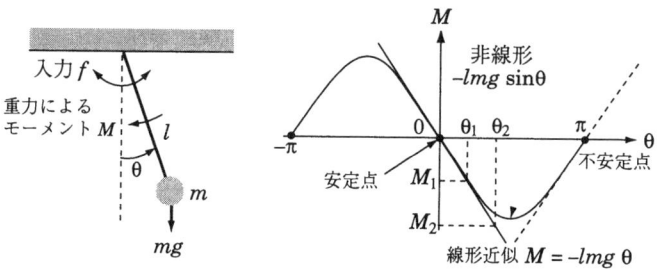

図 1-10　非線形と線形近似

ここで線形システム(linear system)とは，システムを記述する方程式に**重ね合わせ（重畳）の原理**(principle of superposition)が成立するシステムのことをい

う．例えば図1-10のシステムにおいて，その外部トルク（入力）が $f_1(t)$ であるときの角変位（応答）が $\theta_1(t)$ であり，$f_2(t)$ であるときの変位が $\theta_2(t)$ であったとする．このとき，合成された入力 $f_1(t)+f_2(t)$ に対する応答が $\theta_1(t)+\theta_2(t)$ となるような場合，そのシステムは線形性が成立しているという．

$$l^2 m\ddot{\theta}_1(t) + lmg\theta_1(t) = f_1(t) \tag{1-64}$$

$$l^2 m\ddot{\theta}_2(t) + lmg\theta_2(t) = f_2(t) \tag{1-65}$$

$$l^2 m\{\ddot{\theta}_1(t) + \ddot{\theta}_2(t)\} + lmg\{\theta_1(t) + \theta_2(t)\} = f_1(t) + f_2(t) \tag{1-66}$$

この性質は(1-64)～(1-66)式からわかるように(1-63)式では成立するが，元の非線形運動方程式(1-62)式では成立しないのである．

次の質量・バネ・ダンパシステムの例でも，バネは弾性領域を越え塑性領域に入るような大きな変位に対しては非線型（形）特性を示すので，ここでは釣合状態からの微小変位を仮定する．

例題 1-7 質量・バネ・ダンパシステム

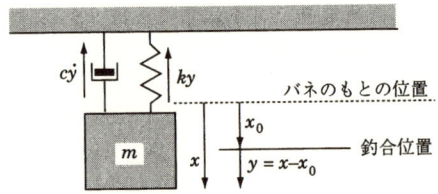

図 1-11　質量・バネ・ダンパシステム(mass-spring-damper (dashpot) system)

バネが変位する前のもとの位置からの運動方程式は，その変位量を x とすると次式が成立する．

$$m\ddot{x}(t) + c\dot{x}(t) + kx(t) = mg \tag{1-67}$$

ここで x_0 を重力 mg による釣合位置とし，この平衡点からの変位を y とする．

$$y(t) = x(t) - x_0, \quad kx_0 = mg \tag{1-68}$$

この平衡点に対する質量の運動方程式は，(1-67)式に(1-68)式を代入すると

$$m\ddot{y}(t) + c\dot{y}(t) + ky(t) = 0, \; y(0) = y_0, \; \dot{y}(0) = \dot{y}_0 \tag{1-69}$$

となる．これをラプラス変換すると

$$m\{s^2 Y(s) - sy_0 - \dot{y}_0\} + c\{sY(s) - y_0\} + kY(s) = 0 \tag{1-70}$$

1-5 線形微分方程式の極位置と過渡応答

初期値に関する項を右辺に移項して

$$(ms^2 + cs + k)Y(s) = (ms + c)y_0 + m\dot{y}_0 \tag{1-71}$$

$Y(s)$を求めると次式を得る.

$$Y(s) = \frac{(ms+c)y_0 + m\dot{y}_0}{ms^2 + cs + k} = \frac{(s+c/m)y_0 + \dot{y}_0}{s^2 + (c/m)s + k/m} \tag{1-72}$$

ここで減衰振動であることを考慮して

$$\omega_n = \sqrt{\frac{k}{m}}, \quad \zeta = \frac{c}{2\sqrt{km}} \tag{1-73}$$

と書き換えると,分母は次の2次系の標準的な表現に変換される.

$$Y(s) = \frac{(s + 2\zeta\omega_n)y_0 + \dot{y}_0}{s^2 + 2\zeta\omega_n s + \omega_n^2} \tag{1-74}$$

このときのω_nを**非減衰固有角振動数／角周波数**(undamped natural angular frequency),あるいは単に**固有振動数／周波数**(natural frequency),$\sqrt{1-\zeta^2}\,\omega_n$を**減衰固有振動数／周波数** (damped natural frequency),ζを**減衰係数**(damping coeffcient)あるいは**減衰比**(damping ratio)という.cのことを**粘性減衰係数**(viscous damping coefficient)と呼ぶこともある.

さて,上式をラプラス変換表1-1の第7,8欄に対応するように展開する.

$$Y(s) = \frac{y_0\left\{(s+\zeta\omega_n) + \frac{\zeta}{\sqrt{1-\zeta^2}}\left(\sqrt{1-\zeta^2}\,\omega_n\right)\right\} + \frac{\dot{y}_0}{\sqrt{1-\zeta^2}\,\omega_n}\sqrt{1-\zeta^2}\,\omega_n}{(s+\zeta\omega_n)^2 + \left(\sqrt{1-\zeta^2}\,\omega_n\right)^2} \tag{1-75}$$

ここで変換表に従って逆変換すると

$$y(t) = y_0 e^{-\zeta\omega_n t}\left\{\cos\left(\sqrt{1-\zeta^2}\,\omega_n t\right) + \frac{\zeta}{\sqrt{1-\zeta^2}}\sin\left(\sqrt{1-\zeta^2}\,\omega_n t\right)\right\}$$
$$+ \frac{\dot{y}_0}{\sqrt{1-\zeta^2}\,\omega_n} e^{-\zeta\omega_n t}\sin\left(\sqrt{1-\zeta^2}\,\omega_n t\right) \tag{1-76}$$

上式｛｝内の第1項と第2項を sin 関数に合成すると

$$y(t) = \frac{y_0}{\sqrt{1-\zeta^2}} e^{-\zeta\omega_n t}\sin\left(\sqrt{1-\zeta^2}\,\omega_n t + \theta\right) + \frac{\dot{y}_0}{\sqrt{1-\zeta^2}\,\omega_n} e^{-\zeta\omega_n t}\sin\left(\sqrt{1-\zeta^2}\,\omega_n t\right)$$
$$, \theta = \tan^{-1}\left(\sqrt{1-\zeta^2}/\zeta\right) \tag{1-77}$$

あるいは,第1項を cos 関数で表すと

$$y(t) = \frac{y_0}{\sqrt{1-\zeta^2}} e^{-\zeta\omega_n t}\cos\left(\sqrt{1-\zeta^2}\,\omega_n t - \psi\right) + \frac{\dot{y}_0}{\sqrt{1-\zeta^2}\,\omega_n} e^{-\zeta\omega_n t}\sin\left(\sqrt{1-\zeta^2}\,\omega_n t\right)$$
$$, \psi = \tan^{-1}\left(\zeta/\sqrt{1-\zeta^2}\right) \tag{1-78}$$

となる．(1-77),(1-78)式の第1項は初期変位 y_0 による**自由応答**を，第2項は初速度 $\dot{y}_0$ による自由応答を示している．図1-12は初速度 = 0 のときの自由応答を表している．

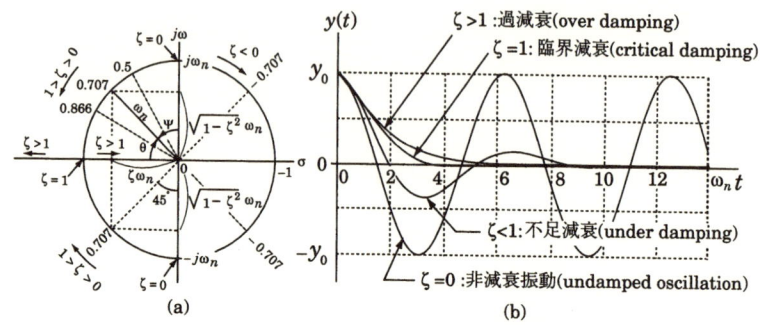

図 1-12　質量・バネ・ダンパ系の極位置と自由応答

このシステムの特性方程式は(1-74)式の分母より
$$s^2 + 2\zeta\omega_n s + \omega_n^2 = 0 \tag{1-79}$$
これより ζ の値によって特性根は次の3ケースに分けられる．
(a) $0 \leq \zeta < 1$（共役複素根）
$$s_{1,2} = -\zeta\omega_n \pm j\sqrt{1-\zeta^2}\,\omega_n \tag{1-80}$$
(b) $\zeta = 1$（2重根）
$$s_{1,2} = -\omega_n, -\omega_n \tag{1-81}$$
(c) $1 < \zeta$（実数根）
$$s_{1,2} = -\zeta\omega_n \pm \sqrt{\zeta^2-1}\,\omega_n \tag{1-82}$$

　図1-12の(a)図と(b)図は，**極**（**特性根**）の位置と過渡応答（初速度 $\dot{y}_0 = 0$ のとき）を対比してプロットしたものである．また，減衰振動の場合，(1-80)式と(1-76)～(1-78)式を対照すると，極の実部（$-\zeta\omega_n$）が収束の速さ（包絡線の形状→82頁参照）を定め，虚数部（$\sqrt{1-\zeta^2}\,\omega_n$）が振動数（周波数）を定めていることがわかる．なお，減衰係数 ζ は図1-12(a)より
$$\zeta = \sin\psi = \cos\theta \tag{1-83}$$
と表されるから，角 ψ が大きい程（θ が小さい程）ζ が大きくなるといえる．

以上のことから複素平面上で極位置を調べれば,ラプラス逆変換を経ることなく運動の形態(モード)が容易に判別できることがわかった(4-2節参照).

1-6 まとめ

数学的準備としてラプラス変換とその逆変換の定義を与え,実用的なラプラス変換の諸性質を示した.後半ではラプラス変換法を用いた微分方程式の解法を例をもって説明した.最後に質量・バネ・ダンパシステムの自由応答を例に取り,極(根)位置,減衰係数,固有振動数の意味を考えた.

問 題

1-1 定義に従って,次の関数をラプラス変換せよ.
    (a) $f_1(t) = t^n$
    (b) $f_2(t) = e^{-at} \sin \omega t$

1-2 次の周期関数をラプラス変換せよ.

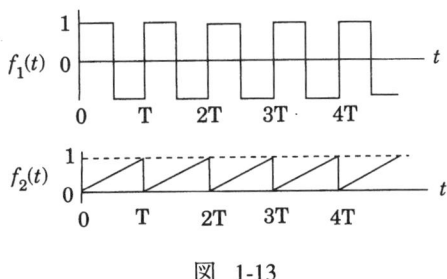

図 1-13

1-3 次の関数を部分分数に展開して逆ラプラス変換せよ.また $f_1(t), f_2(t)$ を描け.

    (a) $F_1(s) = \dfrac{s+4}{s(s+1)(s+2)}$

    (b) $F_2(s) = \dfrac{2s^2 + 7s + 5}{s(s^2 + 2s + 5)}$

    (c) $F_3(s) = \dfrac{s^2 + 3s + 1}{(s+1)^3(s+2)}$

1-4 次の微分方程式の解をラプラス変換法を用いて求めよ．初期値はすべて0とする．

$$\ddot{y}(t) + 2\dot{y}(t) + 5y(t) = \ddot{r}(t) + 3\dot{r}(t) + 6r(t),\ r(t) = e^{-t}u(t)$$

（問題の解答とヒント）

1-1)

(a)
$$\int_0^\infty t^n e^{-st} dt = \left[t^n \frac{e^{-st}}{-s} \right]_0^\infty - \int_0^\infty \left(nt^{n-1} \frac{e^{-st}}{-s} \right) dt$$
$$= \lim_{t \to \infty} \left(-\frac{1}{s} \frac{t^n}{e^{st}} \right) + \frac{n}{s} \int_0^\infty t^{n-1} e^{-st} dt$$

ここで第1項は∞/∞の不定形となるが，この場合はロピタルの定理から0になる．

$$\lim_{t \to \infty} \left(\frac{t^n}{e^{st}} \right) = \lim_{t \to \infty} \left(\frac{d^n t^n / dt^n}{d^n e^{st} / dt^n} \right) = \lim_{t \to \infty} \left(\frac{n!}{s^n e^{st}} \right) = 0$$

故に次の漸化式を得る．

$$\int_0^\infty t^n e^{-st} dt = \frac{n}{s} \int_0^\infty t^{n-1} e^{-st} dt$$

$n = 1, 2, 3, \cdots, n$と適用してゆくと次表を得る．

表 1-2

$f(t)$	1	t^1	t^2	$\cdots$	t^n
$F(s)$	$\dfrac{1}{s^1}$	$\dfrac{1!}{s^2}$	$\dfrac{2!}{s^3}$	$\cdots$	$\dfrac{n!}{s^{n+1}}$

これより

$$F_1(s) = \frac{n!}{s^{n+1}}$$

(b)
$$\int_0^\infty e^{-at} \sin \omega t \, e^{-st} dt = \int_0^\infty e^{-(s+a)t} \sin \omega t \, dt$$

部分積分法を用いて

$$= \left[\frac{e^{-(s+a)t}}{-(s+a)} \sin \omega t \right]_0^\infty - \int_0^\infty \frac{e^{-(s+a)t}}{-(s+a)} \omega \cos \omega t \, dt$$

$$= \frac{\omega}{s+a}\int_0^\infty e^{-(s+a)t}\cos\omega t\,dt$$

再度部分積分法を適用して

$$= \frac{\omega}{s+a}\left\{\left[\frac{e^{-(s+a)t}}{-(s+a)}\cos\omega t\right]_0^\infty - \int_0^\infty \frac{e^{-(s+a)t}}{-(s+a)}(-\omega)\sin\omega t\,dt\right\}$$

$$= \frac{\omega}{(s+a)^2} - \frac{\omega^2}{(s+a)^2}\int_0^\infty e^{-(s+a)t}\sin\omega t\,dt$$

第2項を左辺に移項して

$$\left\{1+\frac{\omega^2}{(s+a)^2}\right\}\int_0^\infty e^{-(s+a)t}\sin\omega t\,dt = \frac{\omega}{(s+a)^2}$$

$$\int_0^\infty e^{-(s+a)t}\sin\omega t\,dt = \frac{\omega}{(s+a)^2+\omega^2}$$

これより

$$F_2(s) = \frac{\omega}{(s+a)^2+\omega^2}$$

なお，上の計算の過程で，（F_2 の ω と区別して）$s = \sigma + j\overline{\omega}$ と置き，$\sigma + a > 0$ を仮定して次式を用いた．

$$\lim_{t\to\infty}\left(e^{-(s+a)t}\sin\omega t\right) = \lim_{t\to\infty}\left(e^{-(\sigma+a)t}\cdot e^{-j\overline{\omega}t}\sin\omega t\right) = 0$$

$$\lim_{t\to\infty}\left(e^{-(s+a)t}\cos\omega t\right) = \lim_{t\to\infty}\left(e^{-(\sigma+a)t}\cdot e^{-j\overline{\omega}t}\cos\omega t\right) = 0$$

1-2) $t = 0 \sim T$ 間の関数を $f_0(t)$ とおくと周期関数 $f(t)$ は次のように表現できる．

$$f(t) = f_0(t)u(t) + f_0(t-T)u(t-T) + f_0(t-2T)u(t-2T) + \cdots$$

これをラプラス変換すれば次の関係を得る．

$$F(s) = F_0(s)\left(1 + e^{-Ts} + e^{-2Ts} + e^{-3Ts} + \cdots\right) = F_0(s)\frac{1}{1-e^{-Ts}}$$

(a) $f_1(t)$ の $0 \sim T$ 間の波形は次のように表される．

$$f_{01}(t) = u(t) - 2u(t-T/2) + u(t-T)$$

これをラプラス変換して

$$F_{01}(s) = \frac{1}{s}\left(1 - 2e^{-sT/2} + e^{-sT}\right) = \frac{1}{s}\left(1 - e^{-sT/2}\right)^2$$

先ほど得られた関係式に適用して整理すれば次式を得る．

$$F_1(s) = \frac{1}{s}\tanh\frac{Ts}{4}.$$

(b) 同様に $f_2(t)$ の $0 \sim T$ 間の波形は次のように表される．

$$f_{02}(t) = \frac{t}{T}\{u(t) - u(t-T)\} = \frac{t}{T}u(t) - \frac{t-T}{T}u(t-T) - u(t-T)$$

ラプラス変換して

$$F_{o2}(s) = \frac{1}{Ts^2} - \frac{1}{Ts^2}e^{-Ts} - \frac{1}{s}e^{-Ts}$$

同様に先ほどの関係式に適用して次式を得る．

$$F_2(s) = \frac{1}{Ts^2} - \frac{e^{-Ts}}{s(1-e^{-Ts})}.$$

1-3) (a) $F_1(s) = \dfrac{2}{s} - \dfrac{3}{s+1} + \dfrac{1}{s+2}$ 逆変換して $f_1(t) = (2 - 3e^{-t} + e^{-2t})u(t)$

(b) $F_2(s) = \dfrac{1}{s} + \dfrac{1+2j}{2}\dfrac{1}{s+1+2j} + \dfrac{1-2j}{2}\dfrac{1}{s+1-2j}$

$$f_2(t) = \left\{1 + \frac{1+2j}{2}e^{-(1+2j)t} + \frac{1-2j}{2}e^{-(1-2j)t}\right\}u(t)$$

$$= \{1 + e^{-t}(\cos 2t + 2\sin 2t)\}u(t)$$

$$= \{1 + \sqrt{5}e^{-t}\sin(2t+\theta)\}u(t), \quad \theta = \tan^{-1}(1/2)$$

（別法）次のように展開してから逆変換してもよい．

$$F_2(s) = \frac{1}{s} + 1\frac{s+1}{(s+1)^2 + 2^2} + 2\frac{2}{(s+1)^2 + 2^2}$$

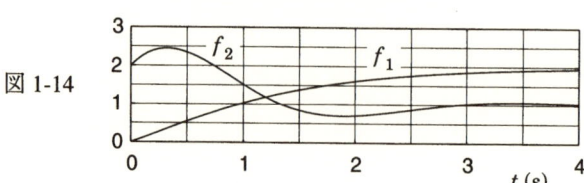

図 1-14

(c) $f_3(t) = \left[-e^{-t} + 2\dfrac{t}{1!}e^{-t} - \dfrac{1}{2!}t^2 e^{-t} + e^{-2t}\right]u(t)$

1-4) $y(t) = e^{-t}(1 + 0.5\sin 2t)u(t)$

第2章 伝達関数とブロック線図

2-1 伝達関数 (transfer function)

　伝達関数とは，入力（原因）が出力（結果）に及ぼす影響がどの程度伝えられるか，すなわち伝達の程度（**伝達度**）を表す数学上の関数のことである．この伝達関数は，1-3節でも簡単に述べたように，すべての初期条件を0とおいたときのラプラス変換された出力と入力の比を求めることで得ることができる．あるいは(2-2)式のように伝達関数 $G(s)$ に入力 $R(s)$ を掛けると出力 $Y(s)$ が求まると考えてもよい．

$$\text{伝達関数}: G(s) = \frac{\mathcal{L}[\text{出力変数}]}{\mathcal{L}[\text{入力変数}]} = \frac{Y(s)}{R(s)} \qquad (2\text{-}1)$$

$$\mathcal{L}[\text{出力変数}] = \text{伝達関数} \times \mathcal{L}[\text{入力変数}] \qquad (2\text{-}2)$$

以上の関係は図2-1のようなブロック線図として描くことで理解が容易になる．ここで伝達関数は入力から出力へ一方向に作用するブロックとして表されている．

図 2-1　信号の伝達を表す伝達関数とブロック線図

　このように伝達関数とは，あるシステムの内部構造をブラックボックスとみなすことで内部信号の挙動については考慮せず，システムの入出力関係のみを数学的に記述するものである．以下，伝達関数の求め方を数例をもって説明する．

　例題 2-1　強制入力のある質量・バネ・ダンパシステムの伝達関数
　図2-2に示す質量の運動方程式は，例題1-7で与えた(1-69)式の右辺に入力項（外力）f を加えたものである．

$$m\ddot{y}(t) + c\dot{y}(t) + ky(t) = f(t) \tag{2-3}$$

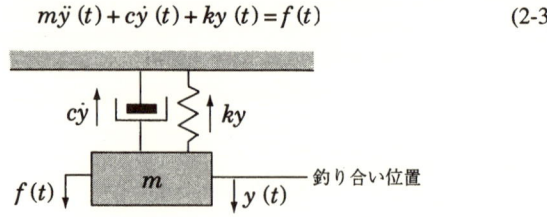

図 2-2　質量・バネ・ダンパシステム (mass-spring-damper system)

これをラプラス変換し

$$m\{s^2 Y(s) - sy(0) - \dot{y}(0)\} + c\{sY(s) - y(0)\} + kY(s) = F(s) \tag{2-4}$$

$Y(s)$ を求めると

$$Y(s) = \underbrace{\frac{1}{ms^2 + cs + k} F(s)}_{[強制応答]} + \underbrace{\frac{(ms+c)y(0) + m\dot{y}(0)}{ms^2 + cs + k}}_{[自由応答（例題1-7）]} \tag{2-5}$$

となる．上式の第1項は入力が出力に及ぼす項であり，第2項は初期値が出力に及ぼす項で例題1-7で既に求めたものである．伝達関数とは入力と出力の間の数学的関係を表すものであるから，第1項の強制応答のみを考えればよく，次式となる．

$$G(s) = \frac{Y(s)}{F(s)} = \frac{1}{ms^2 + cs + k} = \frac{1}{k} \frac{\omega_n^2}{s^2 + 2\zeta\omega_n s + \omega_n^2} \tag{2-6}$$

以上のことから，伝達関数を求めるには，(2-4)式において始めから全初期条件を0とおいてもよいことがわかる．

例題 2-2　RC回路の伝達関数

(1)　積分回路 (integrating circuit)

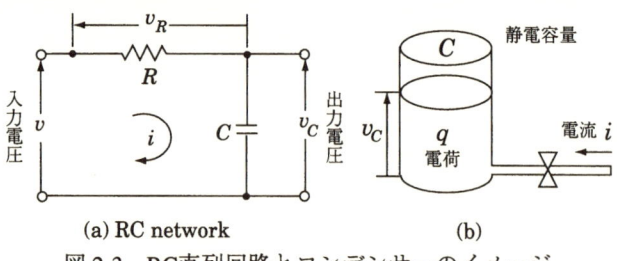

(a) RC network　　　　　　　　　(b)

図 2-3　RC直列回路とコンデンサーのイメージ

図2-3 の RC 回路について次の 3 式が成立する．ただし q は電荷である．

$$v(t) = v_C(t) + v_R(t) \tag{2-7}$$

$$v_C(t) = \frac{q(t)}{C} = \frac{\int i(t)dt}{C} \tag{2-8}$$

$$v_R(t) = Ri(t) \tag{2-9}$$

既に述べた理由から，上 3 式を初期条件を無視してラプラス変換すると

$$V(s) = V_C(s) + V_R(s) \tag{2-10}$$

$$V_C(s) = \frac{I(s)}{Cs} \tag{2-11}$$

$$V_R(s) = RI(s) \tag{2-12}$$

$V_C(s)$, $V_R(s)$ を(2-10)式に代入すると

$$V(s) = \left(\frac{1}{Cs} + R\right)I(s) \tag{2-13}$$

出力電圧(2-11)式を入力電圧(2-13)式で割れば

$$\frac{V_C(s)}{V(s)} = \frac{\dfrac{I(s)}{Cs}}{\left(R + \dfrac{1}{Cs}\right)I(s)} \tag{2-14}$$

整理すると次の伝達関数を得る．

$$G(s) = \frac{V_C(s)}{V(s)} = \frac{1}{RCs+1} = \frac{1}{Ts+1} \tag{2-15}$$

ただし，$T = RC$ とおいた．この係数 T は時間の単位(sec)をもち，**時定数**(time constant)と称する．

(2) **微分回路** (differentiating circuit)

図2-3の回路の出力を v_C から新たに v_R に変更する．同一の方程式が成立するから(2-12)式を(2-13)式で割ると

$$\frac{V_R(s)}{V(s)} = \frac{RI(s)}{\left(\dfrac{1}{Cs} + R\right)I(s)} \tag{2-16}$$

やはり整理して次の伝達関数を得る．

$$G(s) = \frac{V_R(s)}{V(s)} = \frac{RCs}{RCs+1} = \frac{Ts}{Ts+1} \tag{2-17}$$

~~~~~~~~~~~~ メモ（交流理論）~~~~~~~~~~~~

$$V = ZI = \left(R + \frac{1}{j\omega C}\right)I \qquad \text{(a-1)}$$

$$V_C = Z_C I = \frac{1}{j\omega C} I \qquad \text{(a-2)}$$

$$\frac{V_C}{V} = \frac{Z_C I}{ZI} = \frac{1}{1 + j\omega RC} \qquad \text{(a-3)}$$

伝達関数(2-15)式において，$s = j\omega$ とおけば，交流理論から得られる周波数伝達関数に一致する．Z, Z_c は交流理論でいうインピーダンスである．

~~~~~~~~~~~~~~~~~~~~~~~~~~~~~~~~~~~~~~

(3) ステップ状に電圧を印加したときの過渡応答

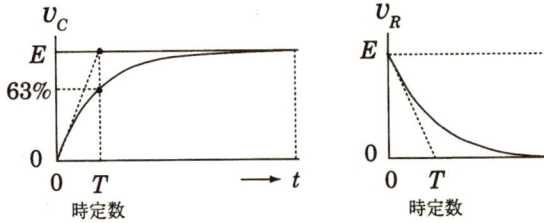

図2-4 RC回路の過渡応答

次に，図2-3の回路にステップ状に電圧 E [volt]を印加したときの v_C, v_R の過渡応答を求める．$v(t) = Eu(t)$ であるから

$$V(s) = \frac{E}{s} \qquad \text{(2-18)}$$

先ほど求めた伝達関数にこれを掛けて部分分数に展開すると

$$V_C(s) = \frac{1}{Ts+1}\frac{E}{s} = E\left(\frac{1}{s} - \frac{1}{s+1/T}\right) \qquad \text{(2-19)}$$

これをラプラス逆変換してコンデンサー端子電圧 v_C を求める．

$$v_C(t) = E\left(1 - e^{-t/T}\right)u(t) \qquad \text{(2-20)}$$

同様にして $V_R(s)$ を求めると

$$V_R(s) = \frac{Ts}{Ts+1}\frac{E}{s} = E\frac{1}{s+1/T} \qquad \text{(2-21)}$$

逆変換して抵抗の端子電圧 v_R を得る．

$$v_R(t) = Ee^{-t/T}u(t) \tag{2-22}$$

図2-4に$v_C(t), v_R(t)$の過渡応答を示す．ここで時定数Tの意味は過渡応答曲線から明らかな通り，初期時刻での接線が最終値と交差するときの時間，あるいは最終値の63％に達するまでの時間である．

(4) 矩形状の入力電圧を印加したときの過渡応答

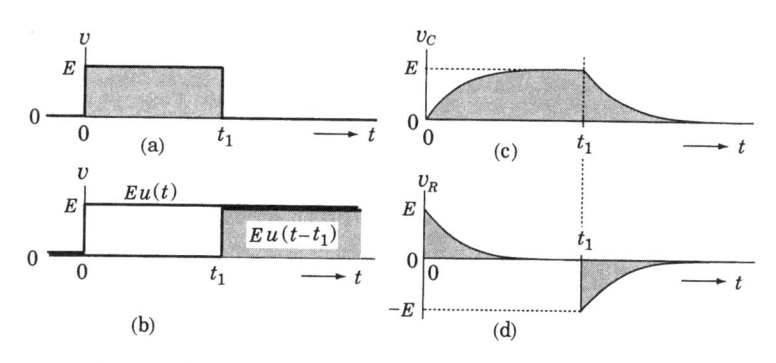

図 2-5　方形波入力を印加したときのRC回路の過渡応答

図2-5(a), (b)に示すように，幅t_1秒で大きさEの矩形状電圧$v(t)$は

$$v(t) = E\{u(t) - u(t-t_1)\} \tag{2-23}$$

と表される．第2項に実推移定理を用いて，ラプラス変換すると

$$V(s) = E\left\{\frac{1}{s} - e^{-t_1 s}\frac{1}{s}\right\} \tag{2-24}$$

これを(2-15)式の伝達関数に掛けると，出力電圧$V_C(s)$は

$$\begin{aligned}V_C(s) &= \frac{1}{Ts+1}E\left(\frac{1}{s} - e^{-t_1 s}\frac{1}{s}\right) \\ &= E\left\{\frac{1}{Ts+1}\frac{1}{s} - e^{-t_1 s}\left(\frac{1}{Ts+1}\frac{1}{s}\right)\right\}\end{aligned} \tag{2-25}$$

上式の第1項には(2-19, 20)の結果を用い，第2項には再び実推移定理を用いてラプラス逆変換すると

$$v_C(t) = E\left\{\left(1 - e^{-t/T}\right)u(t) - \left(1 - e^{-(t-t_1)/T}\right)u(t-t_1)\right\} \tag{2-26}$$

となる．第2項は第1項をt_1秒だけ移動した波形となっているから，図2-5(c)

のようになる．$v_R(t)$ についても同様に計算でき，同図(d)となる．

例題 2-3　RLC直列回路の伝達関数

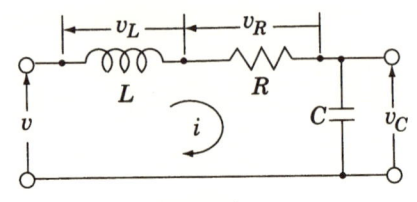

図 2-6　RLC直列回路(RLC circuit)

図2-6の回路について次の方程式が成立する

$$v(t) = v_L(t) + v_R(t) + v_C(t) \tag{2-27}$$

ただし各素子の端子電圧は次の通りである．

$$v_L(t) = L\frac{di(t)}{dt} \tag{2-28}$$

$$v_R(t) = Ri(t) \tag{2-29}$$

$$v_C(t) = \frac{\int i(t)dt}{C} \tag{2-30}$$

(2-28), (2-29), (2-30)式を全初期条件を 0 にしてラプラス変換すると

$$V_L(s) = LsI(s) \tag{2-31}$$

$$V_R(s) = RI(s) \tag{2-32}$$

$$V_C(s) = \frac{I(s)}{Cs} \tag{2-33}$$

(2-31), (2-32), (2-33)式を，ラプラス変換を施した(2-27)式に代入すると

$$V(s) = \left(Ls + R + \frac{1}{Cs}\right)I(s) \tag{2-34}$$

これより$V(s)$を入力電圧，$V_c(s)$を出力電圧とした伝達関数を求めると

$$G(s) = \frac{V_C(s)}{V(s)} = \frac{1/LC}{s^2 + (R/L)s + 1/LC} \tag{2-35}$$

となる．これもζ, ω_nを用いて 2 次系の標準形に書き改めることができる．

$$G(s) = \frac{\omega_n^2}{s^2 + 2\zeta\omega_n s + \omega_n^2} \tag{2-36}$$

ただし，$\omega_n = 1/\sqrt{LC}$, $\zeta = \frac{R}{2}\sqrt{C/L}$ とおいた．こうして見ると，例題2-1の機

械系も本例の電気回路も伝達関数としては同一の形をしていることがわかる．言い換えれば両者は ζ と ω_n が同一であれば動特性(dynamics)も同一である，あるいは動的に相似な系であるということができる．アナログ計算機のアナロジー(analogy)とは，電気回路の動特性を物理量の異なるある系の運動方程式と動的に相似になるように構成することができる計算機という意味である．

なおアナログ量を連続量と日常誤用されることが多いが，正しくはある物理量を別の物理量に相似させた**相似量**という意味であり，アナログ(analogue)には連続という意味はない．連続なという英語の形容詞は continuous である．

2-2 直流電動機(dc-servo motor)の伝達関数

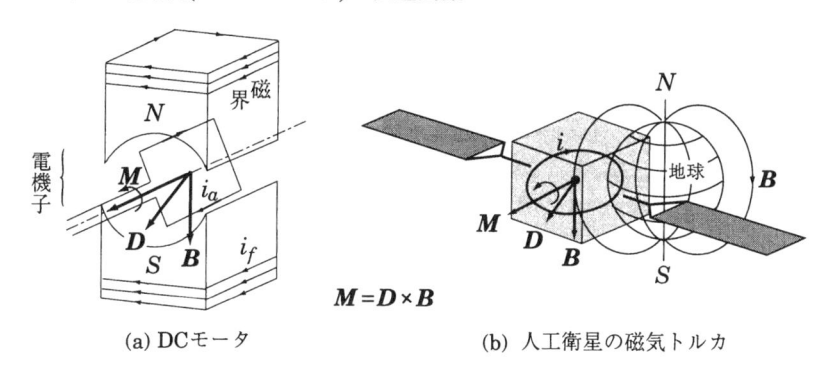

(a) DCモータ (b) 人工衛星の磁気トルク

$M = D \times B$

図 2-7 トルク発生の原理

直流電動機（DCサーボモータ）の伝達関数は，実際の電動機特性を線形近似し，ヒステリシス，ブラシによる電圧降下などの2次的影響を無視することで得られる．電動機の空気間隙の磁束は磁界が飽和しない限り界磁電流 i_f に比例するので，比例定数を K_1 とすると界磁に発生する磁束数(flux)は

$$\phi(t) = K_1 i_f(t) \tag{2-37}$$

となる．このとき発生するトルクは，磁束 ϕ と磁束を横切る電気子電流 i_a に比例するから，比例定数を K_2 として

$$T_m(t) = K_2 \phi(t) i_a(t) = K_2 K_1 i_f(t) i_a(t) \tag{2-38}$$

で与えられる．すなわちトルクは界磁と電機子の両電流の積に比例することに

なる．実用的には，線形要素を得るために，(a)電機子電流を一定にして界磁電流を制御するか，(b)界磁電流を一定にして電機子電流を制御するかで，例題2-4, 5に示す2通りの制御方式が存在する．そのときの入力電圧はそれぞれ界磁端子あるいは電機子端子に加えることになる．

図2-7(a)にDCモータの回転子が受けるトルクMを，同図(b)に地球磁場中において人工衛星内の姿勢制御用磁気トルカが受けるトルクMを示す．Bは磁束密度，$D = i_a S$ は**磁気ダイポール（双極子）**のモーメントである．

例題 2-4 界磁制御されたDCモータ

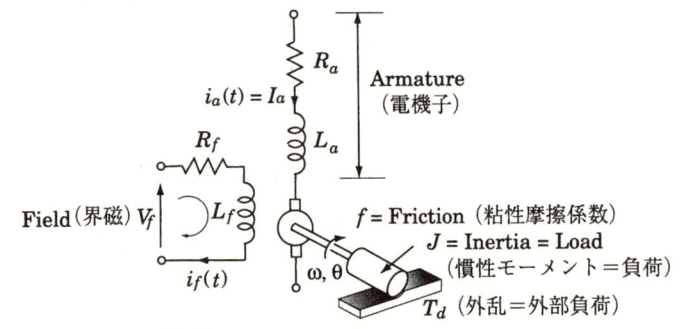

図 2-8　界磁制御DCモータ (field current controlled dc-mortor)

既に述べたように，**界磁制御**では電機子電流を$i_a(t) = I_a$と一定に保持し，界磁回路の入力電圧 v_f を調整することで制御する（図2-8）．したがって，界磁回路に成立する方程式は，回路抵抗をR_f，コイルのインダクタンスをL_f，回路に印加する入力電圧をv_f，回路に流れる電流をi_fとすると

$$v_f(t) = R_f i_f(t) + L_f \frac{di_f(t)}{dt} \tag{2-39}$$

となる．これをラプラス変換して

$$I_f(s) = \frac{V_f(s)}{\left(R_f + L_f s\right)} \tag{2-40}$$

この電流によって発生するトルクは，(2-38)式より

$$T_m(t) = K_1 K_2 I_a i_f(t) = K_{mf} i_f(t) \tag{2-41}$$

ここに，$K_{mf} = K_1 K_2 I_a$ は電動機定数である．これをラプラス変換して

2-2 直流電動機の伝達関数

$$T_m(s) = K_{mf} I_f(s) \tag{2-42}$$

発生した電動機トルク T_m は，慣性モーメント J を加速するために必要な負荷トルクを T_L，外乱トルク（外部への仕事）を T_d とすると

$$T_m(t) = T_L(t) + T_d(t) \tag{2-43}$$

に分けられる．これをラプラス変換すると

$$T_m(s) = T_L(s) + T_d(s) \tag{2-44}$$

次に，ロータの回転運動は，回転速度を ω，回転角を θ，軸受けの**粘性摩擦係数**を f とすると

$$J \frac{d\omega(t)}{dt} = -f\omega(t) + T_L(t) \tag{2-45}$$

ただし，

$$\omega(t) = \frac{d\theta(t)}{dt} \tag{2-46}$$

である．伝達関数を求めるのであるから，初期値を無視して両式をラプラス変換すると

$$(Js + f)\omega(s) = T_L(s) \tag{2-47}$$
$$\omega(s) = s\theta(s) \tag{2-48}$$

伝達関数を求めるために(2-47)式に(2-44)式を代入し，$\omega(s)$ を求めると

$$\omega(s) = \frac{T_L(s)}{Js + f} = \frac{T_m(s) - T_d(s)}{Js + f} \tag{2-49}$$

さらに分子第1項に(2-42),(2-40)式を順次代入して次式を得る．

$$\omega(s) = \frac{K_{mf}}{(Js + f)(L_f s + R_f)} V_f(s) - \frac{1}{Js + f} T_d(s) \tag{2-50}$$

これより，界磁制御されたDCサーボモータの伝達関数は，上式第1項より

$$\frac{\omega(s)}{V_f(s)} = \frac{K_{mf}}{(Js + f)(L_f s + R_f)} = \frac{K_{mf}/fR_f}{(T_J s + 1)(T_f s + 1)} \tag{2-51}$$

となる．ここに，$T_J = J/f$ はロータの**時定数**（単位は秒），$T_f = L_f/R_f$ は界磁の時定数で，通常 $T_J > T_f$ であるから（$T_f < 1$ からではないことに注意），伝達関数は

$$\boxed{G_{\omega/V_f}(s) = \frac{\omega(s)}{V_f(s)} = \frac{K_f}{T_J s + 1} \tag{2-52}}$$

と近似される．ただし，$K_f = K_{mf}/fR_f$ とおいている．

図2-9に界磁制御直流電動機システムのブロック線図を示す．同図に示すよう

に，外乱トルク T_d もまたシステムへの第2の入力と考えることができるから，(2-50)式第2項より，T_d を入力 ω を出力と見なしたときの伝達関数は

$$G_{\omega/T_d}(s) = \frac{\omega(s)}{T_d(s)} = \frac{-1}{Js+f} = -\frac{1/f}{T_J s + 1} \qquad (2\text{-}53)$$

で表される．なお，回転角 $\theta(s)$ を出力と見なしたときの位置制御の伝達関数も考えることができ，(2-48)式との関係より次のように与えられる．

$$G_{\theta/V_f} = \frac{\theta(s)}{V_f(s)} = \frac{K_f}{s(T_J s + 1)} \qquad (2\text{-}54\text{a})$$

$$G_{\theta/T_d}(s) = \frac{\theta(s)}{T_d(s)} = \frac{1/f}{s(T_J s + 1)} \qquad (2\text{-}54\text{b})$$

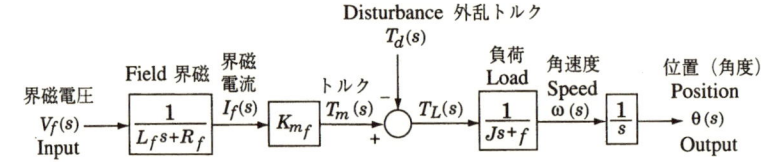

図 2-9　界磁制御直流電動機のブロック線図

例題 2-5　電機子制御されたDCモータ

DCサーボモータのもう一つの制御方式は，界磁電流を $i_f(t) = I_f$ に保持して電機子電流 i_a を制御する方法である．図2-10はこのときの回路を示したものである．

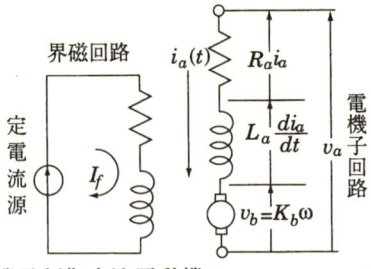

図 2-10　電機子制御直流電動機 (armature controlled dc-motor)

発生トルクは(2-38)式より

2-2 直流電動機の伝達関数

$$T_m(t) = K_1 K_2 I_f i_a(t) = K_{ma} i_a(t) \qquad (2\text{-}55)$$

と与えられる．ただし，$K_{ma} = K_1 K_2 I_f$ と置いている．(2-55)式をラプラス変換して

$$T_m(s) = K_{ma} I_a(s) \qquad (2\text{-}56)$$

このトルクは界磁制御の場合と同様に次の2つのトルクに分けられる．

$$T_m(s) = T_L(s) + T_d(s) \qquad (2\text{-}57)$$

また，ロータの回転運動にも界磁制御と全く同じ方程式が成立する．

$$(Js + f)\omega(s) = T_L(s) \qquad (2\text{-}58)$$

次に，電機子回路のコイルのインダクタンスをL_a，抵抗をR_a，流れる電流をi_a，回路に印加する入力電圧をv_aとする．電機子コイルが界磁回路によって生じた磁界を横切ることから，コイルには**逆起電力**(Back E.M.F) v_b が発生する．したがって，次の式が成立する．

$$v_a(t) = R_a i_a(t) + L_a \frac{di_a(t)}{dt} + v_b(t) \qquad (2\text{-}59)$$

逆起電力は，磁束を横切るコイルの速度に比例するから

$$v_b(t) = K_b \omega(t) \qquad (2\text{-}60)$$

この2式をラプラス変換すると

$$V_a(s) - V_b(s) = (L_a s + R_a) I_a(s) \qquad (2\text{-}61)$$

$$V_b(s) = K_b \omega(s) \qquad (2\text{-}62)$$

伝達関数を求めるために(2-58)式に(2-57),(2-56),(2-61),(2-62)式を順次代入すると

$$\begin{aligned}
\omega(s) &= \frac{T_L(s)}{Js + f} \\
&= \frac{T_m(s) - T_d(s)}{Js + f} \\
&= \frac{K_{ma}}{Js + f} \frac{V_a(s) - V_b(s)}{L_a s + R_a} - \frac{T_d(s)}{Js + f} \\
&= \frac{K_{ma}}{Js + f} \frac{V_a(s) - K_b \omega(s)}{L_a s + R_a} - \frac{T_d(s)}{Js + f}
\end{aligned} \qquad (2\text{-}63)$$

右辺 ω の項を左辺に移項し整理すると

$$\frac{(Js + f)(L_a s + R_a) + K_{ma} K_b}{(Js + f)(L_a s + R_a)} \omega(s) = \frac{K_{ma}}{Js + f} \frac{V_a(s)}{L_a s + R_a} - \frac{T_d(s)}{Js + f} \qquad (2\text{-}64)$$

これより，ω を求めると

$$\omega(s) = \frac{K_{ma}}{(Js+f)(L_a s+R_a)+K_{ma}K_b} V_a(s)$$
$$- \frac{L_a s+R_a}{(Js+f)(L_a s+R_a)+K_{ma}K_b} T_d(s) \qquad (2\text{-}65)$$

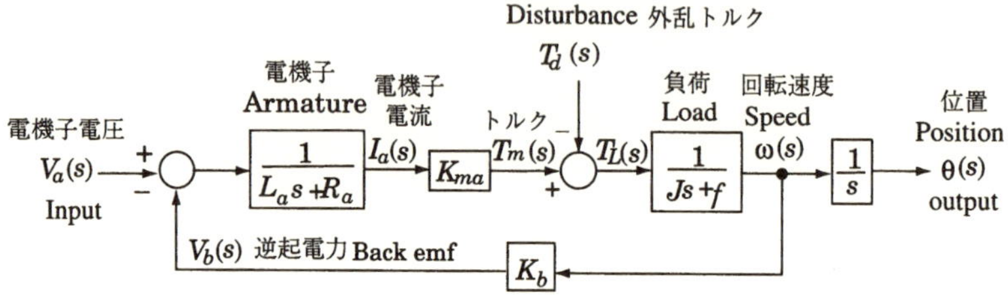

Block diagram of armature controlled dc-motor

図 2-11　電機子制御直流電動機のブロック線図

以上から，電機子制御されたDCサーボモータの2つの伝達関数は

$$G_{\omega/V_a}(s) = \frac{\omega(s)}{V_a(s)} = \frac{K_{ma}}{(Js+f)(L_a s+R_a)+K_{ma}K_b} \qquad (2\text{-}66a)$$

$$G_{\omega/T_d}(s) = \frac{\omega(s)}{T_d(s)} = -\frac{L_a s+R_a}{(Js+f)(L_a s+R_a)+K_{ma}K_b} \qquad (2\text{-}66b)$$

となる．電機子制御の場合も電機子回路の時定数 $T_A = L_a/R_a$ はロータの時定数 T_J に比較して無視できる（電機子電流の過渡特性はロータの回転運動に比較して速い）ので，分母の L_a を式から省いて次のように近似することができる．

$$G_{\omega/V_a}(s) = \frac{K_{ma}}{R_a Js+R_a f+K_{ma}K_b} = \frac{K_a}{T_a s+1} \qquad (2\text{-}67a)$$

$$G_{\omega/T_d}(s) = -\frac{R_a}{R_a Js+R_a f+K_{ma}K_b} = -\frac{K_d}{T_a s+1} \qquad (2\text{-}67b)$$

ただし，ここで

$$K_a = \frac{K_{ma}}{R_a f+K_{ma}K_b}, \quad K_d = \frac{R_a}{R_a f+K_{ma}K_b}, \quad T_a = \frac{R_a J}{R_a f+K_{ma}K_b} \qquad (2\text{-}67c)$$

とおいている．また，$\theta(s)$ を出力と見なした伝達関数は $\theta(s) = \omega(s)/s$ の関係から

$$G_{\theta/V_a}(s) = \frac{K_a}{s(T_a s + 1)} \qquad (2\text{-}68\text{a})$$

$$G_{\theta/T_d}(s) = -\frac{K_d}{s(T_a s + 1)} \qquad (2\text{-}68\text{b})$$

と与えられる．図2-11に電機子制御直流電動機のブロック線図を示す．

最後に定常運転におけるモータの**電力**（パワー）の収支を考えよう．単位時間に電動機がなす機械的な仕事（**仕事率**）は，単位時間に電動機に投入される電気的な仕事（電力）に等価であるから（表2-1参照）

パワー [Nm/s] = トルク [Nm] × 角速度 [rad/s] = 電圧 [V] × 電流 [A]

が成立する．これより

$$P = T_m \omega = V_b I_a + R_a I_a^2 \qquad (2\text{-}69)$$

ここで，右辺第2項の抵抗 R_a で熱として消費される電力を無視し，両辺に

$$T_m = K_{ma} I_a, \quad V_b = K_b \omega \qquad (2\text{-}70)$$

を代入すると

$$K_{ma} \approx K_b \qquad (2\text{-}71)$$

の関係を得る．すなわち，逆起電力によるフィードバック・ゲイン K_b は**前向き／フィード・フォワード**(feedforward)ゲイン K_{ma} に等しいという興味深い結果を得る．

表2-1 力学系と電気系の物理量のまとめ

	運動方程式	運動量	エネルギー	仕事率（電力）
並進運動 translational motion	$F = m\dot{v}$	$P = mv$	$E = \frac{1}{2}mv^2$	$P = Fv = \dot{E}$
回転運動 rotational motion	$T = I\dot{\omega}$	$L = I\omega$	$E = \frac{1}{2}I\omega^2$	$P = T\omega = \dot{E}$
電気回路 electric circuit	$I = c\dot{v}$	$Q = cv$	$E = \frac{1}{2}cv^2$	$P = Iv = \dot{E}$

仕事と仕事率の単位： 1 [J] = 1 [Nm], 1 [W] = 1 [J/s]

2-3 ブロック線図の等価変換

前節で見てきたように，連立微分方程式によって表される動的システムはラプラス変換によって線形の連立代数方程式の解法に変換される．このとき制御

システムでは特定の操作量と制御量との関連を伝達関数として表現することになり，前節でその具体例を数例求めた．

伝達関数が表現する入力（原因，操作量）と出力（結果，制御量）間の関連は，例題2-4, 2-5で既に紹介したように，ブロック線図として図式的に表現することでより明確なものとなることを知った．このブロック線図法では，与えられたシステムの複雑なブロック線図を原図よりもブロック数の少ない等価な別のブロック線図に変換することがしばしば行われる．表2-2はそのときに用いるブロック線図の**等価変換則**を示している．なお，スカラー伝達関数の場合は第1欄の**直列結合** $G_1(s), G_2(s)$ は交換可能だが，行列伝達関数の場合は成立しないことに注意する．

$$G_1(s)G_2(s) \neq G_2(s)G_1(s) \tag{2-72}$$

次に第3欄の引き出し点の移動と第6欄のフィードバック結合を証明する．

[第3欄の証明]

$X_1(s)$ は次のように書き換えられる．

$$X_1(s) = \frac{1}{G(s)} G(s) X_1(s) \tag{2-73}$$

右辺に $X_1(s)$ と $X_2(s)$ 間の入出力関係を代入して次式を得る．

$$X_1(s) = \frac{1}{G(s)} X_2(s) \tag{2-74}$$

[第6欄の証明] フィードバックループ消却則

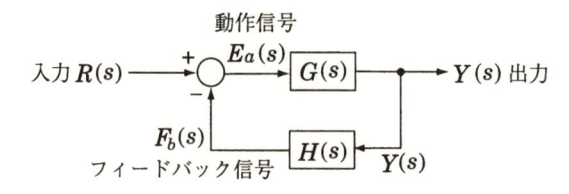

図 2-12 負の単一ループフィードバック制御システム

図2-12に**負のフィードバック制御／負帰還** (negative feedback) システムを示す．正のフィードバック制御／正帰還 (positive feedback) の場合は省略するが，符号を逆にして考えればよい．

加算点における**制御偏差**はこの場合**動作信号**に等しく

$$E_a(s) = R(s) - F_b(s) = R(s) - H(s)Y(s) \tag{2-75}$$

と記述できる．ここで，出力 $Y(s)$ と偏差信号 $E_a(s)$ は伝達関数 $G(s)$ で

$$Y(s) = G(s)E_a(s) \tag{2-76}$$

と関係づけられている．(2-75)式をこれに代入すると

$$Y(s) = G(s)\bigl(R(s) - H(s)Y(s)\bigr) \tag{2-77}$$

左辺に $Y(s)$ の項を移項すれば

表 2-2　等価ブロック線図への変換則

	変換	原 線 図	等 価 線 図
1.	ブロックを直列に結合する	$X_1 \to \boxed{G_1} \xrightarrow{X_2} \boxed{G_2} \to X_3$	$X_1 \to \boxed{G_1 G_2} \to X_3$
2.	ブロックを引き出し点の前へ移す	$X_1 \to \boxed{G} \to X_2$ 引き出し $\to X_2$	$X_1 \to$ 引き出し $\to \boxed{G} \to X_2$, 分岐 $\to \boxed{G} \to X_2$
3.	ブロックを引き出し点の後ろへ移す	$X_1 \to \boxed{G} \to X_2$ 引き出し $\to X_1$	$X_1 \to \boxed{G} \to X_2$ 引き出し, $X_1 \to \boxed{\frac{1}{G}}$
4.	ブロックを加算点の後ろへ移す	$X_1 \to \oplus \to \boxed{G} \to X_3$, $X_2 \to \oplus$	$X_1 \to \boxed{G} \to \oplus \to X_3$, $X_2 \to \boxed{G} \to \oplus$
5.	ブロックを加算点の前へ移す	$X_1 \to \boxed{G} \to \oplus \to X_3$, $X_2 \to \oplus$	$X_1 \to \oplus \to \boxed{G} \to X_3$, $X_2 \to \boxed{\frac{1}{G}} \to \oplus$
6.	フィードバックループを消去する	$X_1 \to \oplus \to \boxed{G} \to X_2$, フィードバック $\boxed{H}$	$X_1 \to \boxed{\dfrac{G}{1 \mp GH}} \to X_2$

$$Y(s)(1+G(s)H(s)) = G(s)R(s) \qquad (2\text{-}78)$$

よって，出力 $Y(s)$ と入力 $R(s)$ を結合する伝達関数は

$$\boxed{\dfrac{Y(s)}{R(s)} = \dfrac{G(s)}{1+G(s)H(s)}} \qquad (2\text{-}79)$$

となり，表2-2の第6欄が証明された． □

このフィードバックループ消去則による閉ループ伝達関数の等価変換は制御システムの解析においてしばしば使用されるので，ぜひ記憶しておく必要がある．なお，(2-79)式の閉ループ伝達関数の分母多項式を 0 と置いた方程式

$$\boxed{1+G(s)H(s) = 0} \qquad (2\text{-}80)$$

を**閉ループ特性方程式** (characteristic equation)という．これは変数 s に関する代数方程式であり，その根を**閉ループ特性根**あるいは**閉ループ極**という．一方，$G(s)H(s)$ のことを**開ループ伝達関数**あるいは**一巡伝達関数，ループ伝達関数** (loop transfer function)などという．

前節の図2-11のフィードバック制御システムでは，(2-63),(2-64)式において，フィードバック項を右辺から左辺に移項することによって閉ループ伝達関数を求めたが，かなり面倒な計算であった．しかし，ここで説明したループ消去法を利用すれば比較的簡単に伝達関数が求められるので，読者はぜひ試してみる価値がある．

例題 2-6　図2-13に示す2重ループフィードバック制御システムのブロック線図を等価な単一のブロック線図に変換せよ．

表2-2 第3欄の引き出し点の移動，第6欄のフィードバック消去則，第1欄の直列結合を用いる．変換の経過を図(b)～(e)に示す．等価変換された伝達関数の分母分子を調べると，分子は入力 $R(s)$ と出力 $Y(s)$ を結合する**前向き要素**の**直列／カスケード** (cascade) 伝達関数から成り立っている．

一方，分母を次のように書き直すと，分母は1から2つのループの伝達関数の和を引いたものになっていることがわかる．（2-4節，メイソンの公式参照）

$$\Delta(s) = 1 - (G_3 G_4 H_2 - G_2 G_3 H_1) \qquad (2\text{-}81)$$

ここで $G_3 G_4 H_2$ ループは正のフィードバックであるから正の符号を付け，$G_2 G_3 H_1$ は負のフィードバックであるから負の符号を付けると考える．この形

の分母分子は次節で述べる多重ループフィードバックシステムの一般形になっている．

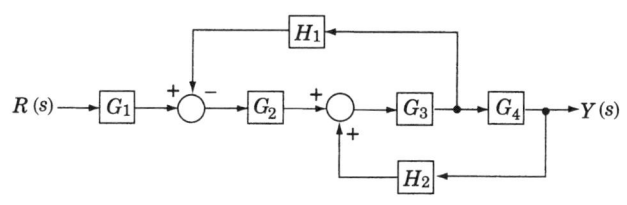

(a) ループの途中に引き出し点のある2重ループフィードバック制御システム

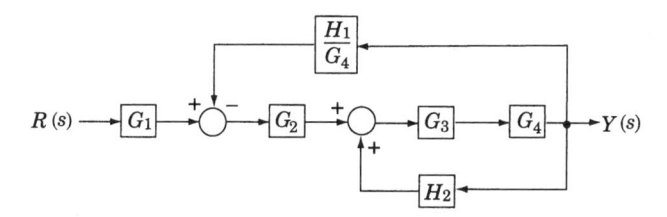

(b) 引き出し点を外に移動

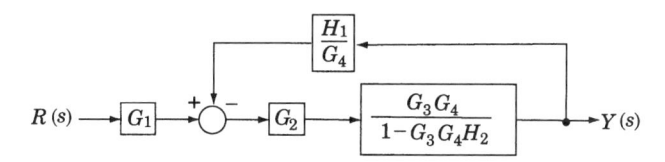

(c) 内側のループを消去

(d) 外側のループを消去

(e) 直列接続のブロックを結合

図 2-13 ループ途中に引き出し線のある2重ループフィードバック制御システムの等価変換による簡略化

多入力・多出力系の伝達関数

　複数の操作量と制御量をもつシステムを表すためには複数の伝達関数が必要である．例えば図2-14のCCV (Control Configured Vehicle) と呼ばれる航空機の運動は2入力・2出力系である．qを姿勢角の角速度，nを正規化された加速度，δ_e, δ_f を各々エレベータとフラッペロン（フラップとエルロンを兼ねた舵）の舵角とすると，出力変数に対する連立方程式は複数の伝達関数を使用して

$$q(s) = T_{11}(s)\delta_e(s) + T_{12}(s)\delta_f(s) \tag{2-82}$$

$$n(s) = T_{21}(s)\delta_e(s) + T_{22}(s)\delta_f(s) \tag{2-83}$$

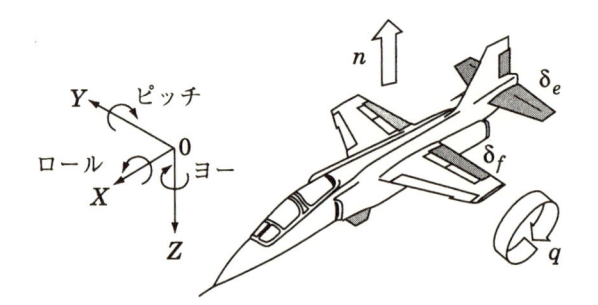

図 2-14　2入力・2出力システムの例（CCV機）

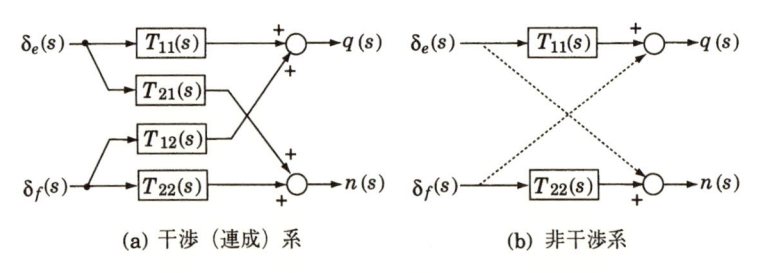

(a) 干渉（連成）系　　(b) 非干渉系

図 2-15　2入力・2出力系のブロック線図

と表せる．ここで $T_{ij}(s)$ は j 番目の入力変数と i 番目の出力変数を結びつける伝達関数である．この方程式群を表すブロック線図を図2-15に示す．ここで，$T_{12}(s)$, $T_{21}(s)$ の存在は，2つの方程式が独立してはおらず連成（干渉）していることを示している．このように複数の入力信号が出力に干渉しあっている航

空機はパイロットにとって操縦が困難なシステムであるので，フィードバック制御によって非干渉化することが望まれる．もし $T_{12}(s) = T_{21}(s) = 0$ のときは，システムは互いに独立した2つの**単入力・単出力系/SISOシステム** (single-input single-output system) から成るだけであり，**非干渉システム** (decoupled system) と呼ばれる．

一般に m 個の入力と n 個の出力に対しては伝達関数群をマトリクス形で書くことができる．

$$\begin{bmatrix} y_1(s) \\ y_2(s) \\ \vdots \\ y_n(s) \end{bmatrix} = \begin{bmatrix} T_{11}(s) & \cdots & T_{1m}(s) \\ T_{21}(s) & \cdots & T_{2m}(s) \\ \vdots & \cdots & \vdots \\ T_{n1}(s) & \cdots & T_{nm}(s) \end{bmatrix} \begin{bmatrix} r_1(s) \\ r_2(s) \\ \vdots \\ r_m(s) \end{bmatrix} \quad (2\text{-}84)$$

また，上式は簡単のため次のようにも記述される．

$$\boldsymbol{y}(s) = \boldsymbol{T}(s)\boldsymbol{r}(s) \quad (2\text{-}85)$$

ここで $\boldsymbol{y}$ ベクトルと $\boldsymbol{r}$ ベクトルはそれぞれ n 個の出力変数と m 個の入力変位を含む列ベクトルである．また，$\boldsymbol{T}$ は $n \times m$ の伝達関数を要素にもつ行列であり，**伝達関数行列** (matrix transfer function) と呼ぶ．多変数間の関係を行列で表す方法は，複雑な**多入力・多出力系／MIMOシステム** (multi-input multi-output system) にとって有効である．

2-4 シグナルフロー線図（信号流れ線図／信号伝達線図）

ブロック線図の書き換えによる等価変換は，システムが複雑になってくると極めて困難になってくる．代案として Mason (メイソン) が開発した方法は，**信号流れ線図/シグナルフロー線図** (signal flow graph/diagram) あるいは**信号伝達線図**と呼ばれる方式である．その利点は，ブロック線図簡略化のような手順を経ることなく，変数間の関係を表すゲイン公式を直接得ることができる点にある．ブロック線図表示からこのシグナルフロー線図表示への移行は容易である．図2-16にブロック線図と対応するシグナルフロー線図を比較して示す．

シグナルフロー線図がブロック線図法と表記上異なる点は，入力点と出力点，さらに中間変数の結合端を**節点** (node) と称して積極的に○印で表すことである．また，ブロック線図の伝達関数に相当する関係は矢印の傍らに書かれ，伝

達度(transmittance)と呼ぶ．シグナルフロー線図は，これらの節点を方向性のある枝(branch)で相互に接合することで関連性を表現する．

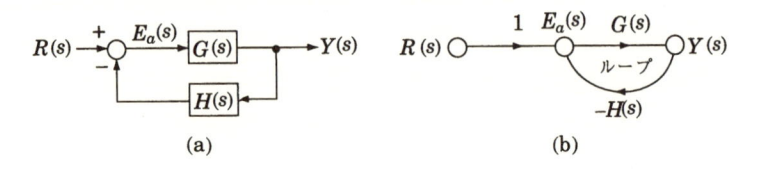

図 2-16　ブロック線図とシグナルフロー線図の対比

一つの節点を出るすべての枝は信号を矢印に沿って**一方向的**に流すものと考える．また，一つの節点に入るすべての枝からの信号は加算され，その節点における全信号として扱うものとする．

一つの信号（節点）から他の信号（節点）につながる数本の連続した枝を**経路**(path)と呼ぶ．また同じ節点から発して同じ節点に戻る閉じた経路を**ループ**(loop)と称し，一つのループ上では同じ接点が 2 度以上現れてはいけないものとする．

シグナルフロー線図とは，簡単にいうと変数間の関係を表すための連立方程式を図式的に描く表現方法のことである．例として，図2-17に示す航空機縦運動を表す連立微分方程式をラプラス変換した次の代数方程式を考える．ただし初期条件を 0 とおいている．

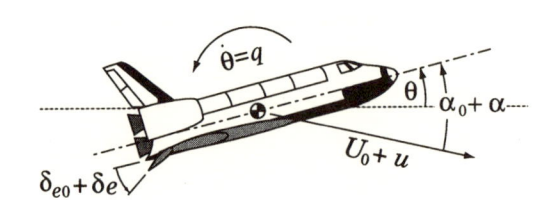

図 2-17　航空機縦運動

$$\begin{bmatrix} a_{11}(s) & a_{12}(s) & a_{13}(s) \\ a_{21}(s) & a_{22}(s) & a_{23}(s) \\ 0 & a_{32}(s) & a_{33}(s) \end{bmatrix} \begin{bmatrix} u(s) \\ \alpha(s) \\ \theta(s) \end{bmatrix} = \begin{bmatrix} 0 \\ b_2 \\ b_3 \end{bmatrix} \delta_e(s) \qquad (2\text{-}86)$$

ここで入力変数はエレベータ舵角 $\delta_e(s)$ で，出力変数は対気速度 $u(s)$，迎え角 $\alpha(s)$，ピッチレート $q(s)$ である．

Cramer の公式と Mason の公式

(2-86)式から伝達関数を求めるためにCramer（クラーメル）の公式を適用する．

$$u(s) = \frac{|A_1|}{|A|},\ \alpha(s) = \frac{|A_2|}{|A|},\ \theta(s) = \frac{|A_3|}{|A|} \tag{2-87}$$

ここに $|A|$ は(2-86)式左辺の係数行列の行列式であり，$|A_1|, |A_2|, |A_3|$ は係数行列の第1列, 2列, 3列要素を右辺の列ベクトルで置き換えた行列の行列式である．$\theta(s)$ について具体的に求めると

$$\theta(s) = \frac{\begin{vmatrix} a_{11} & a_{12} & 0 \\ a_{21} & a_{22} & b_2\delta_e \\ 0 & a_{32} & b_3\delta_e \end{vmatrix}}{\begin{vmatrix} a_{11} & a_{12} & a_{13} \\ a_{21} & a_{22} & a_{23} \\ 0 & a_{32} & a_{33} \end{vmatrix}} \tag{2-88}$$

$$= \frac{-a_{11}a_{32}b_2 + (a_{11}a_{22} - a_{12}a_{21})b_3}{a_{11}a_{22}a_{33} + a_{13}a_{21}a_{32} - a_{11}a_{23}a_{32} - a_{12}a_{21}a_{33}} \delta_e(s)$$

ただし，$a_{ij}(s)$ の (s) は省いている．以後も同様である．

次に，シグナルフロー線図を求めるために(2-86)式の各行を対応する対角要素で除す．

$$\begin{bmatrix} 1 & a_{12}/a_{11} & a_{13}/a_{11} \\ a_{21}/a_{22} & 1 & a_{23}/a_{22} \\ 0 & a_{32}/a_{33} & 1 \end{bmatrix} \begin{bmatrix} u(s) \\ \alpha(s) \\ \theta(s) \end{bmatrix} = \begin{bmatrix} 0 \\ b_2/a_{22} \\ b_3/a_{33} \end{bmatrix} \delta_e(s) \tag{2-89}$$

左辺第1行に $u(s)$，第2行に $\alpha(s)$，第3行に $\theta(s)$ を残して他の項を右辺に移項し連立方程式の形に戻す．

$$\begin{cases} u(s) = -(a_{12}/a_{11})\alpha(s) - (a_{13}/a_{11})\theta(s) \\ \alpha(s) = -(a_{21}/a_{22})u(s) - (a_{23}/a_{22})\theta(s) + (b_2/a_{22})\delta_e(s) \\ \theta(s) = -(a_{32}/a_{33})\alpha(s) + (b_3/a_{33})\delta_e(s) \end{cases} \tag{2-90}$$

(2-90)式をシグナルフロー線図に表すと図2-18のようになる．同図において，ループの値と，$\delta_e(s)$ から $\theta(s)$ に達する経路の値を求めると

$$L_1(s) = \left(-\frac{a_{21}}{a_{22}}\right)\left(-\frac{a_{12}}{a_{11}}\right), \quad L_2(s) = \left(-\frac{a_{32}}{a_{33}}\right)\left(-\frac{a_{23}}{a_{22}}\right),$$
$$L_3(s) = \left(-\frac{a_{21}}{a_{22}}\right)\left(-\frac{a_{32}}{a_{33}}\right)\left(-\frac{a_{13}}{a_{11}}\right) \quad (2\text{-}91)$$

$$P_1(s) = \frac{b_2}{a_{22}}\left(-\frac{a_{32}}{a_{33}}\right), \quad P_2(s) = \frac{b_3}{a_{33}} \quad (2\text{-}92)$$

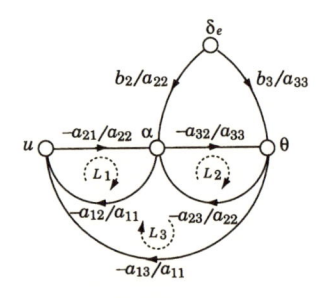

図 2-18 (2-90)式を表すシグナルフロー線図

　ここで，先程求めた(2-88)式の右辺の分母と分子を a_{11}, a_{22}, a_{33} で割り，さらに負符号を考慮して次のように書き換える．

$$\frac{\theta(s)}{\delta_e(s)} = \frac{\dfrac{b_2}{a_{22}}\left(-\dfrac{a_{32}}{a_{33}}\right) + \dfrac{b_3}{a_{33}}\left\{1 - \left(-\dfrac{a_{12}}{a_{11}}\right)\left(-\dfrac{a_{21}}{a_{22}}\right)\right\}}{1 - \left\{\left(-\dfrac{a_{21}}{a_{22}}\right)\left(-\dfrac{a_{12}}{a_{11}}\right) + \left(-\dfrac{a_{32}}{a_{33}}\right)\left(-\dfrac{a_{23}}{a_{22}}\right) + \left(-\dfrac{a_{21}}{a_{22}}\right)\left(-\dfrac{a_{32}}{a_{33}}\right)\left(-\dfrac{a_{13}}{a_{11}}\right)\right\}}$$
$$(2\text{-}93)$$

得られた分母多項式を調べてみると，1から図2-18の各ループの値 L_1, L_2, L_3 を引いた値となっている．また，分子第1項は，δ_e から θ に向かう経路の伝達度 P_1 に，その経路に接触するすべてのループを分母多項式から取り除いた残りの値(=1)を掛けた形になっている．同様に分子第2項は，第2の経路の伝達度 P_2 に，その経路に接触していないループを分母多項式に残した値 $1-L_1$ を掛けた形になっている．

$$\frac{\theta(s)}{\delta_e(s)} = \frac{P_1(s) \cdot 1 + P_2(s)\{1 - L_1(s)\}}{1 - \{L_1(s) + L_2(s) + L_3(s)\}} \qquad (2\text{-}94)$$

これを一般化したものが次のメイソンのループゲイン則／ゲイン公式(Mason's loop-rule/flow graph gain formula)である．

＜メイソンのループゲイン公式＞
図2-19のネットワークにおいて，入力変数R_jと出力変数Y_iの間の**伝達度**（**伝達関数**）T_{ij}は次式で与えられる．

$$T_{ij}(s) = \frac{Y_i(s)}{R_j(s)} = \frac{\sum_{k=1}^{M} P_k(s) \Delta_k(s)}{\Delta} \qquad (2\text{-}95)$$

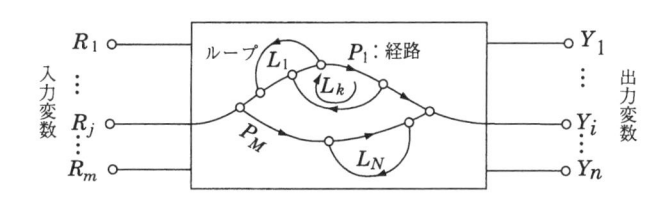

図 2-19 m 入力 n 出力のネットワーク

ここで分子の求和はR_jからY_iにいたるM個のすべての経路について行う．ただし，Mは変数R_jからY_iに至るすべての**経路**の数で，入出力変数の組合せ次第でその値は異なることに注意する（その意味ではM_{ij}と書くべきであるが）．分母分子の因子の意味は次の通りである．

(a) P_k ：変数R_jから変数Y_iに至るk番目の経路の**伝達度**
(b) Δ ：図のネットワークを表す連立方程式の**行列式**
(c) Δ_k ：経路P_kの**余因子**

(a) ここで**経路**とは，既に述べたように，入力端から出力端に向って，矢印の方向に沿って進み，同じ節点を2回以上は通過しない（ループを含まない）枝

の連続として定義される．

(b) 分母の行列式 Δ は次式から求める．ただし L_i は i 番目のループの伝達度（伝達関数）を，N（厳密には N_{ij} と書くべき）はループの最大数を意味する．ループとは，既述した通り同じ節点も 2 度以上は通過しない閉じた経路のことである．

$$\Delta = 1 - \sum_{i=1}^{N} L_i + \sum L_l L_m - \sum L_r L_s L_t + \cdots \qquad (2\text{-}96)$$

本式は連立方程式の行列式を求める手段として，多重ループをもつ制御システム内の各ループ項 $L_1, L_2, \cdots L_N$ を用いて求める法則となっており，次のように解釈する．なお，独立なループとは，互いに接触しない（同じ節点や経路を共有しない）ループどうしをいう．

$\Delta = 1 -$ （異なるループゲインの総和）
$\quad +$ （独立な 2 つのループ間でのゲイン乗積の全組合せ）
$\quad -$ （独立な 3 つのループ間でのゲイン乗積の全組合せ）
$\quad + \quad \cdots$

(c) 分子の**余因子** Δ_k は，行列式 Δ から k 番目の経路に接触するループを除いたもの，すなわち，行列式 Δ 中の該当するループゲインを 0 とおいたときの値である．

例題 2-7 図2-20に示す**並列結合**と**直列結合**が組合わされたシステムの伝達関数を求めよ．

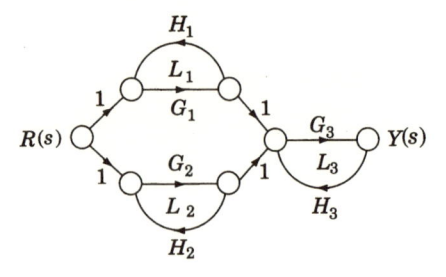

図 2-20 並列結合と直列結合が組み合わされたシグナルフロー線図

入力と出力を結ぶ経路は 2 通り有り，ループは 3 個ある．

経路 $1: P_1 = G_1G_3,$　　経路 $2: P_2 = G_2G_3$　　　　(2-97)

ループ : $L_1 = G_1H_1, L_2 = G_2H_2, L_3 = G_3H_3$　　(2-98)

また L_1, L_2, L_3 のループは互いに接触していないから行列式は

$$\Delta = 1 - (L_1 + L_2 + L_3) + (L_1L_2 + L_2L_3 + L_3L_1) - (L_1L_2L_3) \quad (2\text{-}99)$$

経路 1 に沿う行列式の余因子は経路 1 に接するループを Δ の中から除いて得られる．

$$\Delta_1 = \Delta\Big|_{L_1 = L_3 = 0} = 1 - L_2 \quad (2\text{-}100)$$

同様に経路 2 に対する余因子は

$$\Delta_2 = \Delta\Big|_{L_2 = L_3 = 0} = 1 - L_1 \quad (2\text{-}101)$$

したがって，システムの伝達関数は(2-95), (2-96)式より

$$\begin{aligned}
T(s) &= \frac{P_1\Delta_1 + P_2\Delta_2}{\Delta} \\
&= \frac{G_1G_3(1 - L_2) + G_2G_3(1 - L_1)}{1 - L_1 - L_2 - L_3 + L_1L_2 + L_2L_3 + L_3L_1 - L_1L_2L_3} \\
&= \frac{\{G_1(1 - L_2) + G_2(1 - L_1)\}G_3}{(1 - L_1)(1 - L_2)(1 - L_3)} \\
&= \left(\frac{G_1}{1 - L_1} + \frac{G_2}{1 - L_2}\right) \cdot \frac{G_3}{1 - L_3} \\
&= \left(\frac{G_1}{1 - G_1H_1} + \frac{G_2}{1 - G_2H_2}\right) \cdot \frac{G_3}{1 - G_3H_3} \quad (2\text{-}102)
\end{aligned}$$

結果は 2 経路の伝達関数の和と直列結合の伝達関数の積となっている．

例題 2-8　3 重ループフィードバックシステムを表すシグナルフロー線図2-21 の伝達関数を求めよ．このシステムは例題2-6 の L_1, L_2 を含んでいる．

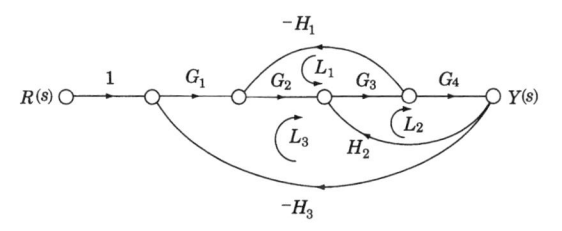

図 2-21　3 重ループフィードバックシステムのシグナルフロー線図

前向き(feedforward)経路は1個ある。
$$P_1 = G_1 G_2 G_3 G_4 \tag{2-103}$$
フィードバックループは3ループある．
$$L_1 = -G_2 G_3 H_1, \quad L_2 = G_3 G_4 H_2, \quad L_3 = -G_1 G_2 G_3 G_4 H_3 \tag{2-104}$$
すべてのループは共通の節点をもつからすべて互いに接触している．したがって行列式は
$$\Delta = 1 - (L_1 + L_2 + L_3) \tag{2-105}$$
さらに経路 P_1 はすべてのループに接触しているから余因子は $\Delta_k = 1$ である．これより閉ループ伝達関数は次のようになる．
$$\begin{aligned}T(s) = \frac{Y(s)}{R(s)} &= \frac{P_1 \Delta_1}{1 - L_1 - L_2 - L_3} \\ &= \frac{G_1 G_2 G_3 G_4}{1 + G_2 G_3 H_1 - G_3 G_4 H_2 + G_1 G_2 G_3 G_4 H_3}\end{aligned} \tag{2-106}$$

例題 2-9 最後に，ブロック線図の等価変換法による簡略化手法ではかなり困難な図2-22の複雑なシステムを考えてみよう．

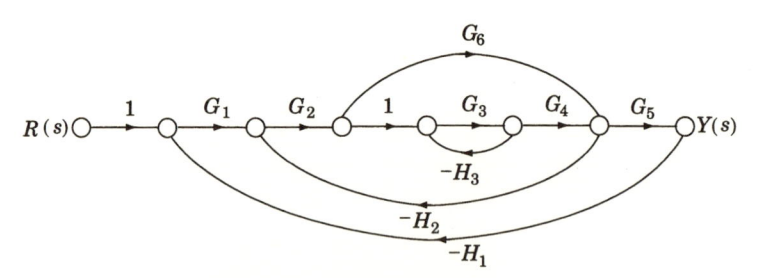

図 2-22 多重ループシステム

フィードフォワード経路は次の2経路である．
$$P_1 = G_1 G_2 G_3 G_4 G_5, \quad P_2 = G_1 G_2 G_6 G_5 \tag{2-107}$$
フィードバック経路は全部で5ループある．
$$\begin{aligned} &L_1 = -G_1 G_2 G_3 G_4 G_5 H_1, \quad &&L_2 = -G_2 G_3 G_4 H_2, \\ &L_3 = -G_3 H_3, \quad \cdots\cdots &&\begin{cases} L_4 = -G_2 G_6 H_2 \\ L_5 = -G_1 G_2 G_6 G_5 H_1 \end{cases}\end{aligned} \tag{2-108}$$

ループ L_3 はループ L_4 と L_5 に接触していない．他のループはすべて接触している．よって行列式は

$$\Delta = 1 - (L_1 + L_2 + L_3 + L_4 + L_5) + (L_3L_4 + L_3L_5) \qquad (2\text{-}109)$$

となり，余因子は次の通りである．

$$\Delta_1 = 1, \quad \Delta_2 = 1 - L_3 = 1 + G_3H_3 \qquad (2\text{-}110)$$

以上から伝達関数は次のようになる．ただし，各ループの値の代入は省略してある．

$$\begin{aligned} T(s) &= \frac{P_1\Delta_1 + P_2\Delta_2}{\Delta} \\ &= \frac{G_1G_2G_3G_4G_5 + G_1G_2G_6G_5(1+G_3H_3)}{1-(L_1+L_2+L_3+L_4+L_5)+(L_3L_4+L_3L_5)} \end{aligned} \qquad (2\text{-}111)$$

2-5 まとめ

本章では，制御システムの数学モデルを得るため，線形システムの伝達関数の概念を導入し，直流モータを含む各種の伝達関数を求めた．さらに，ブロック線図の等価変換法並びにシグナルフロー線図を使って閉ループ伝達関数を求めるメイソンのループゲイン公式を示した．

問 題

2-1 図2-6において，伝達関数 $V_L(s)/V(s), V_R(s)/V(s), I(s)/V(s)$ を求めよ．

2-2 図2-23(a)に示す微分回路の伝達関数 $V_2(s)/V_1(s)$ を求めよ．図2-23(b)のRLC並列回路の伝達関数 $I_C(s)/I(s), I_R(s)/I(s), I_L(s)/I(s)$ を求めよ．

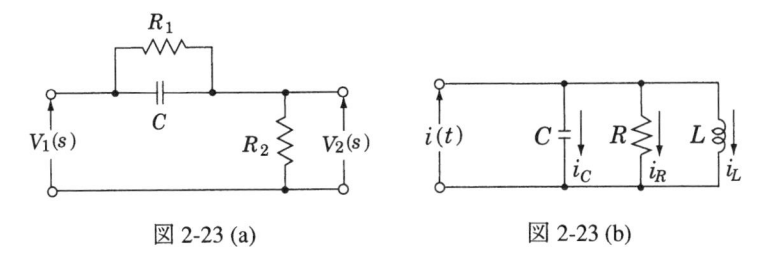

図 2-23 (a)

図 2-23 (b)

2-3 連結された質量・バネ・ダンパシステムを図2-24に示す．システムを記述する微分方程式と伝達関数を求めよ．ただし x_1, x_2 を出力，f_1, f_2 を入力と考える．

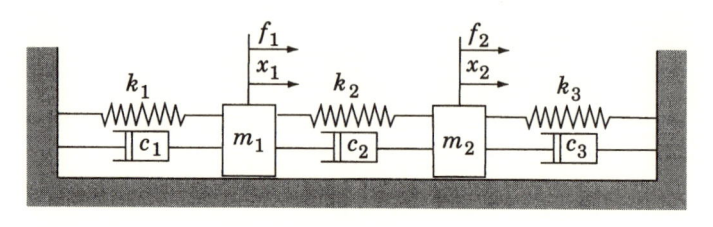

図 2-24

2-4 フィードバック制御システムのアクチュエータとセンサとして使用される次の油圧シリンダーと加速度計の伝達関数を求めよ．

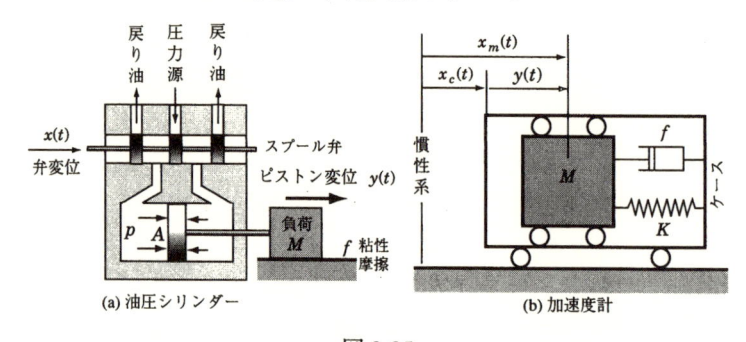

(a) 油圧シリンダー (b) 加速度計

図 2-25

2-5 (a) 図2-18の信号流れ線図から，メイソンの公式を使って残りの2伝達関数 $u(s)/\delta_e(s), \alpha(s)/\delta_e(s)$ を求め，(2-86)式の航空機運動方程式からクラーメルの法則を使って確認せよ．

(b) 次の連立微分方程式について，同様にメイソンの公式を使って伝達関数 $X_1(s)/R(s)$ を求め，クラーメルの法則で確認せよ．

$$\begin{bmatrix} \dot{x}_1 \\ \dot{x}_2 \\ \dot{x}_3 \end{bmatrix} = \begin{bmatrix} 0 & 1 & 0 \\ 0 & 0 & 1 \\ -a_0 & -a_1 & -a_2 \end{bmatrix} \begin{bmatrix} x_1 \\ x_2 \\ x_3 \end{bmatrix} + \begin{bmatrix} 0 \\ 0 \\ b \end{bmatrix} r$$

2-6 次の信号流れ線図で表されるシステムの伝達関数を求めよ．

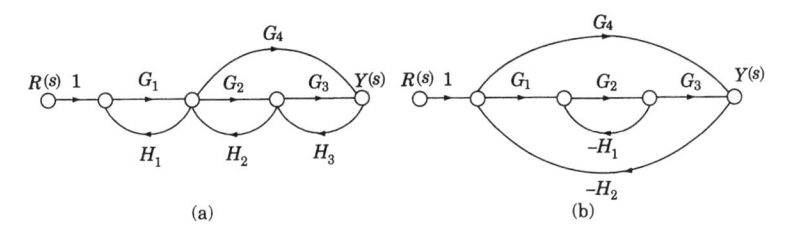

(a) (b)

図 2-26

2-7 RC 梯子（はしご）回路 (ladder network) を図2-27に示す．
(a) 回路を記述する方程式求め，これよりシグナルフロー線図を作り，伝達関数 $V_3(s)/V_0(s)$ を求めよ．
(b) $R_1 = R_2 = R_3 = R, C_1 = C_2 = C_3 = C$ とするとき，伝達関数 $V_3(s)/V_0(s)$ を求めよ．

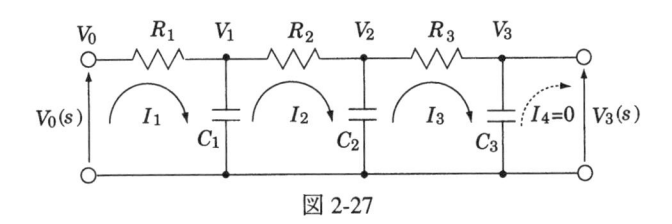

図 2-27

（問題の解答とヒント）

2-1)
$$\frac{V_L(s)}{V(s)} = \frac{s^2}{s^2 + (R/L)s + 1/LC},$$
$$\frac{V_R(s)}{V(s)} = \frac{(R/L)s}{s^2 + (R/L)s + 1/LC}, \quad \frac{I(s)}{V(s)} = \frac{(1/L)s}{s^2 + (R/L)s + 1/LC}$$

2-2)
(a) $\quad \dfrac{V_2(s)}{V_1(s)} = \dfrac{s + 1/(R_1 C)}{s + (R_1 + R_2)/(R_1 R_2 C)},$

$$I_C(s) + I_R(s) + I_L(s) = I(s),$$

$$I_C(s) = CsV(s)/R, \ I_R(s) = V(s)/R, \ I_L(s) = V(s)/Ls$$

(b) $\dfrac{I_C(s)}{I(s)} = \dfrac{s^2}{s^2 + (1/RC)s + (1/LC)}, \ \dfrac{I_R(s)}{I(s)} = \dfrac{(1/RC)s}{s^2 + (1/RC)s + (1/LC)},$

$\dfrac{I_L(s)}{I(s)} = \dfrac{1/LC}{s^2 + (1/RC)s + (1/LC)}$

2-3)

（ヒント）2入力・2出力であるから伝達関数は4個ある．次式をラプラス変換して得られる連立方程式の逆行列を計算すれば良い．

$$\begin{cases} m_1\ddot{x}_1 = -k_1 x_1 - c_1 \dot{x}_1 + k_2(x_2 - x_1) + c_2(\dot{x}_2 - \dot{x}_1) + f_1 \\ m_2\ddot{x}_2 = -k_3 x_2 - c_3 \dot{x}_2 - k_2(x_2 - x_1) - c_2(\dot{x}_2 - \dot{x}_1) + f_2 \end{cases}$$

$$\begin{bmatrix} m_1 s^2 + (c_1 + c_2)s + k_1 + k_2 & -(c_2 s + k_2) \\ -(c_2 s + k_2) & m_2 s^2 + (c_2 + c_3)s + k_2 + k_3 \end{bmatrix} \begin{bmatrix} X_1(s) \\ X_2(s) \end{bmatrix} = \begin{bmatrix} F_1(s) \\ F_2(s) \end{bmatrix}$$

2-4)

(a)

$M=$ 質量, $f=$ 粘性摩擦, $A=$ ピストン断面積, $p=$ ピストン圧力とすると(a1)が成立する．$\Delta y=$ ピストン微小変位，$\Delta V=$ シリンダー内の微小容量変化とすると(a2)が成立．これより $Q=$ 油の流量率は(a3)となる．他方，油の流量はスプール弁変位 x とピストン圧力 p との関数(a4)で表される．これは非線形関数だから動作点 (x_0, p_0) 近傍で(a5)のように線形化する．(a3),(a5)より(a6)の関係を求め，移行して(a7)を得る．これを(a1)に代入して整理すれば(a8)となる．これよりラプラス変換して伝達関数を得る．

$$M\frac{d^2 y}{dt^2} = -f\frac{dy}{dt} + Ap \ \cdots (\text{a1}), \quad \frac{\Delta V}{\Delta t} = A\frac{\Delta y}{\Delta t} \cdots (\text{a2}), \quad Q = \frac{dV}{dt} = A\frac{dy}{dt} \cdots (\text{a3}),$$

$$Q = g(x, p) \ \cdots (\text{a4}), \quad Q \approx \left(\frac{\partial g}{\partial x}\right)_{x_0} x + \left(\frac{\partial g}{\partial p}\right)_{p_0} p = g_x x - g_p p \ \cdots (\text{a5}),$$

$$g_x x - g_p p = A\frac{dy}{dt} \cdots (\text{a6}), \qquad p = \frac{1}{g_p}\left(g_x x - A\frac{dy}{dt}\right) \cdots (\text{a7}),$$

$$M\frac{d^2y}{dt^2} + \left(f + \frac{A^2}{g_p}\right)\frac{dy}{dt} = A\frac{g_x}{g_p}x \cdots\cdots(\text{a}8)$$

$$\frac{Y(s)}{X(s)} = \frac{A(g_x/g_p)}{s(Ms + f + A^2/g_p)} = \frac{K}{s(Ms+D)}$$

(b)

　x_m, x_c を慣性空間に対する質量の変位，慣性空間に対するケースの変位，y をケースに対する質量の相対的変位 $y = x_m - x_c$ とすると，次式が成立する．

$$M\ddot{x}_m = f(\dot{x}_m - \dot{x}_c) - K(x_m - x_c)$$

両辺から同じものを引いて $M(\ddot{x}_m - \ddot{x}_c) = -f(\dot{x}_m - \dot{x}_c) - K(x_m - x_c) - M\ddot{x}_c$．
y に変数変換をすると $M\ddot{y} + f\dot{y} + Ky = -M\ddot{x}_c$．ラプラス変換して次式を得る．低周波数 $\omega < \omega_n$ では右の式のように近似され，加速度計として作用する．

$$\frac{Y(s)}{X_c(s)} = \frac{-Ms^2}{Ms^2 + fs + K} = \frac{-s^2}{s^2 + (f/M)s + (K/M)}, \quad \frac{Y(s)}{X_c(s)} \cong \frac{-s^2}{K/M}$$

2-5)

(a) （ヒント）$|A_1| = \begin{vmatrix} 0 & a_{12} & a_{13} \\ b_2\delta_e & a_{22} & a_{23} \\ b_3\delta_e & a_{32} & a_{33} \end{vmatrix}, \quad |A_2| = \begin{vmatrix} a_{11} & 0 & a_{13} \\ a_{21} & b_2\delta_e & a_{23} \\ 0 & b_3\delta_e & a_{33} \end{vmatrix}$

(b) （ヒント）

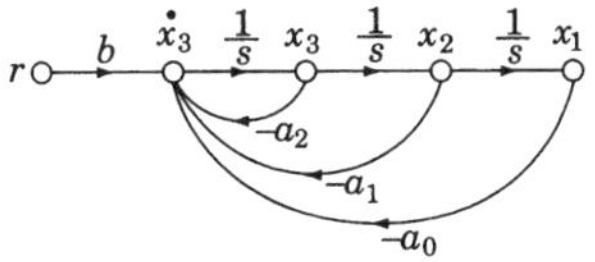

図 2-28

2-6)

(a) $\dfrac{Y(s)}{R(s)} = \dfrac{G_1G_2G_3 + G_1G_4}{1 - G_1H_1 - G_2H_2 - G_3H_3 - G_4H_3H_2 + G_1H_1G_3H_3}$

(b) $\dfrac{Y(s)}{R(s)} = \dfrac{G_1G_2G_3 + G_4(1 + G_2H_1)}{1 + G_2H_1 + G_1G_2G_3H_2 + G_4H_2 + G_2G_4H_1H_2}$

2-7)

(a) 各段ごとに次式が成立する．

$$v_0(t) - v_1(t) = R_1 i_1(t), \quad v_1(t) = \frac{1}{C_1}\int(i_1(t) - i_2(t))dt$$

$$v_1(t) - v_2(t) = R_2 i_2(t), \quad v_2(t) = \frac{1}{C_2}\int(i_2(t) - i_3(t))dt$$

$$v_2(t) - v_3(t) = R_3 i_3(t), \quad v_3(t) = \frac{1}{C_3}\int(i_3(t) - i_4(t))dt, \; i_4(t) = 0$$

これをラプラス変換すると

$$\frac{V_0(s) - V_1(s)}{R_1} = I_1(s), \quad V_1(s) = \frac{1}{C_1 s}\bigl(I_1(s) - I_2(s)\bigr)$$

$$\frac{V_1(s) - V_2(s)}{R_2} = I_2(s), \quad V_2(s) = \frac{1}{C_2 s}\bigl(I_2(s) - I_3(s)\bigr)$$

$$\frac{V_2(s) - V_3(s)}{R_3} = I_3(s), \quad V_3(s) = \frac{1}{C_3 s}\bigl(I_3(s) - I_4(s)\bigr), \; I_4(s) = 0$$

上式より次のシグナルフロー線図を得る．

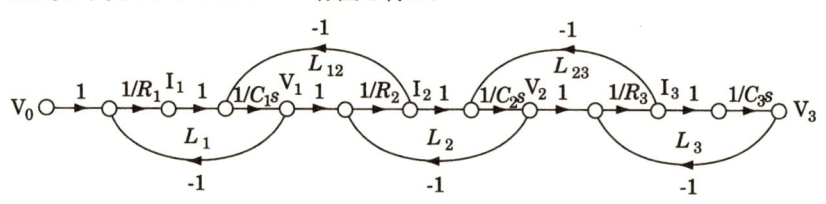

図 2-29

メイソンの公式より

$$\frac{V_3(s)}{V_0(s)} = \frac{\dfrac{1}{R_1 C_1 R_2 C_2 R_3 C_3 s^3}}{\Delta}$$

$$\Delta = 1 - (L_1 + L_2 + L_3 + L_{12} + L_{23})$$
$$+ (L_1 L_2 + L_2 L_3 + L_3 L_1 + L_{12} L_{23} + L_1 L_{23} + L_{12} L_3) - (L_1 L_2 L_3)$$

(b)

$$\frac{V_3(s)}{V_0(s)} = \frac{1}{(RCs)^3 + 5(RCs)^2 + 6(RCs) + 1}$$

第3章 フィードバック制御の特性

3-1 閉ループ制御システムの定常偏差

フィードバック制御を導入することの利点を示すために，図3-1に示す開ループ制御システムと閉ループ制御システムを比較する．図3-2は航空機オートパイロットシステムにおけるフィードバック制御の例である．

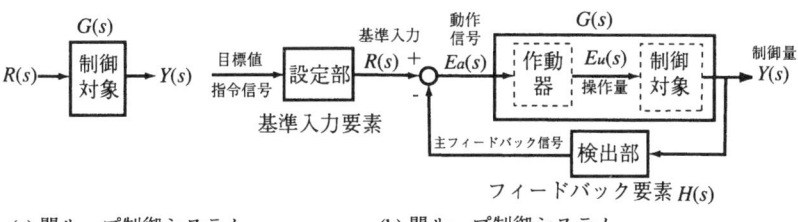

(a) 開ループ制御システム　　　(b) 閉ループ制御システム

図 3-1　開ループ制御システムと閉ループ制御システム

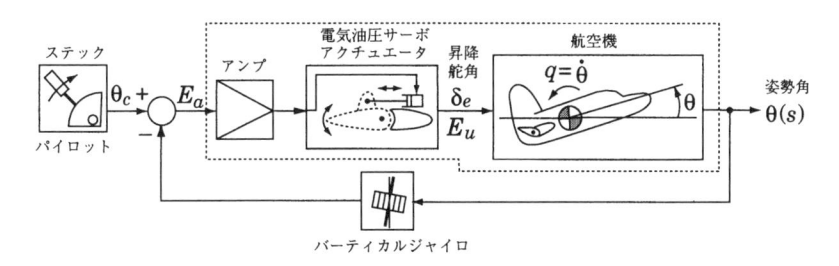

図 3-2　オートパイロットの閉ループフィードバック制御システム

開ループシステムの場合，出力は単に

$$Y(s) = G(s)R(s) \tag{3-1}$$

である．これに対して，閉ループシステムでは基準入力信号と検出部（センサ）からのフィードバック信号を比較することによって偏差（誤差）信号を発生し，それを**作動器／操作器** (actuator)を駆動するための**動作信号** (actuatingsignal)として利用する．したがってその出力は，(2-76),(2-79)式より

$$Y(s) = G(s)E_a(s) = \frac{G(s)}{1+GH(s)}R(s) \qquad (3\text{-}2)$$

である．ただし，$G(s)H(s)$を$GH(s)$と略記している．このとき，作動器への入力となる動作信号$E_a(s)$は，(3-2)式あるいはメイソンの公式より

$$E_a(s) = \frac{1}{1+GH(s)}R(s) \qquad (3\text{-}3)$$

である．これは，検出部の出力をシステムの出力と考え，$H(s)$を制御対象に含めて$G'(s) = GH(s)$とした直結フィードバックシステム図3-3(b)の偏差$E(s) = R(s) - Y'(s)$ に等しい．

(3-3)式から明らかなことは，偏差（誤差）を小さくするには，設計時に考慮しているsの範囲（5章で説明予定の周波数帯域）で，$|1+GH(s)|$を1より十分大きくする必要があるということである．閉ループシステムがこの様に運用されているとき，偏差は最小になっているのである．

(a)

(b) 検出部$H(s)$を制御対象に含めて考える

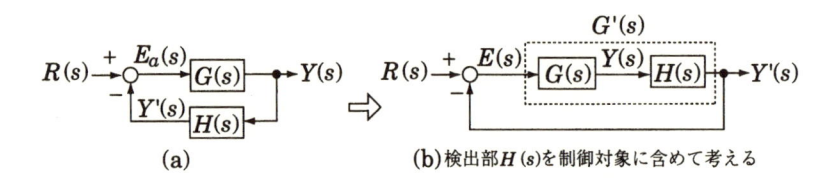

図 3-3　直結フィードバックシステム

定常偏差の減少

定常状態における出力信号と**目標／指令信号**との**制御偏差**（誤差）を，開ループ制御システムと閉ループ制御システムについて比較検討する．

まず，図3-1(a)の開ループシステム（open-loop system）の偏差は

$$E_0(s) = R(s) - Y(s) = \bigl(1 - G(s)\bigr)R(s) \qquad (3\text{-}4)$$

である．ここで，ステップ入力を使用したときの定常偏差を考えると，最終値の定理を用いて

$$e_o(\infty) = \lim_{s \to 0} sE_o(s) = \lim_{s \to 0} s(1 - G(s))\frac{1}{s} = 1 - G(0) \qquad (3\text{-}5)$$

となる．一方，図3-3(b)の直結フィードバックシステムの偏差$E(s)$を，閉ルー

プ(closed-loop)を意味するように，(3-3)式の E の添字 a を c に書き換えて

$$E_c(s) = \frac{1}{1+GH(s)} R(s) \tag{3-6}$$

と表すことにする．これより，ステップ入力に対する定常偏差はやはり最終値の定理を用いると次の通りである．

$$e_c(\infty) = \lim_{s \to 0} \left\{ s \frac{1}{1+GH(s)} \frac{1}{s} \right\} = \frac{1}{1+GH(0)} \tag{3-7}$$

(3-5), (3-7)式の $G(0)$ や $G'(0) = GH(0)$ は**直流ゲイン**と呼ばれる．

ここで(3-5)式を見ると，開ループ制御システムでは，直流ゲインを $G(0) = 1$ となるように調整すれば定常偏差を簡単に零にすることができるように思われる．しかし，使用部品の特性のばらつきや運転中の環境変化によって直流ゲイン値が変動することは避けがたく，これを1に保持することは一般に困難である．また，$G(s)$ は $R(s)$ と $Y(s)$ の間の物理的な動特性を表現しているわけであるから，この動特性の存在によってすべての s（全周波数領域，5章参照）について $G(s) = 1$ を実現することも不可能である．一方，閉ループ制御システムでは，一巡伝達関数の直流ゲイン $GH(0)$ を1より大きな値に設計すれば(3-7)式の定常偏差を小さな値にすることが可能である．

3-2 パラメータ変動に対する制御システムの低感度化

プロセスあるいはプラントには各種の不確定要因が存在する．例えばプラントを取り巻く環境の変化（航空機でいえば**飛行条件の変化**）や使用部品の経年変化（劣化）によって $G(s)$ のパラメータが変動する．故に $G(s)$ のパラメータ変化に対する制御システムの**感度**が問題となる．さらには化学プロセスの反応方程式や宇宙ステーションの運動方程式などにおいて，制御対象に関する知識が不完全なことから，あるダイナミックスが無視されたり不正確に表現されている場合がある．このようなケースでも安定性が保持できるか否かは重要な問題であり**ロバスト安定性**(robust stability)と呼ばれている．

このような状況を考えたとき，開ループシステムではパラメータの変化は出力を直接変動させることになるが，閉ループシステムではパラメータ変化によ

る出力変動を押さえようと作用する．このことを以下に示そう．

閉ループの場合，設計時に想定している周波数領域において一巡伝達関数のゲインが $|GH(s)| \gg 1$ であるならば，(3-2)式は

$$Y(s) \approx \frac{1}{H(s)} R(s) \tag{3-8}$$

と近似され，閉ループ出力はフィードバック要素 $H(s)$ の影響のみしか受けないことになる．そこで $|G(s)| \gg 1$ で $H(s)=1$ とすれば出力が入力に等しいという望ましい結果を得ることもできる．

このように，フィードバックシステムの**第2の効果**は，一巡伝達関数 $GH(s)$ の大きさを増すにつれて，プロセス $G(s)$ の変化による出力への影響（**システム感度**）を低下することができることである．

ここでシステム感度とは，プロセス $G(s)$ の変化率に対するシステム伝達関数 $T(s)$ の変化率を両者の比で表したものであり，次式で定義する．

$$S(s) = \lim_{\Delta G \to 0} \frac{\frac{\Delta T(s)}{T(s)}}{\frac{\Delta G(s)}{G(s)}} = \frac{\frac{\partial T}{T}}{\frac{\partial G}{G}} = \frac{\partial T}{\partial G} \frac{G}{T} \tag{3-9}$$

これを**感度関数**(sensitivity function)といい，

$$T_{cs}(s) = 1 - S(s) \tag{3-10}$$

を**相補感度関数**(complementary sensitivity function)という．

次にシステム感度を調べてみよう．今，プロセス $G(s)$ が変化して新しいプロセス $G(s) + \Delta G(s)$ になったとする．開ループの場合，その出力は $Y(s) + \Delta Y(s) = (G(s) + \Delta G(s))R(s)$ となるから出力の変化量は次の通りである．

$$\Delta Y(s) = \Delta G(s) R(s) \tag{3-11}$$

これを変化率に直すと

$$\frac{\Delta Y(s)}{Y(s)} = \frac{\Delta G(s) R(s)}{G(s) R(s)} = \frac{\Delta G(s)}{G(s)} \tag{3-12}$$

したがって開ループシステムのシステム感度は

$$S_o = \frac{\Delta Y(s)/Y(s)}{\Delta G(s)/G(s)} = 1 \tag{3-13}$$

となる．これは $G(s)$ に生じる変化率が出力の変化率に直接影響することを意

味している．一方，閉ループシステムの場合は(3-2)式から

$$Y(s) + \Delta Y(s) = \frac{G(s) + \Delta G(s)}{1 + \{G(s) + \Delta G(s)\}H(s)}R(s) \qquad (3\text{-}14)$$

と表される．したがって出力の増分は(3-14)式から(3-2)式を引いて

$$\Delta Y(s) = \frac{\Delta G(s)}{\{1 + GH(s) + \Delta GH(s)\}G(s)} \cdot \frac{G(s)}{\{1 + GH(s)\}}R(s) \qquad (3\text{-}15)$$

となる．これより変化率は $GH(s) \gg \Delta GH(s)$ ならば，

$$\frac{\Delta Y(s)}{Y(s)} = \frac{1}{1 + GH(s) + \Delta GH(s)} \frac{\Delta G(s)}{G(s)} \approx \frac{1}{1 + GH(s)} \frac{\Delta G(s)}{G(s)} \qquad (3\text{-}16)$$

と近似することができる．故に，閉ループシステムのシステム感度は

$$\boxed{S_c(s) = \lim_{\Delta G \to 0} \frac{\Delta Y(s)/Y(s)}{\Delta G(s)/G(s)} = \frac{\partial Y}{\partial G}\frac{G(s)}{Y(s)} = \frac{1}{1 + GH(s)} \qquad (3\text{-}17)}$$

となる．

(3-13)式と(3-17)式を比較すると，閉ループシステムのシステム感度は開ループシステムのそれの $1/(1 + GH(s))$ にまで減少している．設計領域として考えている複素周波数の範囲では通常 $|1 + GH(s)| \gg 1$ であるから，閉ループのシステム感度は 1 よりはるかに小さな値である．このときの $1 + GH(s)$ を**還送差** (return difference)と呼ぶ．

こうして，開ループシステムでは，精度を高めるためには温度特性，経年変化，故障率などの視点から開ループ要素 $G(s)$ の部品を厳選しなければならないが，閉ループシステムでは感度が減少できることから，$G(s)$ に対する精度要求を開ループより下げることができるのである．

例題 3-1 **演算増幅器**を用いた回路を考える．

演算増幅器はアナログ計算機の加算積分器や符号変換器，反転増幅器、加算器等の基本素子としてよく利用されているが，近年は各種の計測用電子回路によく利用されるようになっている．そこで図3-4の反転増幅器の出力特性を求めよう．

入力端子から**演算増幅器／オペアンプ** (operational amplifier) 内に流入（出）する電流は，オペアンプ内のインピーダンスが ∞ と考えられるのでほぼ 0 に

等しい．したがって R_i と R_f に流れる電流は等しいと考えてよいからオペアンプの増幅率を μ とすると，次の3式が成立する．

$$\begin{cases} e_o(t) = -\mu e_g(t) & \text{(3-18a)} \\ e_i(t) - e_g(t) = R_i i(t) & \text{(3-18b)} \\ e_g(t) - e_o(t) = R_f i(t) & \text{(3-18c)} \end{cases}$$

これらの関係を図3-5にブロック線図として示す．

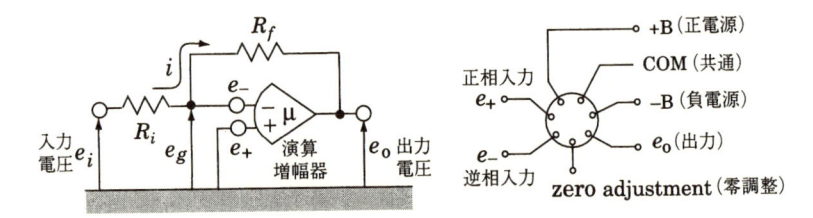

図 3-4 (a) 演算増幅器を用いた反転増幅器，(b) 演算増幅器の端子

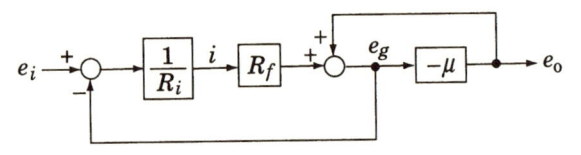

図 3-5 反転増幅器を表すブロック線図

また，別のブロック線図を得るために(3-18b)式を(3-18c)式で割って電流 i を消去すると

$$\frac{e_i(t) - e_g(t)}{e_g(t) - e_o(t)} = \frac{R_i}{R_f} \tag{3-19}$$

これを整理し e_g を求めると

$$e_g(t) = \frac{R_i e_o(t) + R_f e_i(t)}{R_i + R_f} \tag{3-20}$$

を得る．(3-18a), (3-20)式をブロック線図に表すと図3-6のようにも表現される．ここでオペアンプを含むフィードバックループは，一見すると正のフィードバックループ（正帰還）のように見えるが，オペアンプ自身に負の符号が含まれているので実際は**負**のフィードバックループ（**負帰還**）である．

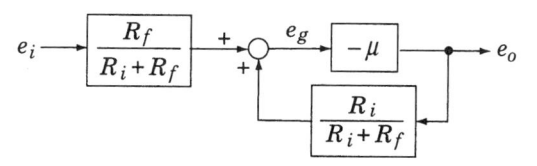

図 3-6 係数器回路の負のフィードバックループ

メイソンの公式を図3-5と図3-6にそれぞれ当てはめると閉ループ伝達関数はそれぞれ次のようになり，当然のことながら同じ結果を得る．

$$\frac{e_o(t)}{e_i(t)} = \frac{\dfrac{R_f}{R_i}(-\mu)}{1-\left(-\dfrac{R_f}{R_i}\mu\right)} = \frac{-R_f}{\dfrac{R_i+R_f}{\mu}+R_i} \tag{3-21a}$$

$$\frac{e_o(t)}{e_i(t)} = \frac{\dfrac{R_f}{R_i+R_f}(-\mu)}{1-\left(-\mu\dfrac{R_i}{R_i+R_f}\right)} = \frac{-R_f}{\dfrac{R_i+R_f}{\mu}+R_i} \tag{3-21b}$$

ここで，$\mu = \infty$，あるいは $\mu \gg (R_i + R_f)/R_i$ とすると

$$e_o(t) = -\frac{R_f}{R_i} e_i(t) \tag{3-22}$$

が成立する．注目すべき点は，(3-8)式で既に説明したことであるが，(3-22)式において開ループゲイン μ が消去されていることである．このことは，抵抗 R_i, R_f を厳選すれば，オペアンプの特性（μ の値にはバラツキが多い）に関係なく精度の良い増幅器が得られることを意味している．ただし，R_f/R_i の値を μ に近づけると(3-22)式の近似が成立しなくなり，開ループのオペアンプと変わりなくなる．したがって，通常は 1, 10 倍程度で使用されることが多い．典型例として，$R_f = R_i = 1\mathrm{k}\Omega$, $\mu = 10{,}000$ を(3-21)式に代入すると

$$\frac{e_o(t)}{e_i(t)} = \frac{-1{,}000}{2{,}000/10{,}000+1{,}000} = -0.9998 \tag{3-23}$$

となり，極めて -1 に近い値（**符号変換器**）が実現される．

以上述べてきたように，フィードバックループを構成することで制御プロセスの特性変化の影響を減少できることは重要な利点である．しかし，この手法

を高次の制御システム(高階微分方程式で表されるシステム)に応用すると，$|G(s)H(s)| \gg 1$ の要求が閉ループシステムの応答を振動的にしたり，不安定化する場合があることを7章の根軌跡法で学ぶことになる．

3-3 制御システムの過渡応答の改善

閉ループ制御システムの第3の重要な効果は，過渡応答特性(動特性)を改善できることである．

例題 3-2 図3-7に示す**速度制御システム**を考える．

サーボモータの速度制御システムはフィードバック制御システムの典型例であり，ロボット制御，電車の速度制御，工場における原料や製品の運搬など広汎に使用されている．鋼板を圧延し運搬する設備もその一例である．

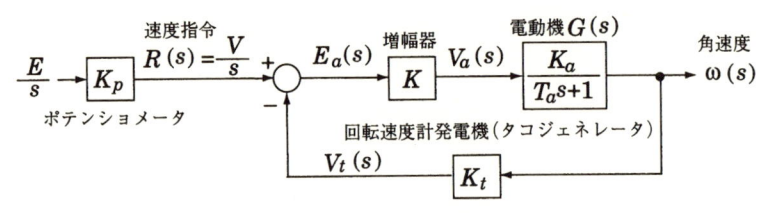

図 3-7 閉ループ速度制御システム

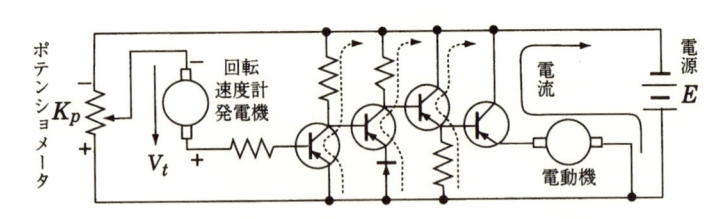

図 3-8 速度制御システムのトランジスタ回路

開ループシステムの伝達関数は既に得られている(2-67a)式から

$$G(s) = \frac{\omega(s)}{V_a(s)} = \frac{K_a}{T_a s + 1} \tag{3-24}$$

である．ただし，ゲインと時定数は次の通りであり，K_{ma} は K_m に置き換えてある．

$$K_a = \frac{K_m}{R_a f + K_m K_b}, \; T_a = \frac{R_a J}{R_a f + K_m K_b} \quad (3\text{-}25)$$

速度制御のための閉ループ制御システムは，回転速度に比例した電圧を発生するタコジェネレータ（回転速度計発電機）をフィードバック要素に使って図3-7のように構成することができる．図3-8に実用的なトランジスタ増幅回路の例を示す．このとき，ポテンショメータ（電位差計）で生成された指令電圧 R は，タコジェネレータで発電された電圧分 V_t（フィードバック信号）が差し引かれてトランジスタで増幅されている．

図3-7の閉ループ伝達関数を求めると

$$T(s) = \frac{\omega(s)}{R(s)} = \frac{KG(s)}{1 + KK_t G(s)} = \frac{KK_a}{T_a s + 1 + KK_t K_a} = \frac{K_c}{T_c s + 1} \quad (3\text{-}26)$$

となる．ただし K_c, T_c は閉ループシステムのゲインと時定数である．

$$K_c = \frac{K}{1 + KK_t K_a} K_a, \; T_c = \frac{1}{1 + KK_t K_a} T_a \quad (3\text{-}27)$$

この閉ループシステムがステップ状の速度指令信号 $r(t) = Vu(t)$ を受けるとする．この指令信号をラプラス変換すれば

$$R(s) = \frac{V}{s} \quad (3\text{-}28)$$

ただし，$V = K_p E$ で，$0 \leq K_p \leq 1$ はポテンショメータの設定値，E はポテンショメータの両端に加える電源電圧とする．速度応答は伝達関数 $T(s)$ に $R(s)$ を掛けて部分分数に展開し

$$\omega(s) = \frac{K_c}{T_c s + 1} \frac{V}{s} = K_c V \left(\frac{1}{s} - \frac{1}{s + 1/T_c} \right) \quad (3\text{-}29)$$

ラプラス逆変換すると次のようになる．

$$\omega(t) = K_c V (1 - e^{-t/T_c}) \quad (3\text{-}30)$$

ただし，単位ステップ関数 $u(t)$ を掛けることは省略している．図3-9にその過渡応答を示す．これより，過渡応答を速めるには閉ループシステムの時定数 T_c を小さくすること，すなわち増幅器ゲイン K を増せばよいことがわかる．

典型的数値例として，$-1/T_a = -0.10$ の開ループ極に対して，閉ループ極は少なくとも $-1/T_c = -(1+KK_tK_a)T_a = -10$ になり，応答速度は 100 倍も改善されることになる．

このように，開ループ制御システムでは，応答が不満足な場合は電動機 $G(s)$ 自体を適切なものと交換しなければならないが，**閉ループシステムではフィードバックループのパラメータ（ゲイン）を調整することで望みの過渡応答を得る**ことが可能である．

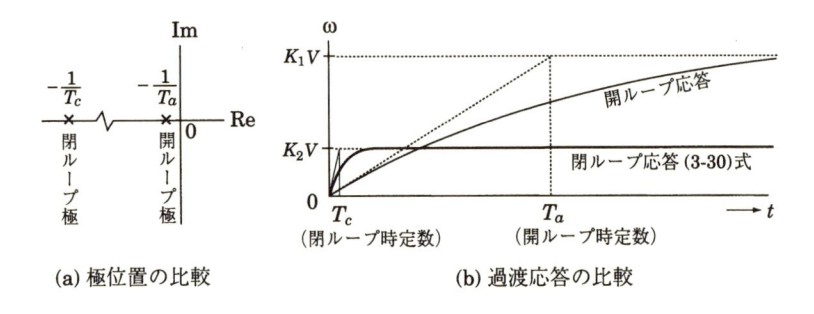

(a) 極位置の比較　　　　(b) 過渡応答の比較

図 3-9　開ループ制御システムと閉ループ制御システムの過渡特性の比較

3-4　フィードバック制御システムによる外乱信号の抑制

多くのシステムは外乱信号を受けることで不正確な出力を生じている．例えばレーダーアンテナの指向制御システムや，航空機あるいはロケットの姿勢制御システムは常に突風の影響を受けている．また，増幅器では真空管やトランジスタの内部で固有のノイズが発生している．中には非線形要素による歪み信号を発生するシステムもある．フィードバック制御システムの**第 4 の重要な効果は，これらのノイズ，外乱，歪みの影響を低下できることである**．

例題 3-3　鋼板圧延器における外乱の抑制を考える．

不要な外乱を受ける例として，鋼板圧延器の速度制御システム図3-10を再度考えてみよう．鋼板がロールに接近するまでロールは無負荷で回転するが，ロールにかみ合う瞬間，負荷（外乱）トルクは突如大きな値に達する．この外

3-4 フィードバック制御システムによる外乱信号の抑制

乱トルクは $T_d(t) = Du(t)$ のステップ関数として近似することができる．

図3-11(b)は例題2-5で既に求めた図2-11の電機子制御電動機のブロック線図において，電機子回路と電動機の時定数（あるいは図3-11(a)の極）の比較から L_a を無視して再記したものである．（4章の代表特性根を参照）

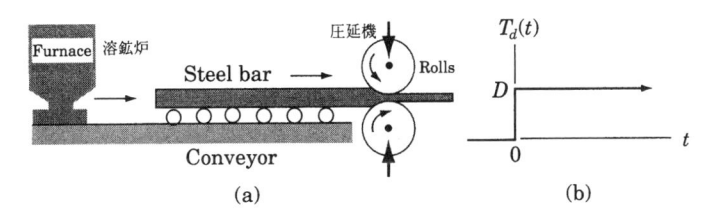

図 3-10 鋼板圧延機とステップ状の負荷

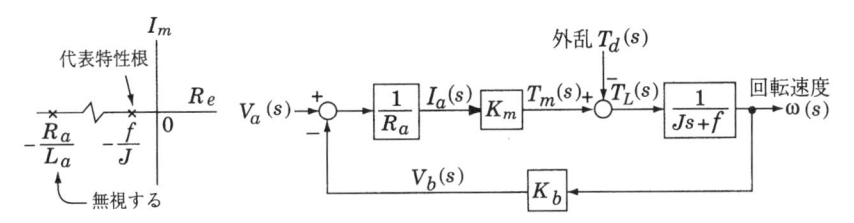

(a)電機子回路と電動機の極の比較　　(b)電機子制御直流電動機（図2-11より）

図 3-11 開ループ回転速度制御システム

負荷外乱による開ループの速度変化は，図3-11(b)あるいは L_a を無視して求めた(2-67b)式より

$$\omega_o(s) = \frac{-1}{Js + f + (K_m K_b / R_a)} T_d(s) \tag{3-31}$$

で与えられる．ステップ状の負荷トルク $T_d(s) = D/s$ を考えると，定常速度は最終値の定理を使って次のように得られる．

$$\omega_o(\infty) = \lim_{s \to 0} \left\{ s \cdot \frac{-1}{Js + f + (K_m K_b / R_a)} \cdot \frac{D}{s} \right\} = \frac{-D}{f + (K_m K_b / R_a)} \tag{3-32}$$

次に，閉ループ速度制御システムのブロック線図を図3-12に示す．点線内は電機子制御システムを表す開ループシステムである．

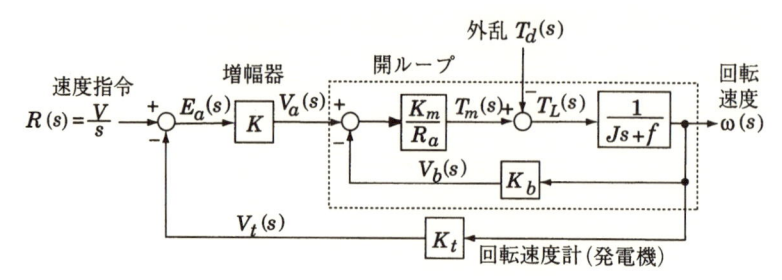

図 3-12 閉ループ速度制御システム（点線内は開ループ）

ブロック線図より，負荷トルクー速度間の伝達関数は，メイソンの公式から

$$T_{\omega/T_d}(s) = \frac{-1/(Js+f)}{1+(KK_mK_t/R_a)/(Js+f)+(K_mK_b/R_a)/(Js+f)}$$
$$= \frac{-1}{Js+f+(KK_mK_t+K_mK_b)/R_a} \tag{3-33}$$

となり，ステップ状の負荷トルクに対する定常出力は，やはり最終値の定理を使って次のように得られる．

$$\omega_c(\infty) = \lim_{s \to 0}\left\{sT_{\omega/T_d}(s)\frac{D}{s}\right\} = \frac{-D}{f+(KK_mK_t+K_mK_b)/R_a} \tag{3-34}$$

ここで分母の第2項は，(3-32)式における開ループゲイン K_mK_b の不足分を KK_mK_t で補償している形になっている．

閉ループと開ループの外乱による定常速度比は(3-32), (3-34)式より

$$\frac{\omega_c(\infty)}{\omega_o(\infty)} = \frac{R_af+K_mK_b}{R_af+K_mK_b+KK_mK_t} < 1 \tag{3-35}$$

となり，閉ループシステムの方が外乱の抑制に効果的であることがわかる．

別の典型的な解析手段として，**速度ートルク曲線**がある．これを開ループシステムと閉ループシステムで比較してみよう．定常速度は速度指令信号 R と外乱トルク D による2つの応答の和であるからそれぞれの伝達関数を $T_{\omega/T_d}(s)$, $T_{\omega/R}(s)$ とすると

$$\omega(\infty) = \lim_{s \to 0}\left[s\left\{T_{\omega/T_d}(s)\frac{D}{s}+T_{\omega/R}(s)\frac{V}{s}\right\}\right] = T_{\omega/T_d}(0)D+T_{\omega/R}(0)V \tag{3-36}$$

と表される．これより，定常速度ωを縦軸に定負荷トルクDを横軸にグラフを描くと図3-13のようになる．ここで定常ゲイン

$$T_{\omega/T_d}(0) = \frac{-R_a}{R_a f + KK_m K_t + K_m K_b} \ll 1 \tag{3-37}$$

は図中の直線の負の傾斜を表している．ゲインKを大きくとれば(3-37)式より，閉ループシステムの傾斜がほぼ水平になることから，フィードバック制御システムでは出力が負荷の影響をほとんど受けないまでに改善できることは明らかである．なお，速度－トルク曲線は，動的な関係（過渡応答）ではなく静的な関係（定常特性）を表現しているという点に注意が必要である．

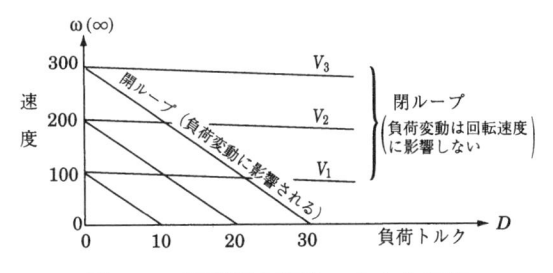

図 3-13　電動機の速度－トルク曲線

外乱と計測ノイズの影響

外乱と計測ノイズを同時に受ける閉ループシステムの一般的なブロック線図は図3-14のように示される．同図に示す外乱$T_d(s)$を受けたときの出力$Y(s)$は次のように求められる．

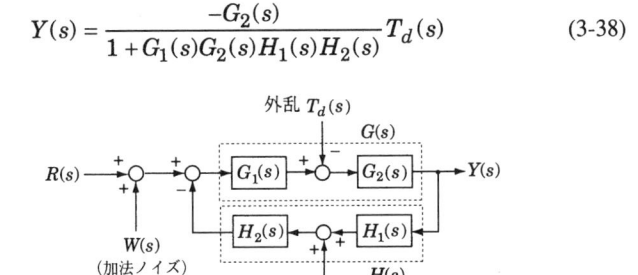

$$Y(s) = \frac{-G_2(s)}{1 + G_1(s)G_2(s)H_1(s)H_2(s)} T_d(s) \tag{3-38}$$

図 3-14　外乱と計測ノイズの存在する閉ループ制御システム

もし s のある領域内で $|GH(s)| \geq 1$ のときは，次のように近似できる．

$$Y(s) \approx \frac{-1}{G_1(s)H(s)} T_d(s) \qquad (3\text{-}39)$$

よって $G_1(s)H(s)$ が十分に大きくなるように閉ループシステムを構成することができれば，外乱の影響を減少することができる．ただし，$G(s) = G_1(s)G_2(s)$，$H(s) = H_1(s)H_2(s)$ とおいている．

さらに，システムが受ける最も多いノイズ信号はセンサ内部で発生するノイズである．ノイズ $N(s)$ が出力に及ぼす影響は

$$Y(s) = \frac{-G_1(s)G_2(s)H_2(s)}{1 + G_1(s)G_2(s)H_1(s)H_2(s)} N(s) \qquad (3\text{-}40)$$

となり，フィードバックループを大きく保つことによって次のように近似される．

$$Y(s) \approx \frac{-1}{H_1(s)} N(s) \qquad (3\text{-}41)$$

ここでノイズの影響を最小にするには $H_1(s)$ を最大にすること，すなわち測定部の信号対ノイズ比であるSN比 (signal to noise ratio) を最大にすることが必要である．このことは，フィードバック要素 $H(s)$ のノイズドリフトとパラメータ変動を最小にすることであり，センサを含むフィードバック要素の品質管理が重要であることを意味する．

ノイズあるいは外乱が制御システムの入力に $r(t) + w(t)$ のように加法的に存在する場合もある．この場合には，フィードバック制御システムは単にノイズ $w(t)$ を入力信号 $r(t)$ と同様に処理するだけで，システムに存在するSN比をそれ以上改善する能力はない．ただし，ノイズの周波数は一般に高周波数であることが多いので，それよりも低周波特性をもつように設計された閉ループシステムは高周波ノイズ成分を除去する能力がある．

3-5 追値制御と定値制御

最後に，入力 $R(s)$ と外乱 $T_d(s)$ を同時に受ける図3-14の一般的なフィードバック制御システムの出力（制御量）を求めておく．

$$Y(s) = \frac{G(s)}{1+GH(s)}R(s) + \frac{-G_2(s)}{1+GH(s)}T_d(s) \tag{3-42}$$

ただし，

$$G(s) = G_1(s)G_2(s), \quad H(s) = H_1(s)H_2(s) \tag{3-43}$$

である．ここで特に，

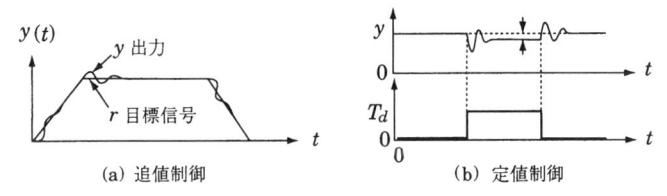

図 3-15 追値制御と定値制御

(a) $T_d(s) = 0$ のときの制御を**追値（追従）制御**といい，3-3節でDCサーボモータのステップ応答を求めた．

$$Y(s) = \frac{G(s)}{1+GH(s)}R(s) \tag{3-44}$$

(b) $R(s) = 0$ のときの制御を**定値制御**といい，3-4節でやはりDCサーボモータの外乱に対する感度を開ループと比較した．

$$Y(s) = \frac{-G_2(s)}{1+GH(s)}T_d(s) \tag{3-45}$$

定置制御では，制御量に対する外乱の影響（感度）が重要であったが，**追値制御**では，**サーボシステム**のように**目標値（入力）** $r(t)$の変化に追従する制御量（出力）の追従特性が重要であり，その定常偏差については次章で学習する．しかし，追値制御，定値制御のいずれにしても，**還送差** $|1+GH(s)|$を大きくすることがこれらの特性改善に有効であることを本章で学んだ．

3-6 フィードバック制御のコスト

以上，フィードバック制御システムの効果を述べてきた．しかし，これらの利点には以下のコストが伴うことになる．

まず第1に，システムの部品点数が増して複雑になることである．フィードバックループを付加するためには，ある数のフィードバック部品を使わなければならない．特に測定部／検出部（センサ）が鍵になる．例えば航空機の慣性航法システム／INS (Inertial Navigation System) 用ジャイロシステムや加速度計は姿勢制御システム内でも最も高価な部品の一つである．さらにセンサはシステム内のノイズ発生源となって制御精度を損じる可能性もある．

第2のコストは**ゲイン損失**である．開ループゲインは $G(s)$ であるのに対し，負の直結フィードバックシステムではゲインは $G(s)/(1+G(s))$ に減少してしまうのである．この減少率は，ちょうどパラメータ変化と外乱に対するシステム感度の減少率 $1/(1+G(s))$ に一致している．しかし，通常は開ループゲインを犠牲にしても，閉ループシステムにしてシステム応答を改善する方が望ましい場合が多いのである．例えば演算増幅器のゲインは数千倍であるが，この値にはバラツキが多い．そこで，例題3-1のように高精度の抵抗器を使用したフィードバックにより，ゲインを 1 あるいは 10 にまで低下させて，精度のよい符号変換器や加算増幅器として使用するのがそのよい例である．なおフィードバックによって，入出力伝達度のゲインが減少したとしても，パワーゲインは閉ループシステムとなっても十分あることに注意しよう．

フィードバックの第3のコストは**不安定性を導入する可能性**である．元の開ループシステムが安定であっても，閉ループシステムがいつも安定であるとは限らないのである．このことは第 6, 7, 8 章で詳しく論じる．

3-7 まとめ

フィードバック制御システムはコスト増と複雑さを伴うが，$|GH| \gg 1$ のとき次の利点がある．
(1) システムの定常偏差（誤差）を減少する．
(2) システム内部のパラメータ変化に対する感度を減少する．
(3) システムの過渡応答の調整（閉ループ極の調整）を容易にする．
(4) 外乱とシステム内のノイズの影響を抑制する．

問 題

3-1 図3-16は演算増幅器を使った積分器回路を表す．例題3-1にならってこの回路の方程式を導き，ラプラス変換してブロック線図を描き，伝達関数 $E_o(s)/E_i(s)$ を求めよ．また $\mu = \infty$ のとき伝達関数はどのように近似されるか．

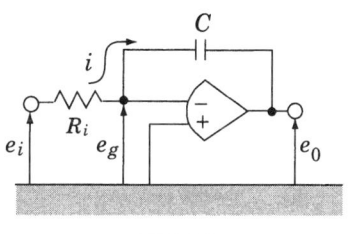

図 3-16

3-2 多くの船舶にとって波による振動を抑制（安定化）して乗り心地をよくすることは商業上重要である．そこで水中に突き出したフィン（水中翼）の迎え角をフィードバック制御によって調整する安定化装置が考案された．船の横揺れ運動の伝達関数を次式で近似する．ただし T_f はフィンの操舵角である．

$$G(s) = \frac{\theta(s)}{T_f(s)} = \frac{\omega_n^2}{s^2 + 2\zeta\omega_n s + \omega_n^2} = \frac{2^2}{s^2 + 2 \times 0.1 \times 2s + 2^2}$$

このような低い減衰係数（比）ζ では，振動は数サイクル続き，通常の高波に対して横揺れ角は18°にも達することがある．横揺れ安定化システムのブロック線図の一案を図3-17に示す．

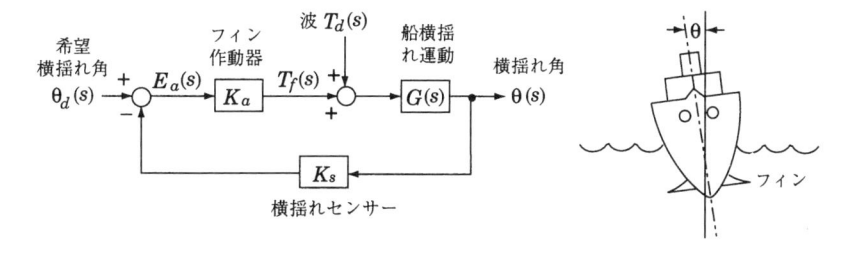

図 3-17

次の問いに答えよ．希望横揺れ角は $\theta_d(s) = 0°$ とする．

(a) 作動器ゲイン K_a と横揺れセンサゲイン K_s の変化に対する各システム感度を開ループと閉ループについて比較せよ．

(b) ステップ上の外乱 $T_d = D/s$ に対する横揺れ角の定常偏差を，開ループと閉ループで比較せよ．

(c) (b)について，閉ループの横揺れ角の定常偏差を開ループのそれの20分の1に減少するに必要なループゲインを決定し，そのときの固有振動数と減衰係数を調べよ．

3-3 大型マイクロ波アンテナは電波天文学，人工衛星追跡，ミサイル追跡等に重要である．しかし，大型アンテナは大きな突風外乱によるトルクを受けるためこの影響を低下させる必要がある．アンテナサーボ機構を図3-18に示す．

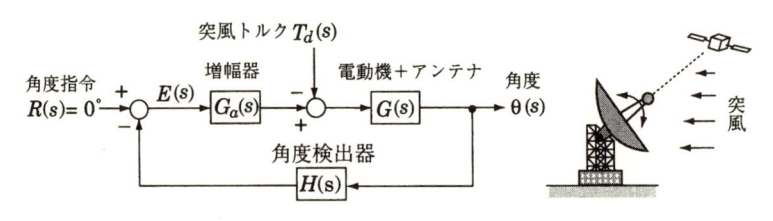

図 3-18

大型アンテナ駆動上の問題点は，アンテナ構造体の弾性振動がセンサによって検出されてフィードバック回路に流れ込み，システムを不安定化する可能性があることである．ここでは簡単のためアンテナ弾性振動と駆動電動機を含めた伝達関数を次のように近似する．

$$G(s) = \frac{\omega_n^2}{s^2 + 2\zeta\omega_n s + \omega_n^2} = \frac{10^2}{s^2 + 2 \times 0.4 \times 10 s + 10^2}$$

また，角度検出器と増幅器の伝達関数も次のように近似する．

$$H(s) = 1, \quad G_a(s) = \frac{K_a}{Ts+1} = \frac{K_a}{0.2s+1}$$

(a) 増幅器ゲイン K_a の変化に対するシステム感度を求めよ．

(b) ステップ状外乱 $T_d(s) = 10°/s$ を受けたとき，開ループシステムの定常誤差を求めよ．

(c) 同じくステップ状外乱 $T_d(s) = 10°/s$ を受けたとき，閉ループシステムの定常誤差を 0.20° 以下に保つために必要な K_a の大きさを求めよ．ただし角度指令入力は $R(s) = 0°$ とする．

3-4 道路は土地の高低差に応じた勾配を有するため長時間自動車の速度を一定に保つのは困難である．したがって高速道路を長時間走行するドライバーにとって自動速度保持システムは有用である．その速度フィードバック制御システムを図3-19に示す．図中には傾斜勾配による負荷（外乱）トルクも示してある．一定の負荷トルクはステップ関数 $T_d(s) = \Delta d/s$ で表すことができる．エンジン特性は1次遅れ要素として表現でき，エンジンゲイン K_e は自動車の型式によって10から1000の範囲で大きく変わる．エンジン時定数を $T_e = 20$ 秒，速度計ゲインを $K_s = 1$ と仮定する．
(a) 負荷トルク $T_d(s)$ と設定された指令（設定）速度 $V_c(s)$ が同時に作用するときの速度 $V(s)$ を求めよ．
(b) $V_c(s) = 40/s$ (km/hr) で傾斜勾配一定と仮定する．定常解を考え，速度－勾配線図を描け．
(c) $K_g/K_t = 2$ のとき，エンジンストール（エンスト）する傾斜勾配トルク Δd を示せ．

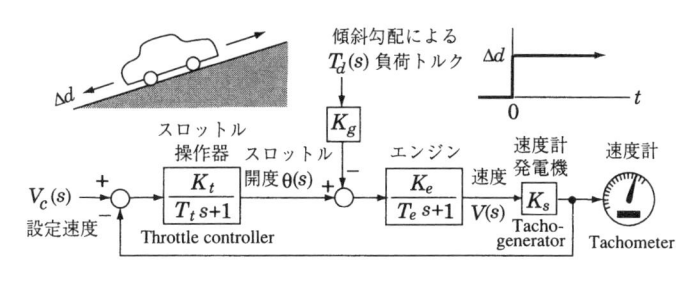

図 3-19

3-5 図3-20の前向き部におかれたリレー回路は実用上よく使用される．例えば，7章の人工衛星の姿勢制御装置において，スラスターの制御回路として使用される．ヒステリシス部は，信号が0に漸近するときチャタリング（激し

振動する現象) が生じるのを防ぐためである．ヒステリシス部と飽和部を無視すると閉ループ伝達関数はどのように近似されるか．

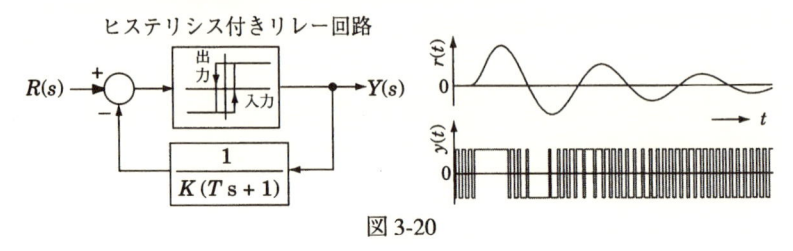

図 3-20

(問題の解答とヒント)

3-1)

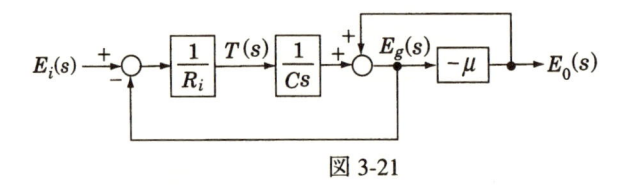

図 3-21

図より，伝達関数は

$$\frac{E_o(s)}{E_i(s)} = -\frac{\mu}{R_i Cs(1+\mu)+1}$$

$\mu = \infty$ のとき，$\dfrac{E_o(s)}{E_i(s)} = -\dfrac{1}{RiCs}$, $e_o(t) = -\dfrac{1}{RiC}\int e_i(t)\,dt$

3-2) ここでシステム感度は次のように定義される．

$$S_K^T = \lim_{\Delta G \to 0} \frac{\Delta Y}{\Delta K}\frac{K}{Y(s)} = \lim_{\Delta G \to 0}\frac{\Delta T}{\Delta K}\frac{K}{T(s)} = \frac{\partial T}{\partial K}\frac{K}{T(s)}, \quad T(s) = \frac{K_a G(s)}{1+K_a K_s G(s)}$$

(a) (i) 開ループシステム

$S_{K_s}^T$ は成立しない．$S_{K_a}^T = \dfrac{\partial G'}{\partial K_a}\dfrac{K_a}{G'} = \dfrac{\partial}{\partial K_a}\{K_a G\}\dfrac{K_a}{K_a G} = \dfrac{K_a G}{K_a G} = 1$

(ii) 閉ループシステム

$$S_{K_s}^T = \frac{\partial T}{\partial K_s}\frac{K_s}{T} = \frac{-(K_a G)^2}{\{1+K_a K_s G\}^2}\frac{K_s(1+K_a K_s G)}{K_a G} = -\frac{K_a K_s G}{1+K_a K_s G},$$

$$S_{K_a}^T = \frac{\partial T}{\partial K_a}\frac{K_a}{T} = \frac{G}{\{1+K_aK_sG\}^2}\frac{K_a(1+K_aK_sG)}{K_aG} = \frac{1}{1+K_aK_sG}$$

(b) (i)開ループシステム

$$e_{ss} = \lim_{s \to 0}\{s(0-\theta(s))\} = -\lim_{s \to 0}\left\{sG(s)\frac{D}{s}\right\} = -G(0)D = -D$$

(ii)閉ループシステム

$$T_{\theta/d}(s) = \frac{\theta(s)}{T_d(s)} = \frac{G(s)}{1+K_aK_sG(s)} = \frac{\omega_n^2}{s^2+2\zeta\omega_ns+(1+K_aK_s)\omega_n^2}$$

$$e_{ss} = \lim_{s \to 0}\{s(0-\theta(s))\} = -\lim_{s \to 0}\left\{sT_{\theta/d}(s)\frac{D}{s}\right\} = -G_{\theta/d}(0)D = -\frac{D}{1+K_aK_s}$$

(c) 閉ループの固有振動数, 減衰係数を ω_c, ζ_c とする. $K_aK_s = 19$,
$\omega_c = \sqrt{1+K_aK_s}\omega_n = 2\sqrt{20}(\text{rad/s})$, $\zeta_c = \zeta/\sqrt{1+K_aK_s} = 0.1/\sqrt{20} = 0.0224$
フィードバック制御によって固有振動数は増し, 減衰は低下する. そのため定常偏差は減少するが, 小刻みに振動が続くことになる.

3-3)
(a)

$$S_{K_a}^T = \frac{\partial T}{\partial K_a}\frac{K_a}{T} = \frac{\partial}{\partial K_a}\left\{\frac{G_aG}{1+G_aG}\right\}\frac{K_a(1+G_aG)}{G_aG}$$

$$= \left\{\frac{1}{Ts+1}\frac{G}{(1+G_aG)^2}\right\}\frac{K_a(1+G_aG)}{G_aG} = \frac{1}{1+G_aG}$$

(b) $e(\infty) = \lim_{s \to 0}s[0-\{-G(s)T_d(s)\}] = \lim_{s \to 0}\left\{sG(s)\frac{10}{s}\right\} = 10G(0) = 10(\text{deg})$

(c)

$$e(\infty) = \lim_{s \to 0}\{sE(s)\} = \lim_{s \to 0}\{s(0-\theta(s))\} = \lim_{s \to 0}\left\{s\frac{G(s)}{1+G_a(s)G(s)}\frac{10}{s}\right\}$$

$$= \frac{10G(0)}{1+G_a(0)G(0)} = \frac{10}{1+K_a} \le 0.2(\text{deg}), \quad K_a = \frac{10}{0.2}-1 \ge 49$$

3-4)

(a)

$$V(s) = \frac{K_tK_e}{(T_ts+1)(T_es+1)+K_tK_eK_s}V_c(s) - \frac{K_gK_e(T_ts+1)}{(T_ts+1)(T_es+1)+K_tK_eK_s}T_d(s)$$

(b)
$$V(\infty) = \lim_{s \to 0} \left\{ s \frac{K_t K_e}{(T_t s+1)(T_e s+1) + K_t K_e K_s} \frac{40 - (K_g/K_t)(T_t s+1)\Delta d}{s} \right\}$$
$$= \frac{K_t K_e}{1 + K_t K_e K_s} \{40 - (K_g/K_t)\Delta d\}$$

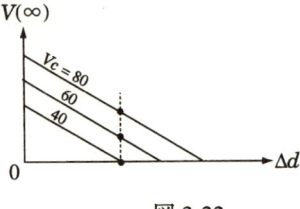

図 3-22

(c) $\Delta d = \dfrac{40}{K_g/K_t} = 20$

3-5) 前向き要素は非線形関数であるためこのままでは線形制御理論には馴染まない．そこで下図のように飽和回路に置き換えて線形部分（傾斜部）について閉ループ伝達関数を求め，その後，線形部のゲイン M を ∞ に漸近する．

$$\frac{Y(s)}{R(s)} = \lim_{M \to \infty} \frac{M}{1 + \dfrac{M}{K(Ts+1)}} = \lim_{M \to \infty} \frac{M}{K+M} \frac{K(Ts+1)}{\dfrac{KT}{K+M}s+1} = K(Ts+1)$$

このように，一巡伝達関数のゲイン M が高ゲインであると 1 次の進み要素として作用する．特に $M = \infty$ の場合，図3-20に示すとおりパルス列が生成される．このパルス列の高周波成分をローパスフィルターで濾過すると得られた信号は上記の特性を有する．なお，$M \neq \infty$ であっても $\omega < (K+M)/(10KT)$ の周波数帯域ではこの近似が成立する．（周波数帯域については 5 章を参照のこと）

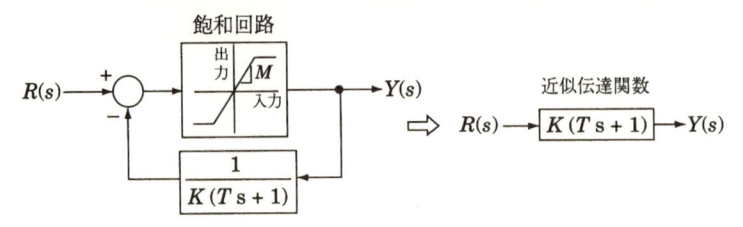

図 3-23

第4章 制御システムの性能評価

フィードバック制御システムを導入する目的は，(i)過渡特性（動特性）の改善と，(ii)定常特性（静特性）の改善にある．過渡特性とは速応性と安定性のことであり，定常特性とは出力精度のことである．

4-1 過渡特性とテスト信号

運転中の制御システムに印加される実際の入力信号はしばしば不明のことが多い．そこで，システム性能の評価測度としてある標準の**テスト信号**を使用することになる．なぜなら，線形システムでは標準的なテスト入力に対するシステムの応答がわかれば，任意入力に対する出力応答はこれらの標準テスト信号の重ね合わせとして理解することができるからである．また，同じテスト信号を使えば異なる設計間の比較も容易となるからである．

標準テスト信号としては(a)インパルス入力，(b)ステップ入力，(c)ランプ入力，(d)パラボラ入力がある（表4-1）．これらの信号は数学的には互いに微積分の関係にあり，複素領域では変数にラプラス演算子 s を掛けたり割ったりすることに対応している．

表4-1 テスト信号とラプラス変換

入力信号	(a) インパルス 衝撃入力	(b) ステップ 位置入力	(c) ランプ 定速度入力	(d) パラボラ 定加速度入力
波形	$r(t)$, $\delta(t)$	$r(t)$, 1	$r(t)$	$r(t)$, $\frac{1}{2}t^2$
$f(t)$	$\delta(t)$	$u(t)$	$tu(t)$	$\frac{1}{2}t^2 u(t)$
$F(s)$	1	$\frac{1}{s}$	$\frac{1}{s^2}$	$\frac{1}{s^3}$

s：微分 ⟷ 積分：$\frac{1}{s}$

実際の制御システムにおいてもこれらの標準テスト信号によく似た入力信号を受けることがある．例えば，近似インパルス信号の例として，構造振動実験用のインパルス・ハンマ，電気スイッチの急激なオン・オフ操作，人工衛星姿勢制御用ガスジェット弁の開閉，航空母艦着陸アプローチ時のパイロットのインパルス的スティック操作などがある．

このように**インパルス信号**はテスト信号として有用であるが，現実には数学的に厳密なインパルス関数を得ることはできない．代わりに図4-1(a)に示す矩形信号によって代用することが多い．

$$f_\varepsilon(t) = \begin{cases} 1/\varepsilon, & 0 \leq t \leq \varepsilon \\ 0, & \varepsilon < t \end{cases}, \varepsilon > 0 \qquad (4\text{-}1)$$

ここで，ε が0に接近すると，関数 $f_\varepsilon(t)$ は単位インパルス関数 $\delta(t)$ に近づく．また，この単位インパルス関数 $\delta(t)$ には次の性質があることが知られている．

$$\int_0^\infty \delta(t)dt = 1, \quad \int_0^\infty g(t)\delta(t-a)dt = g(a) \qquad (4\text{-}2)$$

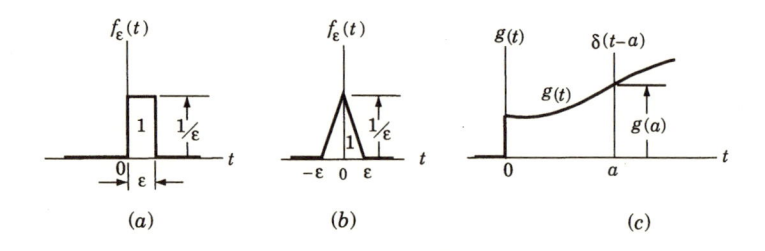

図 4-1　インパルス関数とその性質

このようなインパルス入力は，**畳み込み積分**を考えるときに有効である．

今，図4-2の線形システム $G(s)$ に入力 $r(t)$ を加えたときの応答 $y(t)$ について考える．入力波形 $r(t)$ を図4-2(a)に示すように，$\Delta\tau$ の時間間隔で短冊状に切ってできる $\tau < t < \tau + \Delta\tau$ 間の矩形波は，時間間隔 $\Delta\tau$ を0に接近させると

$$\lim_{\Delta\tau \to 0} r(i\Delta\tau)\{u(t-i\Delta\tau) - u(t-(i+1)\Delta\tau)\}$$
$$= \lim_{\Delta\tau \to 0} r(i\Delta\tau)\frac{u(t-i\Delta\tau) - u(t-(i+1)\Delta\tau)}{\Delta\tau}\Delta\tau = r(\tau)\delta(t-\tau)d\tau \qquad (4\text{-}3)$$

と大きさ $r(\tau)$ のインパルス入力で表すことができる．このインパルスを $0 < \tau$

4-1 過渡特性とテスト信号

$<t$ 間で集めたものが入力 $r(t)$ であるから，次の畳み込み積分として表される．

$$r(t) = \int_0^t r(\tau)\delta(t-\tau)d\tau \tag{4-4}$$

このときのインパルス入力を推移定理を用いてラプラス変換すると

$$\mathcal{L}[r(\tau)\delta(t-\tau)] = r(\tau)\mathcal{L}[\delta(t-\tau)] = r(\tau)e^{-\tau s}\mathcal{L}[\delta(t)] = r(\tau)e^{-\tau s}\cdot 1 \tag{4-5}$$

と表される．このインパルス入力による応答は次のようになる．

$$Y_{imp}(s) = G(s)e^{-\tau s}r(\tau) \tag{4-6}$$

これを推移定理を用いて逆変換すると

$$y_{imp}(t) = g(t-\tau)r(\tau) \tag{4-7}$$

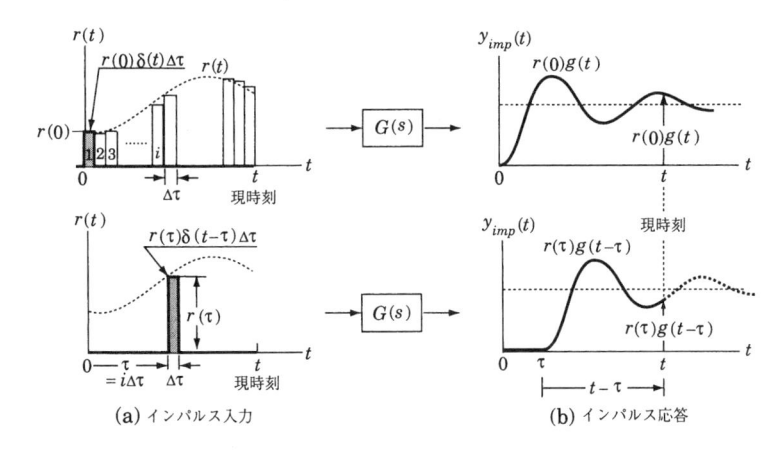

図 4-2 畳み込み積分とインパルス応答

となる．すなわち時刻 t での応答は時刻 τ より数えて $t-\tau$ 秒後のことであるからこのように表せるのである．これは時刻 τ に投入されたインパルス入力 $r(\tau)\delta(t-\tau)$ に対する応答であるから，任意入力 $r(t)$ に対する応答は，$0<\tau<t$ 間のすべてのインパルス入力に対するこのインパルス応答を τ について集めれば（積分すれば）よいことになる．

$$y(t) = \int_0^t g(t-\tau)r(\tau)d\tau \tag{4-8}$$

この畳み込み積分に対して相乗定理を用いると

$$Y(s) = G(s)R(s) \tag{4-9}$$

と，よく知った入出力関係を得る．特に，入力が単位インパルス関数のときは

$$y(t) = \mathcal{L}^{-1}\{G(s) \cdot 1\} = g(t) \tag{4-10}$$

がシステム $G(s)$ のインパルス応答となる．つまり，単位インパルス応答はシステム伝達関数のラプラス逆変換 $g(t)$ を表しているのである．

4-2 標準2次システムの過渡応答

ステップ応答

初めに2次システム（2次遅れ系）のステップ応答を考える．標準2次遅れ系の伝達関数は次の形であった．

$$G(s) = \frac{\omega_n^2}{s^2 + 2\zeta\omega_n s + \omega_n^2} \tag{4-11}$$

単位ステップ入力のラプラス変換は $R(s) = 1/s$ であるから，その出力は

$$y_{step}(s) = \frac{\omega_n^2}{(s^2 + 2\zeta\omega_n s + \omega_n^2)s} \tag{4-12}$$

となる．

ところで，既に例題1-7で調べたように，(4-11)式の2次遅れ系の極は減衰係数の範囲によって次のように分類されることを知っている．

(1) $0 \leq \zeta < 1$ … $s_{1,2} = -\zeta\omega_n \pm j\sqrt{1-\zeta^2}\,\omega_n$

(2) $\zeta = 1$ … $s_{1,2} = -\omega_n, -\omega_n$

(3) $\zeta > 1$ … $s_{1,2} = -\zeta\omega_n \pm \sqrt{\zeta^2-1}\,\omega_n$

したがって(4-12)式をラプラス逆変換するとき，過渡応答は減衰係数の値によって次の3ケースに分けられる．

(1) $0 \leq \zeta < 1$（不足減衰）のとき，特性根は複素共役極（根）である．

表1-1のラプラス変換表が利用できるように次の形に展開する．

$$y_{step}(s) = \frac{1}{s} - \frac{(s + \zeta\omega_n) + \left(\zeta/\sqrt{1-\zeta^2}\right)\left(\sqrt{1-\zeta^2}\,\omega_n\right)}{(s + \zeta\omega_n)^2 + \left(\sqrt{1-\zeta^2}\,\omega_n\right)^2} \tag{4-13}$$

逆変換して

$$y_{step}(t) = 1 - e^{-\zeta\omega_n t}\left(\cos\sqrt{1-\zeta^2}\,\omega_n t + \frac{\zeta}{\sqrt{1-\zeta^2}}\sin\sqrt{1-\zeta^2}\,\omega_n t\right) \tag{4-14}$$

括弧内をsin関数にまとめて次の**減衰振動解**を得る．

$$y_{step}(t) = 1 - \frac{1}{\sqrt{1-\zeta^2}} e^{-\zeta\omega_n t} \sin\left(\sqrt{1-\zeta^2}\omega_n t + \theta\right), \theta = \tan^{-1}\frac{\sqrt{1-\zeta^2}}{\zeta} \qquad (4\text{-}15a)$$

あるいはcos関数にまとめてもよい．

$$y_{step}(t) = 1 - \frac{1}{\sqrt{1-\zeta^2}} e^{-\zeta\omega_n t} \cos\left(\sqrt{1-\zeta^2}\omega_n t - \psi\right), \psi = \tan^{-1}\frac{\zeta}{\sqrt{1-\zeta^2}} \qquad (4\text{-}15b)$$

(2) $\zeta = 1$（臨界減衰）のとき，特性根は**重根**となり次の部分分数に展開される．

$$Y_{step}(s) = \frac{1}{s} - \left\{\frac{1}{s+\omega_n} + \frac{\omega_n}{(s+\omega_n)^2}\right\} \qquad (4\text{-}16)$$

第3項に対して複素推移定理を適用して逆変換する．

$$y_{step}(t) = 1 - e^{-\omega_n t}(1 + \omega_n t) \qquad (4\text{-}17)$$

(3) $\zeta > 1$（過減衰）のとき，特性根は**異なる実根**となり次の形に展開される．

$$Y_{step}(s) = \frac{1}{s} + \frac{1}{2\sqrt{\zeta^2-1}}\left\{\frac{\frac{1}{\zeta+\sqrt{\zeta^2-1}}}{s+\left(\zeta+\sqrt{\zeta^2-1}\right)\omega_n} - \frac{\frac{1}{\zeta-\sqrt{\zeta^2-1}}}{s+\left(\zeta-\sqrt{\zeta^2-1}\right)\omega_n}\right\} \qquad (4\text{-}18)$$

これを逆変換して次の**非振動解**を得る．

$$y_{step}(t) = 1 + \frac{1}{2\sqrt{\zeta^2-1}}\left\{\frac{e^{-\left(\zeta+\sqrt{\zeta^2-1}\right)\omega_n t}}{\zeta+\sqrt{\zeta^2-1}} - \frac{e^{-\left(\zeta-\sqrt{\zeta^2-1}\right)\omega_n t}}{\zeta-\sqrt{\zeta^2-1}}\right\} \qquad (4\text{-}19)$$

図4-3，図4-4(a)に減衰係数 ζ をパラメータとしたこの2次系の極位置と過渡応答が示してある．これより極位置と過渡応答の関係を調べてみる．

まず，(i) $\zeta = 0$ では $s_{1,2} = \pm j\omega_n$ で極は虚軸上にあり，応答は減衰の全く無い**非減衰振動**または**単振動**(harmonic oscillation)である．$0 < \zeta < 1$（**不足減衰**：under damping)では極は複素共役極で，実部は $-\zeta\omega_n$，虚数部は $\pm j\sqrt{1-\zeta^2}\omega_n$ で，応答は**減衰振動**(damped oscillation)となっている．この間では ζ が増加するにつれ共役複素極は実軸に接近し，応答は次第に減衰が強くなる．特に $|-\zeta\omega_n| = \sqrt{1-\zeta^2}\omega_n$，すなわち虚数部と実部の値が等しくなる $\zeta = 0.707$ では，図4-3に見るように $\psi = \theta = 45°$ の配置となり，図4-4から速応性と減衰のバランスがとれている．なお，不足減衰時の振動数 $\sqrt{1-\zeta^2}\omega_n$ は極の虚数部であり，指

数部 $-\zeta\omega_n$ は極の実部であって，図4-3に示すように**包絡線**の形を特徴づけている．また逆数 $1/\zeta\omega_n$ は**包絡線の時定数**でもある．

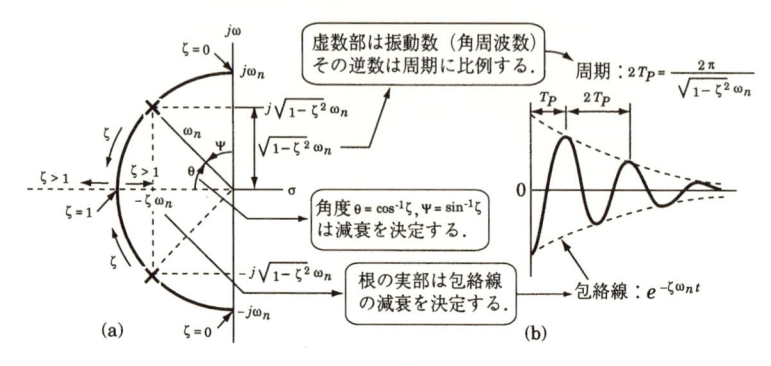

図4-3　2次系の極配置

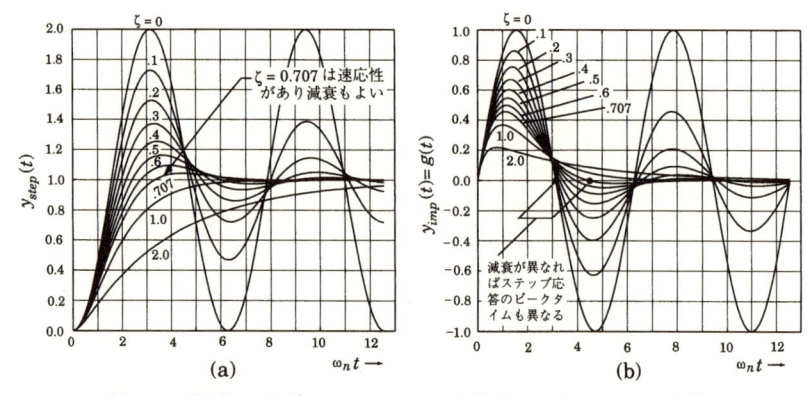

図4-4　標準2次系の(a)ステップ応答と(b)インパルス応答

次に，(ii) $\zeta=1$（**臨界減衰**：critical damping）では，極はついに2重根 $s_{1,2}=-\omega_n$ となり，応答はもはや振動的ではなくなる．

さらに，(iii) $\zeta>1$（**過減衰**：over damping）では，極は異なる2実根 $s_{1,2}=-\zeta\omega_n\pm\sqrt{\zeta^2-1}\,\omega_n$ となって左右に分かれるため，2つの指数項からなる非振動的な指数曲線を描く．すなわち，異なる時定数を有する2つの1次遅れ系の応答を重ね合わせた応答になる．なお単位ステップ入力のときの応答を単位**ステップ応答**あるいは**インディシャル応答**(indicial response)ともいう．

インパルス応答

次に，単位インパルス入力のラプラス変換は $R(s)=1$ であるから，これに対する出力は

$$Y_{imp}(s) = G(s) = \frac{\omega_n^2}{s^2 + 2\zeta\omega_n s + \omega_n^2} \tag{4-20}$$

である．これを逆変換すると，**インパルス応答** (impulse response) は次のようになる．

(1) $0 \leq \zeta < 1$ （不足減衰）

$$y_{imp}(t) = g(t) = \frac{\omega_n}{\sqrt{1-\zeta^2}} e^{-\zeta\omega_n t} \sin\left(\sqrt{1-\zeta^2}\,\omega_n t\right) \tag{4-21a}$$

(2) $\zeta = 1$ （臨界減衰）

$$y_{imp}(t) = g(t) = \omega_n^2 t e^{-\omega_n t} \tag{4-21b}$$

(3) $\zeta > 1$ （過減衰）

$$y_{imp}(t) = g(t) = \frac{\omega_n}{2\sqrt{\zeta^2-1}} \left\{ -e^{-\left(\zeta+\sqrt{\zeta^2-1}\right)\omega_n t} + e^{-\left(\zeta-\sqrt{\zeta^2-1}\right)\omega_n t} \right\} \tag{4-21c}$$

図4-4(b)に，2次システムのインパルス応答を係数 ζ をパラメータとして示してある．極位置と過渡応答特性との関連は定常値（最終値）を除いてはステップ応答と同じことがいえる．

ところで，(4-12)式に s を掛ければ(4-20)式となるから，(4-21)式が示すインパルス応答は(4-15, 17, 19)式が示すステップ応答の微分に一致する．実際にこれらの式を微分すれば，このことはすぐに確認できる．

$$Y_{imp}(s) = G(s) = sY_{step}(s) \tag{4-22a}$$

$$y_{imp}(t) = g(t) = \frac{d}{dt} y_{step}(t) \tag{4-22b}$$

4-3 過渡特性の評価

システムの過渡特性の評価指数として，図4-5に示すようにステップ応答において測定される次の5個の特性量が定義されている．これらは目標値に到達する速さを表す**速応性**と制御量（出力）が目標値に収束する速さを表す**減衰性**という意味での**安定性**に分類できる．

(1) **速応性**：立ち上り時間 T_r, 遅れ時間 T_d, ピーク時間 T_p, 整定時間 T_s

(2) **安定性（減衰性）**：行き過ぎ量 M_{pt}, 整定時間 T_s

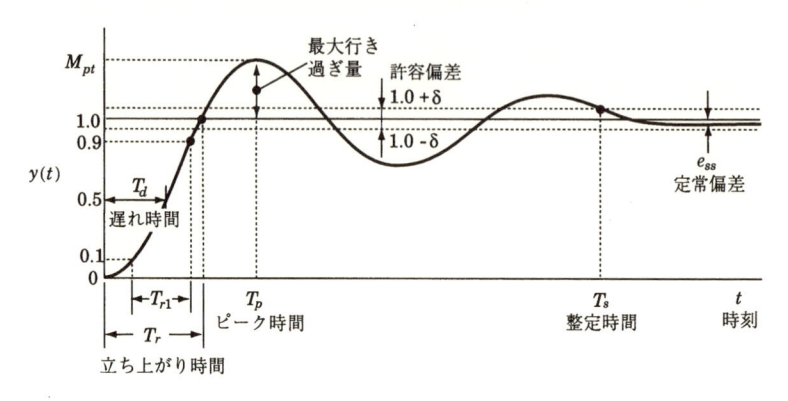

図 4-5　ステップ応答と性能測度

これらの値は共にできるだけ小さいことが望ましいが，図4-3, 4 から明らかなように，減衰係数 ζ は速応性と安定性の両方に影響を与えている．すなわち ω_n が一定のとき，ζ を小さくして速応性を求めれば安定性が悪くなり，ζ を大きくとって安定性（減衰性）を求めれば速応性が劣化する．つまり，固有角周波数が一定の条件では速応性と安定性は互いに相反する要求となるため妥協が必要である．一方，固有角周波数 ω_n は速応性に影響するが応答波形には無関係である．以下に各性能指標を求める．

(a) 立ち上り時間 (rise time)：T_r

インディシャル応答が最終値の 100% に達するまでの時間，あるいは開始時刻 $t = 0$ の点が不明のときやオーバーシュートのない過減衰のときには，最終値の 10% から 90% までの時間と定義する．

(b) 遅れ時間 (delay time)：T_d

インディシャル応答が最終値の 50% に達するまでに要する時間と定義する．

4-3 過渡特性の評価

(c) 整定時間 (settling time)：T_s

インディシャル応答が $y(T_s) = 1 \pm \delta$ と，最終値に $\pm \delta$ の許容誤差内に収束する時間 T_s を整定時間と定義する．標準2次系の整定時間は(4-15a)式より

$$1 \pm \delta = 1 - \frac{1}{\sqrt{1-\zeta^2}} e^{-\zeta \omega_n T_s} \sin\left(\sqrt{1-\zeta^2}\, \omega_n T_s + \theta\right) \quad (4\text{-}23)$$

を解かねばならない．しかしこの解析解を求めることは困難なので，代わりに包絡線が $1 \pm \delta$ を切る時間を近似解として求める．

$$1 \pm \delta \approx 1 \pm e^{-\zeta \omega_n T_s} \quad (4\text{-}24)$$

両辺から1を除いてその自然対数を取ると

$$\ln \delta = -\zeta \omega_n T_s \quad (4\text{-}25)$$

これより5％整定時間を求めると

$$T_s = -\frac{\ln \delta}{\zeta \omega_n} = -\frac{\ln(0.05)}{\zeta \omega_n} = \frac{3}{\zeta \omega_n} \quad (4\text{-}26)$$

を得る．2％整定時間は

$$T_s = -\frac{\ln(0.02)}{\zeta \omega_n} = \frac{4}{\zeta \omega_n} \quad (4\text{-}27)$$

と少し長くなる．(4-26), (4-27)式の分母は極の実部の絶対値を意味するから，この値が大きいほど整定時間は小さくなるといえる．

(d) 行き過ぎ時間 (peak time)：T_p

行き過ぎ（ピーク）時間を求めるには，(4-15a)式の微分，すなわち(4-21a)式を0とすればよい．これは $\sqrt{1-\zeta^2}\, \omega_n T_p = \pi$ のときに生じるから，ピーク時間は

$$T_p = \frac{\pi}{\sqrt{1-\zeta^2}\, \omega_n}, \quad 0 < \zeta < 1 \quad (4\text{-}28)$$

となる．これより極の虚数部の値が大きいほど行き過ぎ時間は小さくなり，速応性がよくなるといえる．

(e) 最大行き過ぎ量 (maximum overshoot)

ピーク時間における応答 M_{pt} は，(4-28)式を(4-14)式に代入して

$$M_{pt} = y_{step}(T_p) = 1 + e^{-\zeta \pi / \sqrt{1-\zeta^2}}, \quad 0 < \zeta < 1 \quad (4\text{-}29)$$

で与えられる．これより最大行き過ぎ（オーバーシュート）量は

$$e^{-\zeta\pi/\sqrt{1-\zeta^2}}, \quad 0 \leq \zeta < 1 \qquad (4\text{-}30)$$

となるから，**減衰係数** ζ が大きくなれば最大行き過ぎ量は小さくなるといえる．図4-6にその関係を示す．同図には無次元化されたピーク時間 $\omega_n T_p$（右の目盛り）も示してある．両曲線は ζ に対する勾配が逆であるから，応答の速さ（速応性）と行き過ぎ量（安定性）との間で妥協が必要であることがわかる．

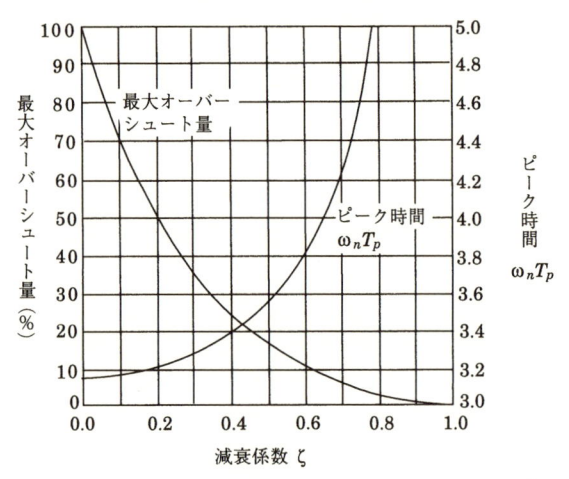

図 4-6　2次システムの減衰係数に対する行き過ぎ量とピーク時間

4-4 高次系の過渡応答と根位置

開ループ制御，閉ループフィードバック制御の区別を問わず，制御システムの過渡応答は伝達関数の極位置に大きく支配されている．そのシステムの極は実数根 $s = -a_i$ と共役複素根 $s = -\sigma_k \pm j\omega_k$ に分けて考えることができるから重根のないシステムであるとすると，伝達関数の一般形は次のように書ける．

$$T(s) = \frac{Y(s)}{R(s)} = \frac{D(s)}{\prod_{i=1}^{M}(s+a_i)\prod_{k=1}^{N}\{(s+\sigma_k)^2 + \omega_k^2\}} \qquad (4\text{-}31)$$

単位ステップ入力を受けたときの出力は次の部分分数で与えられる．

$$Y(s) = \frac{A_0}{s} + \sum_{i=1}^{M}\frac{A_i}{s+a_i} + \sum_{k=1}^{N}\frac{B_k\omega_k + C_k(s+\sigma_k)}{(s+\sigma_k)^2 + \omega_k^2} \qquad (4\text{-}32)$$

ただし，$A_0 = T(0)$ である．逆変換により**過渡応答は，定常項，指数項，減衰振動項の和になる**．

$$y(t) = A_0 + \sum_{i=1}^{M} A_i e^{-a_i t} + \sum_{k=1}^{N} e^{-\sigma_k t}(B_k \sin\omega_k t + C_k \cos\omega_k t) \quad (4\text{-}33)$$

これらの項はシステムの各極に対応しており，システム応答に含まれる各種の形態（モード）を表現している．すなわち各項の指数部は対応する各極の実部 $-a_i, -\sigma_k$ からなっているから，**システムが安定であるためには，すべての極（根）は複素平面上で左半面に存在しなければならない** $(-a_i < 0, -\sigma_k < 0)$．このとき，第 2, 3 項は 0 に収束し，第 1 項の定常項のみが残るのである．

$$y_{ss} = A_0 \quad (4\text{-}34)$$

また第 3 項の振動数 ω_k は複素極の虚数部に対応している．この様に，**極位置情報は過渡応答のモード情報を与えているから，ラプラス逆変換するまでもなく過渡応答の特性をすばやく把握するのに非常に有効である**．したがって，制御システムの安定解析と設計のプロセスにおいて，ラプラス逆変換して出力応答を求めることは通常少なく，それよりも s 面上の極位置を決定することに重点が置かれる．図4-7, 8 は，いろいろな極（根）位置に対応するステップ応答とインパルス応答を示したものである．

代表特性根と望ましい根位置

この図4-7, 8 から明らかなように，システムの過渡応答に対する各モードの影響を考えると，s 平面上で**より左側に位置している極のモードほど速く減衰する**．言い換えれば**虚軸に最も近い極のモードがシステムの過渡応答に最後まで影響を残している**．例えば，図4-9のようにシステム極が配置されているとき，極 $-p_1, -\bar{p}_1$ は他の極に対してシステムの過渡応答への影響が支配的(dominant)である．したがって極 $-p_1, -\bar{p}_1$ によってシステム応答を近似することが考えられる．このように最も虚軸に近い根（極）を**代表（特性）根**あるいは**代表極**(dominant root/pole)と呼ぶ．代表根が複素根の場合，例えば整定時間が 1 秒以内と指定されたならば，(4-27)式において包絡線の時定数が $T_s = 4/\zeta\omega_n \leq 1$ 秒となるように，$\zeta\omega_n \geq 4$ と代表極の実部を指定することができる．

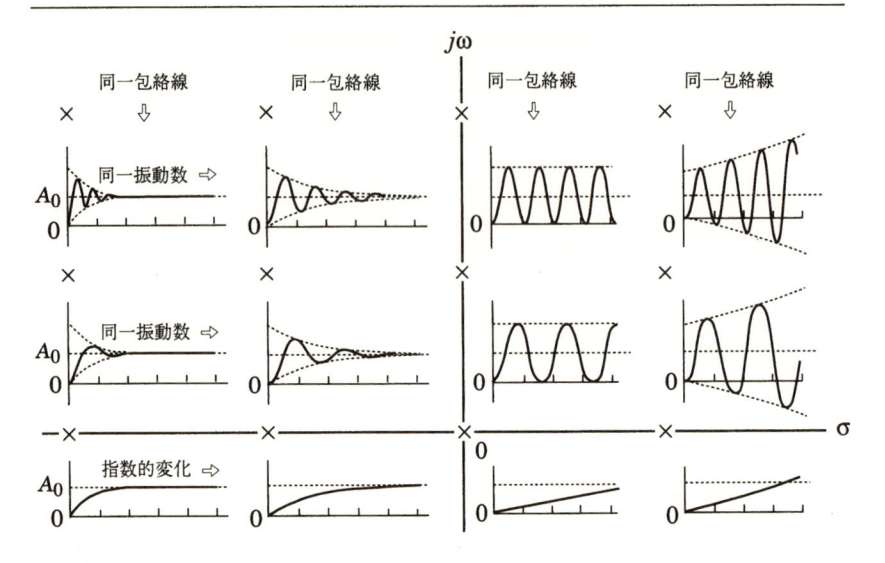

図 4-7 極位置とステップ応答（標準2次系では定常値は非零）

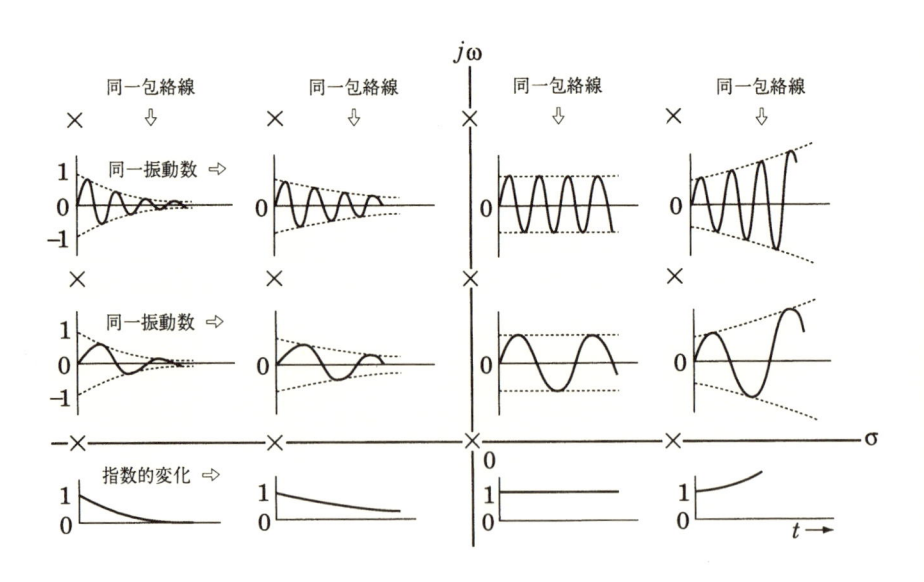

図 4-8 極位置とインパルス応答（標準2次系では定常値は零）

4-4 高次系の過渡応答と根位置

固有振動数 ω_n は速応性の尺度となるので，代表根の ω_n が大きいほど望ましいが，一方減衰係数 ζ も減衰性から小さくすることは望ましくない．後の4-8節で述べる ITAE 評価関数からは $\zeta = 0.707$ が理想的とされるが，実際には望ましい ζ の値として定値制御ではやや小さな値が選ばれることが多い．例えば

- サーボ機構などの追値制御では　　$\zeta = 0.5 \sim 0.8\ (\psi = 30° \sim 53°)$
- プロセス制御などの定値制御では　　$\zeta = 0.2 \sim 0.4\ (\psi = 12° \sim 24°)$

程度が良いとされているので，図4-10に示すような斜線部が望ましい根位置となる．

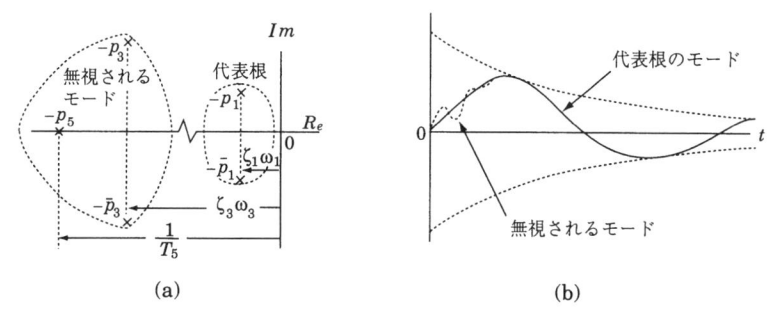

図 4-9　代表特性根によるシステムの近似

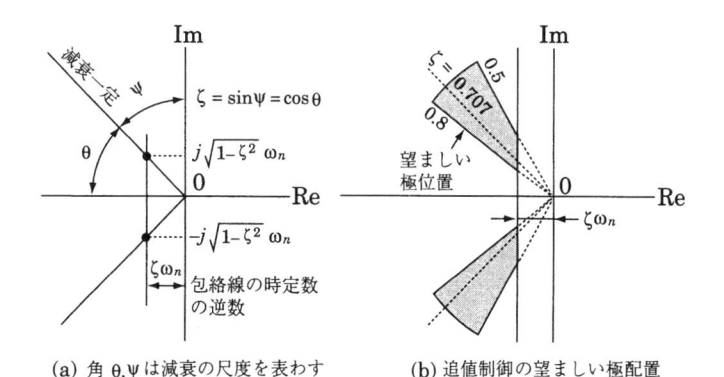

図 4-10　望ましい極位置

~~~~~~~~~~~~~~ メ　モ ~~~~~~~~~~~~~~~

　代表特性根による特性近似は，制御工学の教科書によく紹介されている考え方である．しかし，代表根による近似が工学的に常に妥当であるということではない．例えば航空機縦運動の伝達関数には，**短周期モード**と**長周期モード**と呼ばれる 2 モードが存在するが，姿勢制御系設計では短周期モードを近似式として採用することが多い．また，人工衛星の運動では人工衛星の短周期の姿勢運動よりも地球周回軌道のモードの方が周期が非常に長い．すなわち周回軌道モードの根の方がより右側に存在するが，姿勢制御回路(ASE)では，このモードを無視して設計されている．（7章例題7-5参照）

~~~~~~~~~~~~~~~~~~~~~~~~~~~~~~~~~~~~~~

4-5　零点がシステム過渡応答に及ぼす影響

零点と非最小位相系

　4-3節で述べた(4-28), (4-30)式と図4-6の曲線は，実は(4-11)式の形の **2 次系の標準形**に対してだけ正しいことに注意しなければならない．例えば，次の短周期近似された航空機伝達関数を考える．ただし，q はピッチ角速度，δ_e はエレベータ舵角である．

$$G(s) = \frac{q(s)}{\delta_e(s)} = -K\frac{(Ts+1)\omega_n^2}{s^2 + 2\zeta\omega_n s + \omega_n^2}, \quad T > 0 \qquad (4\text{-}35)$$

この伝達関数は分子に s の多項式を有する．この分子多項式の根のことを**零点／ゼロ点**(zero point)と呼ぶ．この航空機伝達関数のステップ応答を求めると

$$\begin{aligned}
q_{step}(s) &= -K\frac{(Ts+1)\omega_n^2}{s^2 + 2\zeta\omega_n s + \omega_n^2}\left(-\frac{1}{s}\right) \\
&= K\left\{T\frac{\omega_n^2}{s^2 + 2\zeta\omega_n s + \omega_n^2} + \frac{\omega_n^2}{s^2 + 2\zeta\omega_n s + \omega_n^2}\frac{1}{s}\right\}
\end{aligned} \qquad (4\text{-}36)$$

と 2 つの項に分けられる．ただし，図4-11に示すように負の舵角を入力している．括弧内の第 1 項，第 2 項はそれぞれ前出の標準 2 次系のインパルス応答とステップ応答であるから，次のように過渡応答を表すことができる．

$$q_{step}(t) = K\left\{T \times \begin{bmatrix}\text{標準2次系の}\\ \text{インパルス応答}\end{bmatrix} + \begin{bmatrix}\text{標準2次系の}\\ \text{ステップ応答}\end{bmatrix}\right\} \qquad (4\text{-}37)$$

したがって，分子係数 T の値あるいは零点 $(-1/T)$ の値によっては，図4-11(a)のようにオーバーシュート量が100%をはるかに超えることがある．

また，零点が正 $(1/T)$ となるような伝達関数を考えることができる．そのような例として次に示す着陸アプローチ状態にある航空機の飛行経路角 γ の伝達関数を挙げることができる．

$$\frac{\gamma(s)}{\delta_e(s)} = -K\frac{(T_\gamma s - 1)\omega_p^2}{s^2 + 2\zeta_p\omega_p s + \omega_p^2}, \quad T_\gamma > 0 \tag{4-38}$$

この伝達関数のステップ応答の特徴は，図4-11(b)に示すように初期応答が最終値（定常値）とは反対方向に振れることである．

このようなシステムは**非最小位相系** (non-minimum-phase system) と呼ばれ（その理由は5-7節で述べる），一般に制御が困難なシステムとして知られている．

このように，(4-35, 38)式のシステムの応答は，分子多項式（零点）の存在によって，同じ分母多項式（同じ極）を有する標準的な2次系の応答から大きく外れていることがわかる．

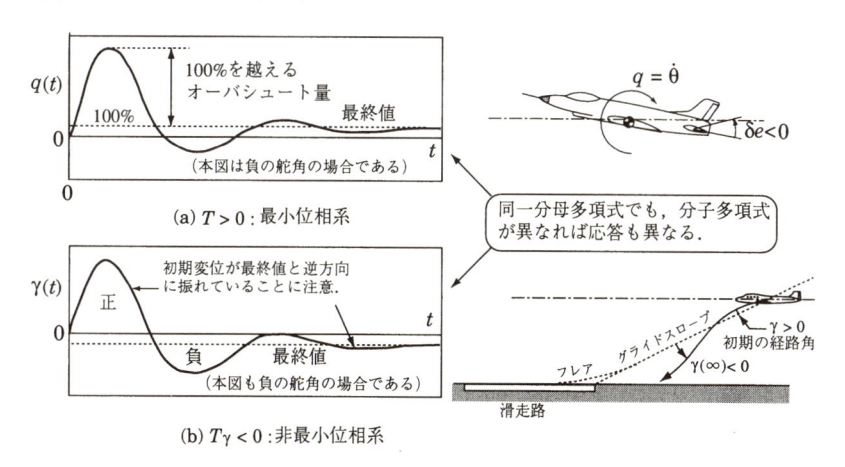

図 4-11　零点のある2次系（最小位相系と非最小位相系）の過渡応答

今一つ，このような例として2-4節で示した航空機縦運動で見てみよう．図4-12はあるジェット輸送機の縦運動のインパルス応答をシミュレーションしたものである．上から順に対気速度(airspeed)，迎え角(angle of attack)，姿勢角(pitch attitude angle)，昇降舵舵角(elevator deflection)を示したものであり，これらはす

べて釣り合い状態(trim condition)からの微小変位を表している．なお，伝達関数には長周期モード(phugoid mode)と短周期モード(short-period mode)が含まれており，入力としてインパルス信号に似せた2秒間の矩形状の信号をエレベータ舵角として投入している．エレベータ舵角は下げ舵（操縦桿を押す方向）が正と定義されているので，本例では上げ舵（負）となっていることに注意する．

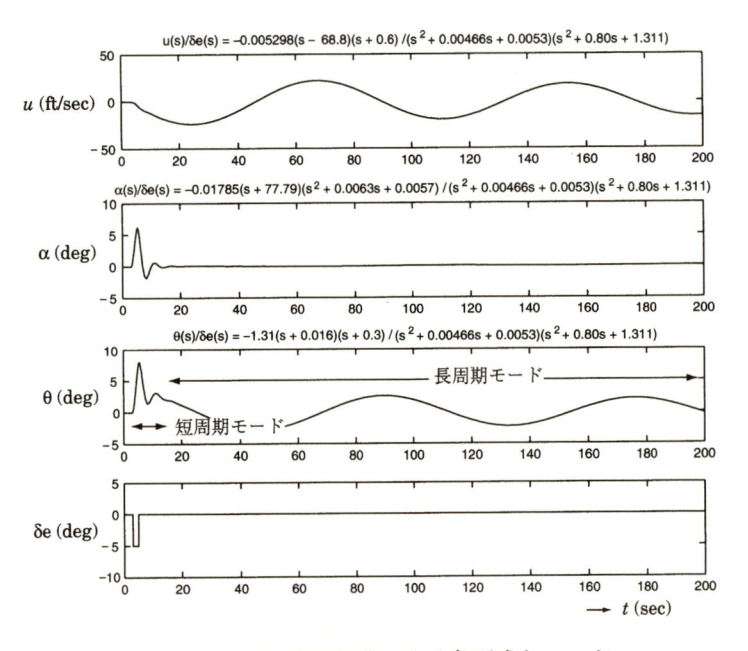

$u(s)/\delta e(s) = -0.005298(s - 68.8)(s + 0.6) / (s^2 + 0.00466s + 0.0053)(s^2 + 0.80s + 1.311)$

$\alpha(s)/\delta e(s) = -0.01785(s + 77.79)(s^2 + 0.0063s + 0.0057) / (s^2 + 0.00466s + 0.0053)(s^2 + 0.80s + 1.311)$

$\theta(s)/\delta e(s) = -1.31(s + 0.016)(s + 0.3) / (s^2 + 0.00466s + 0.0053)(s^2 + 0.80s + 1.311)$

図 4-12　航空機縦運動の分子多項式とモード

3応答において長周期モードと短周期モードがともに現れているのは姿勢角のみであり，速度 u では長周期モードのみが，迎え角 α では短周期モードのみが現れている．このように同一分母多項式（特性方程式）をもった伝達関数であっても分子多項式が異なれば応答は異なるのである．なお，長周期モードは迎え角一定での運動エネルギーと位置エネルギー（本応答では高度は示されてないが）の交換運動であり，減衰の悪いモードとして知られている．

4-6 フィードバック制御システムの定常偏差

3-1節で述べた通り,フィードバック制御の第一の目的は,システムの定常偏差を減少させることである.本節では特に**追値制御**システムの定常偏差について考察する.

ここでいう偏差とは目標値 $r(t)$ と制御量 $y(t)$ との間の誤差のことである.この偏差信号を発生するために,図4-13に示すように $H(s) = 1$ として出力信号を入力側に直接フィードバックさせることが行われる.この**直結フィードバック制御システム**ではシステム制御偏差は動作信号に一致し

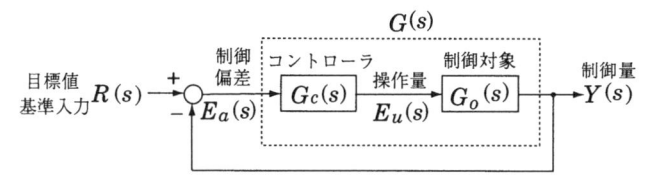

図 4-13 直結フィードバック制御システム

$$E(s) = E_a(s) = \frac{1}{1+G(s)} R(s) \tag{4-39}$$

である.したがって,その定常偏差は

$$e_{ss} = e(\infty) = \lim_{s \to 0} \left\{ s \frac{1}{1+G(s)} R(s) \right\} \tag{4-40}$$

となる.これを3種類の標準テスト信号について以下に計算してみよう.

後に明らかになるように,定常偏差を決定するものは一巡伝達関数 $G(s) = G_c G_o(s)$ に含まれる積分要素の数である.この一巡伝達関数の一般形を次の形で表す.

$$G(s) = K \frac{b_m s^m + \cdots + b_2 s^2 + b_1 s + 1}{s^N (a_r s^r + \cdots + a_2 s^2 + a_1 s + 1)} \tag{4-41}$$

ここで,分母の s^N は積分要素を表しており,分母・分子の最低次の係数が $a_0 = b_0 = 1$ の形に整理されていることに注意する.このようにシステムが表現されたとき,システム $G(s)$ は積分要素の数 $N = 0, 1, 2, \cdots$ に応じて **0 型,1 型,2 型,…,N 型システム**と呼ばれる.また,K は**ゲイン定数**と呼ばれる.

(a) ステップ（位置）入力

ステップ入力 $r(t) = Au(t)$ に対する定常位置偏差は，$R(s) = A/s$ を(4-40)に代入して

$$e_{ss}(t) = \lim_{s \to 0} s \frac{A/s}{1+G(s)} = \frac{A}{1+G(0)} \quad (4\text{-}42)$$

である．定常偏差は積分要素数 N に依存するから N の数で場合分けすると

(i) $N = 0$

まず，0型システムの定常位置偏差は

$$e_{ss}(t) = \frac{A}{1+G(0)} = \frac{A}{1+K} = \frac{A}{1+K_p} \quad (4\text{-}43)$$

となり，定常的に位置偏差が残ることがわかる．ここで定数 $G(0) = K$ は**位置偏差定数**と呼ばれ K_p と書かれる．

(ii) $N \geq 1$

次に，1個以上の積分要素を有するシステムでは

$$e_{ss}(t) = \lim_{s \to 0} \frac{A}{1 + \dfrac{K(b_m s^m \cdots + b_1 s + 1)}{s^N (a_r s^r \cdots + a_1 s + 1)}} = \frac{A}{1+\infty} = 0 \quad (4\text{-}44)$$

であるから，定常偏差は 0 である．

(b) ランプ（定速度）入力

ランプ入力 $r(t) = Atu(t)$ に対する定常速度偏差は，$R(s) = A/s^2$ であるから

$$e_{ss}(t) = \lim_{s \to 0} s \frac{A/s^2}{1+G(s)} = \lim_{s \to 0} \frac{A}{s+sG(s)} = \lim_{s \to 0} \frac{A}{sG(s)} \quad (4\text{-}45)$$

この場合も定常偏差は積分要素数 N に依存する．

(i) $N = 0$

まず，0型システムの定常速度偏差は，分母が零となるので無限大である．

$$e_{ss}(t) = \lim_{s \to 0} \frac{A}{s\dfrac{K(b_m s^m \cdots + b_1 s + 1)}{a_r s^r \cdots + a_1 s + 1}} = \frac{A}{0} = \infty \quad (4\text{-}46)$$

(ii) $N = 1$

次に，1型システムでは，(4-45)式は

$$e_{ss}(t) = \lim_{s \to 0} \frac{A}{s\dfrac{K(b_m s^m \cdots + b_1 s + 1)}{s(a_r s^r \cdots + a_1 s + 1)}} = \frac{A}{K} = \frac{A}{K_v} \quad (4\text{-}47)$$

となり，定常速度偏差が残ることになる．このときの $K = K_v$ を**速度偏差定数**という．

(iii) $N \geq 2$

2型以上のシステムでは，(4-45)式の分母は無限大になるので，定常偏差は0になる．

表4-2 システムの型と定常偏差

		位置入力 $r(t) = Au(t)$	定速度入力 $r(t) = Atu(t)$	定加速度入力 $r(t) = \frac{1}{2}At^2 u(t)$
積分要素の数と定常偏差	0型システム	$e(\infty) = \dfrac{A}{1+K_p}$	$e(\infty) = \infty$	$e(\infty) = \infty$
	1型システム	$e(\infty) = 0$	$e(\infty) = \dfrac{A}{K_v}$	$e(\infty) = \infty$
	2型システム	$e(\infty) = 0$	$e(\infty) = 0$	$e(\infty) = \dfrac{A}{K_a}$

(c) パラボラ（定加速度）入力

システム入力が $r(t) = \dfrac{1}{2}At^2 u(t)$ のとき，$R(s) = A/s^3$ であるから，定常加速度偏差は次の形になる．

$$e_{ss}(t) = \lim_{s \to 0} s \frac{A/s^3}{1+G(s)} = \lim_{s \to 0} \frac{A}{s^2 G(s)} \tag{4-48}$$

(i) $N = 0, 1$

0型と1型システムでは分母は0になるから，定常偏差は無限大になる．$N = 1$ の場合を示すと

$$e_{ss}(t) = \lim_{s \to 0} \frac{A}{s^2 \dfrac{K(b_m s^m \cdots + b_1 s + 1)}{s^1(a_r s^r \cdots + a_1 s + 1)}} = \frac{A}{0} = \infty \tag{4-49}$$

(ii) $N = 2$

2型システムでは(4-48)式は

$$e_{ss}(t) = \lim_{s \to 0} \frac{A}{s^2 \dfrac{K(b_m s^m \cdots + b_1 s + 1)}{s^2(a_r s^r \cdots + a_1 s + 1)}} = \frac{A}{K} = \frac{A}{K_a} \tag{4-50}$$

となり，定常加速度偏差が残る．このときの $K = K_a$ を加速度偏差定数という．

(iii) $N \geq 3$

最後に，3型以上のシステムでは(4-48)式の分母は無限大になるから，定常偏差は0となる．

以上をまとめたものが表4-2である．表からわかるように，制御システムの定常特性はその型番号と偏差定数 K_p, K_v および K_a で記述されることが多い．なお，開ループ伝達関数が(4-41)式の一般形で表されるとき，開ループの極と零点に変更がなければ，偏差定数は $K = K_p = K_v = K_a$ である．

(d) l 型のシステム

一般的な l 型のシステムでは，目標入力 $r(t)$ が

$$r(t) = r_{l-1} t^{l-1} + \cdots + r_2 t^2 + r_1 t + r_0 \tag{4-51}$$

のとき，そのラプラス変換は

$$R(s) = \frac{r_0 s^{l-1} + 1! r_1 s^{l-2} + 2! r_2 s^{l-3} + \cdots + (l-1)! r_{l-1}}{s^l} \tag{4-52}$$

となるから，その定常偏差 e_{ss} は0になる．また，$r(t)$ が t の l 次以上の多項式であれば，定常偏差が残るか無限大になる．

4-7 PID制御則

図4-13に示したコントローラ（制御装置）として，産業用制御システムで多用されている**PID制御**あるいは**比例＋積分＋微分** (Proportional + Integral + Differential)

制御と呼ばれる実用上重要な方式がある.

$$G_c(s) = K_P\left(1 + \frac{1}{T_I s} + T_D s\right) = K_P + K_I \frac{1}{s} + K_D s \tag{4-53}$$

ここで積分項は定常偏差をなくするため,また微分項は減衰性増加のために加えられている.

例題 4-1 自動車の自動速度保持制御システムを既に問題3-4に示した.この速度制御のブロック線図は図4-14に示す通りである.

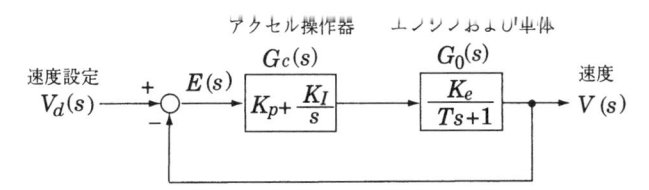

図 4-14 自動車の速度制御システム

今,アクセル(絞弁)操作器の伝達関数$G_c(s)$をP I 動作(比例 + 積分)

$$G_c(s) = K_p + \frac{K_I}{s} = \frac{K_p s + K_I}{s} \tag{4-54}$$

となるように設計すると,この速度制御システムの一巡伝達関数$G_c(s)G_0(s)$は積分要素を一個有する1型システムとなる.このとき速度偏差の伝達関数は次のようになる.

$$\frac{E(s)}{V_d(s)} = \frac{1}{1 + G_c(s)G_0(s)} = \frac{1}{1 + \dfrac{K_p s + K_I}{s}\dfrac{K_e}{Ts+1}} \tag{4-55}$$

これより,ステップ入力に対する定常偏差は

$$e_{ss} = \lim_{s \to 0}\left\{s \frac{1}{1 + \dfrac{K_p s + K_I}{s}\dfrac{K_e}{Ts+1}}\frac{A}{s}\right\} = \frac{A}{1+\infty} = 0 \tag{4-56}$$

と0にすることができる.

しかし,もし速度指令がステップ入力の代わりにランプ入力A/s^2であるとすると,定常速度偏差

$$e_{ss}(t) = \lim_{s \to 0} \left\{ s \cfrac{1}{1 + \cfrac{K_p s + K_I}{s} \cfrac{K_e}{Ts+1}} \cfrac{A}{s^2} \right\} = \frac{A}{K_I K_e} = \frac{A}{K_v} \quad (4\text{-}57)$$

が生じることになる．

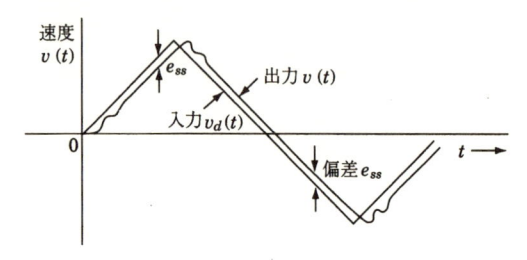

図 4-15 自動車速度制御システムの三角波応答

　図4-15に三角波入力に対する自動車速度の過渡応答を示す．(4-57)式より，積分ゲイン K_I の値を大きくすれば速度偏差定数 $K_v = K_I K_e$ を増すことができ，ランプ入力に対する定常偏差を減少することができる．しかし，閉ループシステムの減衰係数を調べるために(4-55)式の分母を整理すると

$$\frac{E(s)}{V_d(s)} = \frac{s\left(s + \cfrac{1}{T}\right)}{s^2 + \cfrac{1 + K_p K_e}{T}s + \cfrac{K_I K_e}{T}} = \frac{s\left(s + \cfrac{1}{T}\right)}{s^2 + 2\zeta\omega_n s + \omega_n^2} \quad (4\text{-}58)$$

これより減衰係数は

$$\zeta = (1 + K_p K_e)/2\sqrt{TK_I K_e} = (1 + K_p K_e)/2\sqrt{TK_v} \quad (4\text{-}59)$$

となって K_v が増加すると ζ が減少するため，過渡応答が振動的にならざるを得ない．そこで比例ゲイン K_p を調節することで ζ が許容限度を下回らないようにしながら積分ゲイン K_I によって K_v を大きくする，といった調整が必要となる．

　以上見てきたように，偏差定数 K_p, K_v, K_a がシステムの定常偏差を表す数値的尺度としてフィードバック制御システムの設計に用いられることが多い．そこで，設計者は過渡応答を許容範囲に保ちながらこれらの偏差定数をできるだけ大きくするように設計することになる．

既に明らかな通り，本章でいう追従特性とは定常状態での制御偏差のことであり，過渡的な追従特性までは考えていない．過渡的な特性までを考慮に入れた制御システムの設計は，**追従問題**あるいは**マッチング問題**と呼ばれる．その一例として，**モデル追従制御系**(model following control system)がある．これは，パイロットの操舵入力をいったん機上計算機内にプログラムされた架空の理想航空機に投入し，オンラインで発生させたこの理想航空機からの理想応答（目標値）に実機の応答を追従させる方式である．これを広飛行領域にまで拡張した**モデル規範型（形）適応制御系**(model reference adaptive control system)は近未来の革新航空機の姿勢制御システムとして注目されている研究課題の一つであるが，本書の範囲を超えるのでここではこれ以上は言及しない．

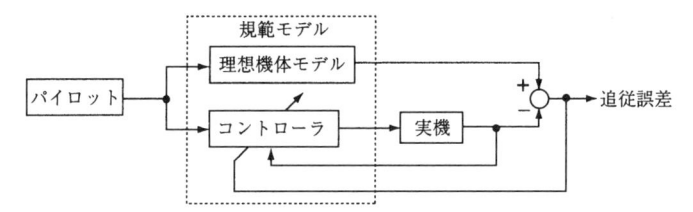

図 4-16　モデル追従制御による飛行制御システム

4-8　性能指数と評価関数

システムの過渡応答性能を数量的に測る指標（性能指数）を与えることは，制御システムの**パラメータ最適化**や**最適制御システム**あるいは最近の**適応制御**システムの設計における重要な仕事の一部となっている．**評価関数**とはシステムの**性能指数**(performance index)を表す関数のことであり，目標入力と出力との偏差（誤差）について以下のものが用いられている．

(1) 2乗誤差の積分 (ISE: the Integral of the Square of the Error)

よく使用される重要な評価関数であり，標準2次系に対しては $\zeta = 0.5$ のとき最小となる．誤差の2乗を採用する理由は，図4-17(a)に示すように，積分過程において誤差の正の量と負の量による相殺をなくするためである．

$$\text{ISE}: J_1 = \int_0^T e^2(t)dt \tag{4-60}$$

ここで上限 T は適当に選んだ有限時間で，積分が定常値に近接するようにする．

普通は T を整定時間 T_s に選ぶのが便利である．

(2) 誤差の絶対値の積分(IAE: the Integral of the Absolute magnitude of the Error)

この評価関数は，絶対値回路の作成が容易なアナログ計算機によるシミュレーション用に有効であり，標準 2 次系に対しては $\zeta=0.66$ のとき最小となる．

$$\text{IAE}: J_2 = \int_0^T |e(t)|dt \tag{4-61}$$

(3) 時間と誤差絶対値の積の積分(ITAE: the Integral of the Time multiplied by Absolute Error)

標準 2 次系に対しては $\zeta=0.75$ のとき最小となる．

$$\text{ITAE}: J_3 = \int_0^T t|e(t)|dt \tag{4-62}$$

(4) 時間と 2 乗誤差の積の積分(ITSE: the Integral of Time multiplied by the Squared Error)

標準 2 次系に対しては $\zeta=0.6$ のとき最小となる．

$$\text{ITSE}: J_4 = \int_0^T te^2(t)dt \tag{4-63}$$

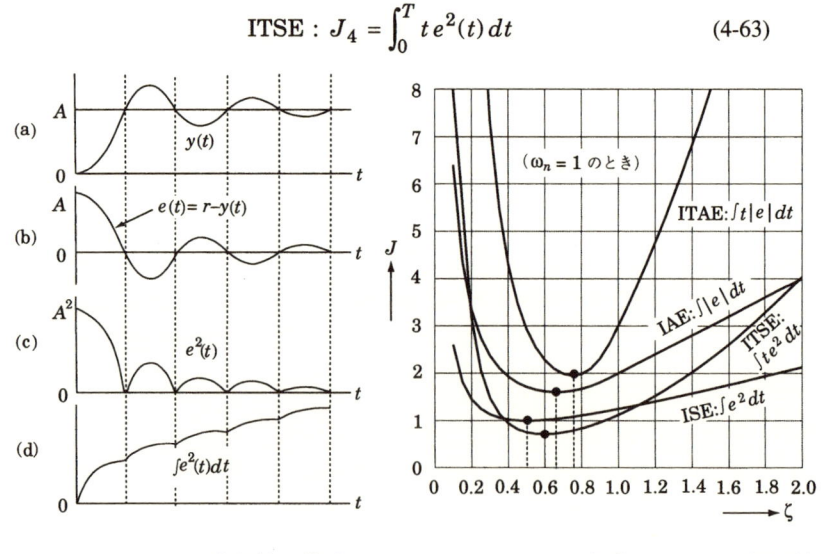

図 4-17(a)　2 乗誤差の積分　　図 4-17(b)　2 次系に対する評価関数

上記 ITAE と ITSE の被積分項における時間 t の意味は，システムの初期誤差を減少するためには大きなエネルギーを要することと，システム設計において

は初期誤差よりもむしろ後半の誤差の方が重要であることから，時刻の増加と共に誤差に重きを置くために付加されたものである．

図4-17(b)に示す各評価関数の曲線を比較すると，ITAE曲線が最も明確な評価関数であることがわかる．標準2次システムに対しては，ITAEでは$\zeta = 0.75$，ITSEでは$\zeta = 0.6$で最小となる．ISEでは$\zeta = 0.5$のとき最小となるが，変化が穏やかであるため評価指標としてはややあいまいである．

次の一般的な伝達関数に対して，ITAE評価関数を最小にする最適係数が，表4-3に示すように決定されている．

$$T(s) = \frac{Y(s)}{R(s)} = \frac{a_0}{s^n + a_{n-1}s^{n-1} + \cdots + a_1 s + a_0} \quad (4\text{-}64)$$

表4-3 ITAE基準にもとづく$T(s)$の最適係数

次数 n	特性多項式
1	$s + \omega_n$
2	$s^2 + 1.4\omega_n s + \omega_n^2$
3	$s^3 + 1.75\omega_n s^2 + 2.15\omega_n^2 s + \omega_n^3$
4	$s^4 + 2.1\omega_n s^3 + 3.4\omega_n^2 s^2 + 2.7\omega_n^3 s + \omega_n^4$

最後に，最適制御理論で用いられるISEを一般化した形を参考に示す．

$$J = \int_0^\infty \left\{ \boldsymbol{x}^T(t)\boldsymbol{Q}\boldsymbol{x}(t) + \boldsymbol{u}^T(t)\boldsymbol{R}\boldsymbol{u}(t) \right\} dt \quad (4\text{-}65)$$

ここで，$\boldsymbol{x}(t) = [x_1(t), \cdots, x_n(t)]^T$，$\boldsymbol{u}(t) = [u_1(t), \cdots, u_m(t)]^T$は一般に状態変数と呼ばれる多変数の制御量と多入力を表すベクトル量であり，$\boldsymbol{Q} = [q_{ij}]$，$\boldsymbol{R}(t) = [r_{ij}]$は対応する次元をもった重み行列（9章参照）である．

例題 4-2 惑星探査機にある惑星をスイングバイ(swing-by)あるいはフライバイ(fly-by)させる惑星探査を計画するとき，目標惑星を補足・追跡・走査するための惑星探査装置を開発する必要がある．特に探査装置を載せるプラットホームの指向制御（角度制御）システムを設計する必要がある．その際，指向速度

をできるだけ大きくとり，かつ指向誤差を最小にするように設計することが重要となる．プラットホーム指向制御システムのブロック線図を図4-18に示す．

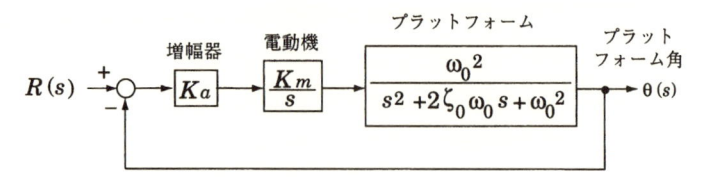

図 4-18 惑星探査装置の指向制御システムのブロック線図

このシステムの閉ループ伝達関数は

$$T(s) = \frac{K_a K_m \omega_0^2}{s^3 + 2\zeta_0\omega_0 s^2 + \omega_0^2 s + K_a K_m \omega_0^2} \quad (4\text{-}66)$$

となる．ITAEを評価関数に選んだ場合，表4-3の3次システムの最適係数から特性方程式の各係数を比較すると

$$2\zeta_0\omega_0 = 1.75\omega_n,\ \omega_0^2 = 2.15\omega_n^2,\ K_a K_m \omega_0^2 = \omega_n^3 \quad (4\text{-}67)$$

となる．速い応答が要求されているので，整定時間が1秒以内になるように大き目のω_nを設定する．ここではとりあえず$\omega_n = 10\ \text{rad/sec}$と定めると，プラットフォームの特性パラメータ$\omega_0, \zeta_0$は(4-67)式より次の値をとる必要がある．

$$\omega_0 = \sqrt{2.15} \times 10 = 14.7\ \text{rad/sec},\quad \zeta_0 = \frac{1.75 \times 10}{2 \times 14.7} = 0.595 \quad (4\text{-}68)$$

さらに，増幅器と電動機を合わせたゲインは次の値をとる必要がある．

$$K_a K_m = \frac{\omega_n^3}{\omega_0^2} = \frac{\omega_n^3}{2.15\omega_n^2} = \frac{10}{2.15} = 4.65 \quad (4\text{-}69)$$

この結果，閉ループ伝達関数(4-66)は

$$\begin{aligned}T(s) &= \frac{1{,}000}{s^3 + 17.5s^2 + 215.1s + 1{,}000} \\ &= \frac{1{,}000}{(s+7.08)(s+5.21+10.69j)(s+5.21-10.69j)}\end{aligned} \quad (4\text{-}70)$$

となる．このときの閉ループ極の位置を図4-19に示す．同図に示す代表根の減衰係数を求めると$\zeta = \cos\theta = 5.21/\sqrt{5.21^2 + 10.69^2} = 0.438$である．このとき

図4-6の2次システムのオーバーシュート曲線を使えば，行き過ぎは25%以下，整定時間は(4-27)式から T_s = 4/5.21 = 0.768 秒と計算できる．これは実数根に比較して複素共役根があまり卓越していないから相当粗い近似であるが，おおよその値を示している．

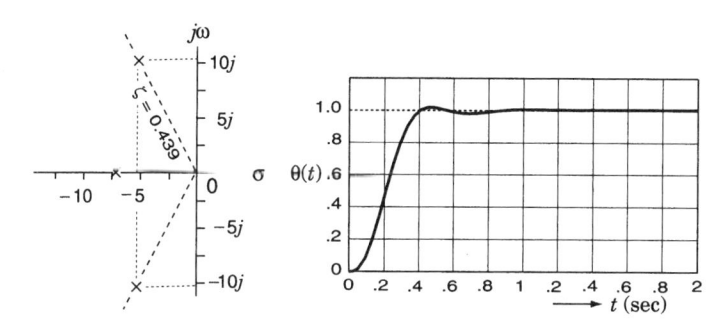

図 4-19 設計された最適極配置とプラットホームのステップ応答

4-9 まとめ

システムの極の値（位置）が過渡応答に影響を与えることを学んだ．特に，極の実部 $(-\zeta\omega_n)$ が過渡応答の包絡線の整定時間に，極の虚数部 $\sqrt{1-\zeta^2}\omega_n$ が振動数（周波数）に対応し，その逆数が周期に比例することをステップ応答とインパルス応答（並びに2章の自由応答）から学んだ．さらに，減衰係数 ζ はオーバーシュート量に，固有振動数（周波数）ω_n は速応性に強く影響することを知った．なお，一般に固有振動数（周波数）といった場合，固有角振動数（角周波数）を指すことが多いことに注意しよう．

次に，過渡特性の評価指標として，速応性と安定性を示す立上がり時間，ピーク時間，整定時間等を考えた．このとき，安定性という言葉は過渡応答の減衰性という意味で使用した．

最後に，システムの型と定常偏差の関係について学び，積分要素数が増えれば，定常偏差を0にできる可能性について学んだ．ただし，積分数が増えると閉ループシステムの次数が高次になり，不安定化する可能性も増大することを指摘したい．

問題

4-1 次の各伝達関数に対する単位ステップ応答を描け．

$$G_1(s) = \frac{1}{10s+1}, \quad G_2(s) = \frac{5s+1}{10s+1}$$

$$G_3(s) = \frac{20s+1}{10s+1}, \quad G_4(s) = \frac{-5s+1}{10s+1}$$

4-2 レンジャー，パイオニア，ボイジャーに始まり近年の火星探査機マースパスファインダに至る一連の惑星探査計画では，探査機は探査惑星の表面を搭載計器とテレビカメラで走査することが要求される．このとき惑星探査機の姿勢制御システムに要求される機能は，惑星間飛行の期間中探査機の姿勢を安定に制御することである．宇宙船からの情報は高ゲイン狭ビーム幅アンテナを介して地球局へ送信されなければならず，なおかつ搭載機器が必要とする電力を最大に得るため太陽電池パドル（パネル）は太陽へ向いていなければならない．したがって，惑星探査機の姿勢を正確に制御することは極めて重要である．

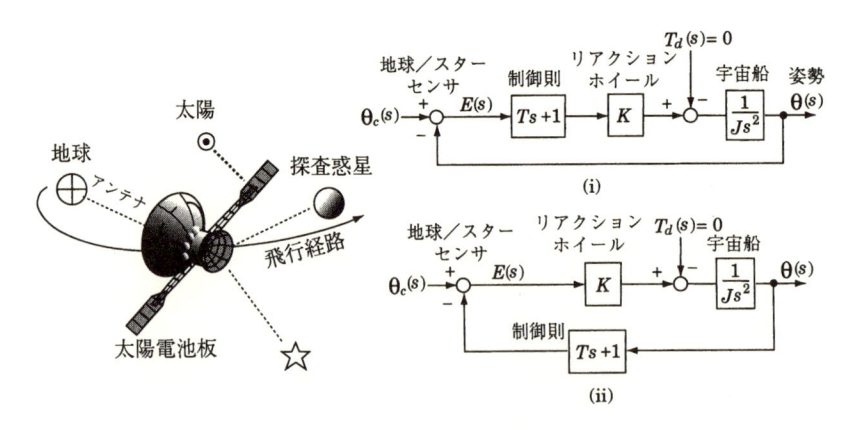

図 4-20 （例題7-5参照）

この宇宙船の姿勢制御システムとして図4-20のブロック線図に2例示す．地球あるいは惑星水平線センサは周回軌道上の人工衛星の水平線に対する姿勢誤差信号 $e(t)$ を検出する．また，スターセンサは探査船の姿勢決定のための基準姿勢情報を与える．姿勢制御用リアクションホイールのPD制御則の時定数 T

は 2 秒で，宇宙船の慣性モーメント J は 200 kgm^2 とする．次の各問いに答えよ．

(a) 図4-20(i)と図4-20(ii)の伝達関数を求めよ．
(b) 図4-20(i)と図4-20(ii)の単位ステップ応答を求め比較せよ．
ステップ指令に対する応答を求め図4-21(i)と図4-21(ii)で比較せよ．
(c) 図4-21(ii)のシステムで，5％整定時間を1秒，減衰係数を0.5としたい．T，Kを決定せよ．
(d) 惑星表面を走査するための速度指令に対する定常偏差を両システムで調べ，比較せよ．

4-3 近年，宇宙飛行士あるいはミッションスペシャリストと呼ばれる宇宙船乗員の船外活動に求められるミッションは，宇宙飛行士が故障人工衛星をスペースシャトルに回収したり，周回軌道上の既存の衛星に新たな機器を取り付けて人工衛星の長寿命化をはかったり，国際宇宙ステーションの組み立てを求められるなどますます広範囲になってきている．船外で部品取り替え作業中の宇宙飛行士にとって，手や足による操作を必要としない音声指令によるマヌーバ制御システムがあると作業が軽減されるに違いない．

訓練を受けた宇宙飛行士は，視覚から得られる姿勢方向と姿勢回転速度を脳内で処理して希望姿勢をとれるように音声指令を発することができる．ガスジェット操作器は音声指令で働き，その動作は比例ゲイン K_2 で近似できるものとする．宇宙飛行士の装備を含めた慣性モーメントを 25 kgm^2 とする．次の問に答えよ．

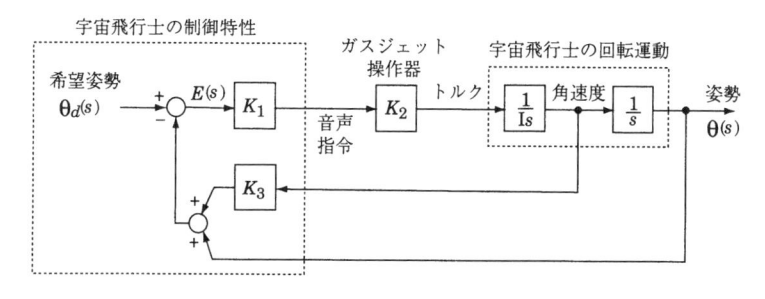

図 4-21

(a) ランプ入力 $r(t) = t$ に対して偏差ゼロで，パラボラ入力 $r(t) = t^2$ に対しては 1％の偏差となるに必要なゲイン $K_1 K_2$ を求めよ．

(b) このゲイン $K_1 K_2$ で，行き過ぎ量を10％に制限するのに必要なゲイン K_3 を求めよ．

(c) ISE 性能指標を最小にするためのゲイン K_3 を解析的に求めよ．

（問題の解答とヒント）

4-1)

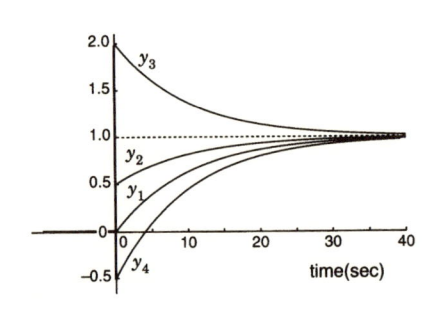

図 4-22

4-2)
(a)

(i) $\dfrac{\theta(s)}{\theta_c(s)} = \dfrac{\dfrac{KT}{J}s + \dfrac{K}{J}}{s^2 + \dfrac{KT}{J}s + \dfrac{K}{J}} = \dfrac{2\zeta\omega_n s + \omega_n^2}{s^2 + 2\zeta\omega_n s + \omega_n^2}$

(ii) $\dfrac{\theta(s)}{\theta_c(s)} = \dfrac{\dfrac{K}{J}}{s^2 + \dfrac{KT}{J}s + \dfrac{K}{J}} = \dfrac{\omega_n^2}{s^2 + 2\zeta\omega_n s + \omega_n^2}$

(b)

(i) $\theta(s) = 1 + \dfrac{1}{\sqrt{1-\zeta^2}} e^{-\zeta\omega_n t} \sin\left(\sqrt{1-\zeta^2}\,\omega_n t - \theta\right),\ \theta = \tan^{-1} \sqrt{1-\zeta^2}/\zeta$

(ii) $\theta(s) = 1 - \dfrac{1}{\sqrt{1-\zeta^2}} e^{-\zeta\omega_n t} \sin\left(\sqrt{1-\zeta^2}\,\omega_n t + \theta\right),\ \theta = \tan^{-1} \sqrt{1-\zeta^2}/\zeta$

(c) $T_s = \dfrac{3}{\zeta\omega_n} = 1\sec \rightarrow \omega_n = \dfrac{3}{\zeta} = 6\,rad/\sec \rightarrow$

$$\frac{K}{J} = \omega_n^2 = 36 \to K = 36J = 7200, \quad 2\zeta\omega_n = \frac{KT}{J} = \omega_n^2 T \to T = \frac{2\zeta}{\omega_n} = \frac{1}{6}$$

(d) (i), (ii)共に

$$\frac{E(s)}{\theta_c(s)} = \frac{s^2}{s^2 + \frac{KT}{J}s + \frac{K}{J}} = \frac{s^2}{s^2 + 2\zeta\omega_n s + \omega_n^2}$$

(ii)については $E_\theta(s)$ が本来の制御偏差だから

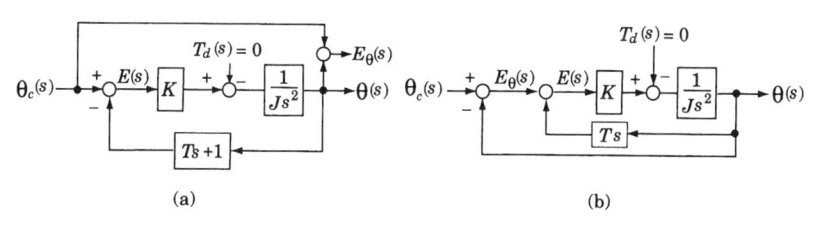

図 4-23

$$\frac{E_\theta(s)}{\theta_c(s)} = 1 - \frac{\frac{K}{J}}{s^2 + \frac{KT}{J}s + \frac{K}{J}} = \frac{s(s + 2\zeta\omega_n)}{s^2 + 2\zeta\omega_n s + \omega_n^2}$$

ランプ入力 $R(s) = 1/s^2$ に対して

$$e(\infty) = \lim_{s \to 0}\left\{ s \cdot \frac{s^2}{s^2 + 2\zeta\omega_n s + \omega_n^2} \cdot \frac{1}{s^2} \right\} = 0$$

$$e_\theta(\infty) = \lim_{s \to 0}\left\{ s \cdot \frac{s(s + 2\zeta\omega_n)}{s^2 + 2\zeta\omega_n s + \omega_n^2} \cdot \frac{1}{s^2} \right\} = \frac{2\zeta\omega_n}{\omega_n^2} = \frac{KT/J}{K/J} = T = \frac{1}{6}$$

4-3)
(a)

$$\frac{E(s)}{\theta_d(s)} = \frac{s^2}{s^2 + \frac{K_1 K_2 K_3}{I}s + \frac{K_1 K_2}{I}} = \frac{s^2}{s^2 + 2\zeta\omega_n s + \omega_n^2}$$

(i) $\quad e_{ss} = \lim_{s \to 0}\left\{ s \cdot \frac{s^2}{s^2 + 2\zeta\omega_n s + \omega_n^2} \cdot \frac{1}{s^2} \right\} = 0$

(ii) $e_{ss} = \lim_{s \to 0} \left\{ s \cdot \dfrac{s^2}{s^2 + 2\zeta\omega_n s + \omega_n^2} \cdot \dfrac{2}{s^3} \right\} = \dfrac{2}{\omega_n^2} = 0.01$

$\omega_n^2 = \dfrac{K_1 K_2}{I} = \dfrac{2}{0.01} = 200, \quad K_1 K_2 = 200 I = 5000$

(b)

$\dfrac{\theta(s)}{\theta_d(s)} = \dfrac{\dfrac{K_1 K_2}{I}}{s^2 + \dfrac{K_1 K_2 K_3}{I} s + \dfrac{K_1 K_2}{I}} = \dfrac{\omega_n^2}{s^2 + 2\zeta\omega_n s + \omega_n^2}$

$2\zeta\omega_n = \dfrac{K_1 K_2 K_3}{I} = \omega_n^2 K_3 = 200 K_3,$

図4-6より10%オーバーシュートは $\zeta \approx 0.6$, $K_3 = \dfrac{2\zeta}{\omega_n} = \dfrac{2 \times 0.6}{\sqrt{200}} = 0.0849$

(c)

図4-17よりISE最小は $\zeta = 0.5$, $K_3 = \dfrac{2\zeta}{\omega_n} = \dfrac{2 \times 0.5}{\sqrt{200}} = 0.0707$

第5章 周波数応答法

5-1 はじめに

これまでは，システム応答の性能をs平面上の極と零点の位置で表現し解析してきた．しかし，システムの解析と設計に極めて重要な実用的手法として，本章で述べる周波数応答がある．まずラプラス変換と逆変換の定義を再記すると次のようであった．

$$F(s) = \mathcal{L}[f(t)] = \int_0^\infty f(t)e^{-st}dt \tag{5-1}$$

$$f(t) = \mathcal{L}^{-1}[F(s)] = \frac{1}{2\pi j}\int_{\sigma-j\infty}^{\sigma+j\infty} F(s)e^{st}ds \tag{5-2}$$

ただし，sはラプラス演算子$s = \sigma + j\omega$である．また，フーリエ変換とフーリエ逆変換は次のように定義されている．

$$F(j\omega) = \mathcal{F}[f(t)] = \int_{-\infty}^\infty f(t)e^{-j\omega t}dt \tag{5-3}$$

$$f(t) = \mathcal{F}^{-1}[F(j\omega)] = \frac{1}{2\pi}\int_{-\infty}^\infty F(j\omega)e^{j\omega t}d\omega \tag{5-4}$$

ここで，フーリエ変換は次のような$f(t)$に対して存在する．

$$\int_{-\infty}^\infty |f(t)|dt < \infty \tag{5-5}$$

さて，(5-1), (5-2)式と(5-3), (5-4)式を比較すると，$s = j\omega$とおくことでフーリエ変換とラプラス変換の被積分項が一致することがわかる．また，関数$f(t)$は$t \geq 0$の領域でのみ与えられる場合が多く，その場合は両積分の下限も同じになる．こうして両式は完全に一致することになるので次のことがいえる．

ある時間関数$f_1(t)$のラプラス変換が$F_1(s)$で与えられているとき，同じ関数のフーリエ変換$F_1(j\omega)$は，$F_1(s)$において$s = j\omega$を代入することで求められる．

5-2 周波数伝達関数

次の線形システム$G(s)$に単一スペクトル成分をもつ入力$r(t)$を印加したと

きの出力を考える．ただし，システム $G(s)$ は安定であると仮定する．

$$G(s) = \frac{N(s)}{(s+p_1)(s+p_2)\cdots(s+p_n)} \quad (5\text{-}6)$$

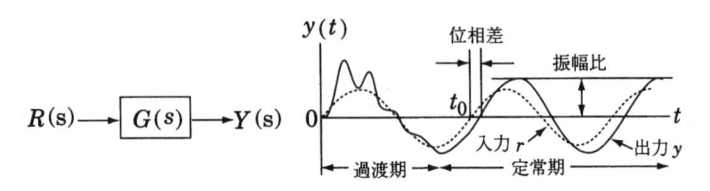

図 5-1 正弦波入力を印加したときの応答

入力として振幅 r_0 の正弦波入力 $r(t) = r_0 \sin(\omega t)$ を考えると，

$$R(s) = r_0 \frac{\omega}{s^2 + \omega^2} \quad (5\text{-}7)$$

このとき，図5-1のシステムの出力は

$$\begin{aligned}Y(s) &= G(s)R(s) \\ &= \frac{r_0\,\omega\,N(s)}{(s+j\omega)(s-j\omega)(s+p_1)(s+p_2)\cdots(s+p_n)} \quad (5\text{-}8) \\ &= \frac{A_1}{s+j\omega} + \frac{A_2}{s-j\omega} + \frac{A_3}{s+p_1} + \frac{A_4}{s+p_2} + \cdots + \frac{A_{n+2}}{s+p_n}\end{aligned}$$

と展開され，逆変換すると次の過渡応答を得る．

$$y(t) = A_1 e^{-j\omega t} + A_2 e^{j\omega t} + A_3 e^{-p_1 t} + A_4 e^{-p_2 t} + \cdots + A_{n+2} e^{-p_n t} \quad (5\text{-}9)$$

$G(s)$ が安定との仮定より，定常状態では第3項以下はすべて 0 に収束して消えているから，第1項と第2項のみが残る．

$$y_{ss}(t) = A_1 e^{-j\omega t} + A_2 e^{j\omega t} \quad (5\text{-}10\text{a})$$

$$A_1 = \left[(s+j\omega)\cdot G(s)\frac{r_0\omega}{s^2+\omega^2}\right]_{s=-j\omega} = \frac{r_0}{-2j}G(-j\omega) \quad (5\text{-}10\text{b})$$

$$A_2 = \left[(s-j\omega)\cdot G(s)\frac{r_0\omega}{s^2+\omega^2}\right]_{s=+j\omega} = \frac{r_0}{2j}G(j\omega) \quad (5\text{-}10\text{c})$$

ここに添字 ss は出力の定常値を意味する．(5-10b), (5-10c)式に対して図5-2より

$$G(-j\omega) = \overline{G(j\omega)} = |G(j\omega)|e^{-j\angle G(j\omega)} \quad (5\text{-}11)$$

の関係を利用して(5-10a)式の右辺をさらに書き換えると

$$
\begin{aligned}
y_{ss}(t) &= \frac{r_0}{-2j} G(-j\omega) e^{-j\omega t} + \frac{r_0}{2j} G(j\omega) e^{j\omega t} \\
&= \frac{r_0}{-2j} \left| G(j\omega) \right| e^{-j\angle G(j\omega)} e^{-j\omega t} + \frac{r_0}{2j} \left| G(j\omega) \right| e^{j\angle G(j\omega)} e^{j\omega t} \qquad (5\text{-}12) \\
&= \frac{r_0 \left| G(j\omega) \right|}{2j} \left\{ \begin{matrix} -\cos\left(\omega t + \angle G(j\omega)\right) + j\sin\left(\omega t + \angle G(j\omega)\right) \\ +\cos\left(\omega t + \angle G(j\omega)\right) + j\sin\left(\omega t + \angle G(j\omega)\right) \end{matrix} \right\}
\end{aligned}
$$

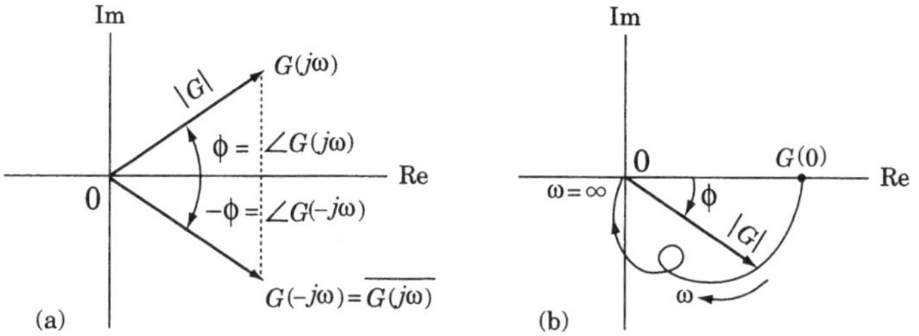

図 5-2　周波数伝達関数のゲインと位相

となり，最終的に次式のように整理される．ここで，$\angle G(j\omega)$ は $G(j\omega)$ の位相 ϕ を表す記号である．

$$
\frac{y_{ss}(t)}{r_0} = \left| G(j\omega) \right| \sin\left(\omega t + \angle G(j\omega)\right) \qquad (5\text{-}13)
$$

(3)　(2)　(1)　(4)

(5-13)式からわかることは，線形システムに正弦波入力信号を投入すると，定常状態においては，その出力信号もやはり(1)同一周波数の(2)正弦波となることである（システム内の信号も）．そして，入力信号と異なる点は**(3)振幅と(4)位相角であり，しかもそれらは周波数に依存している**点である．

そこで，0 ～ ∞ の範囲の入力周波数 ω について振幅比（周波応答解析ではこれをゲインと呼ぶ）と位相の両特性の変化を調べることを周波数応答解析という．

ゲイン特性………$|G(j\omega)|$

位相特性………… $\angle G(j\omega)$

このとき，(5-13)式に現れた $G(j\omega)$ を**周波数伝達関数**(sinusoidal steady-state/frequency transfer function)といい，理論的には**システム伝達関数** $G(s)$ において **$s = j\omega$ とおくことで容易に求められる**ことを示している．

5-3 ベクトル軌跡(極プロット)

周波数応答の記述には，(1) 複素ベクトルの先端の軌跡を極プロットする**ベクトル軌跡**(vector locus)**法**，(2) ゲイン情報と位相情報を分離して描く**ボード線図法**，(3) ベクトル軌跡を閉ループシステムの安定判別に利用する**ナイキスト線図法**，(4) 閉ループシステムの設計に使用されるニコルス線図法，ホール線図法などの**ゲイン－位相線図法**がある．((3) と (4) は 8 章にて述べる)

前節において，システムの周波数伝達関数 $G(j\omega)$ は伝達関数 $G(s)$ の独立変数を $s=j\omega$ とおくことで簡単に得ることができることを知った．

$$G(j\omega) = \bigl[G(s)\bigr]_{s=j\omega} = R(j\omega) + jX(j\omega) \tag{5-14a}$$

ここに，R は実部，X は虚部を表す記号である．

$$R(j\omega) = \mathrm{Re}[G(j\omega)], \quad X(j\omega) = \mathrm{Im}[G(j\omega)] \tag{5-14b}$$

また，この周波数伝達関数は**ゲイン**(gain) $|G(j\omega)|$ と**位相** (phase) $\phi(j\omega)$ を用いた**極表示** (polar plot)としても表すことができる．

$$G(j\omega) = |G(j\omega)|e^{j\phi(j\omega)} = |G(\omega)|\angle\phi(\omega) \tag{5-15a}$$

$$|G(\omega)| = \bigl\{R^2(\omega) + X^2(\omega)\bigr\}^{1/2} \tag{5-15b}$$

$$\phi(\omega) = \angle G(j\omega) = \tan^{-1}\bigl\{X(\omega)/R(\omega)\bigr\} \tag{5-15c}$$

ベクトル軌跡のプロットには (5-14), (5-15)式のいずれを用いてもよいが，その解釈に際しては，図5-3に示すように**ゲインと位相の情報**として**理解する**ことが重要である．なお，(5-15a)式の $\angle\phi(\omega)$ は $e^{j\phi(j\omega)}$ の省略記号である．

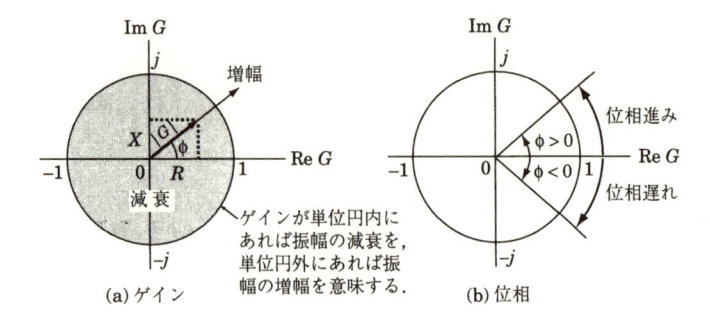

図 5-3 ベクトル軌跡におけるゲインと位相の読み方

5-3 ベクトル軌跡（極プロット）

例題 5-1 次のRCフィルターの周波数伝達関数のベクトル軌跡を考える．

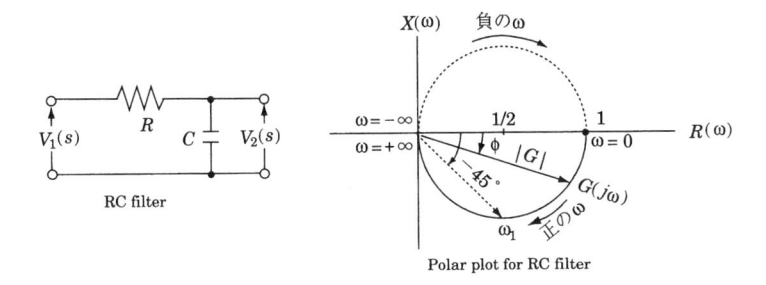

(a) RCフィルター　　　　　　(b) RCフィルターの極プロット

図 5-4　RCフィルターとそのベクトル軌跡

このフィルターの伝達関数は(2-15)式で既に求められており

$$G(s) = \frac{V_2(s)}{V_1(s)} = \frac{1}{RCs+1} \tag{5-16}$$

である．その周波数（正弦波定常）伝達関数は $s = j\omega$ とおいて

$$G(j\omega) = \frac{1}{j\omega(RC)+1} = \frac{1}{j(\omega/\omega_1)+1} \tag{5-17}$$

となる．ここで $\omega_1 = 1/RC$ とおいた．(5-17)式を実部と虚部にわけると

$$G(j\omega) = R(\omega) + jX(\omega) = \frac{1}{1+(\omega/\omega_1)^2} - j\frac{\omega/\omega_1}{1+(\omega/\omega_1)^2} \tag{5-18}$$

$R(\omega)$ と $X(\omega)$ の式から ω を消去すると

$$\left\{R(\omega) - \frac{1}{2}\right\}^2 + X^2(\omega) = \left(\frac{1}{2}\right)^2 \tag{5-19}$$

となり，ベクトル軌跡は図5-4(b)に示すように，(1/2, 0)に中心のある円となる．同図から次の極形式のゲイン $|G(\omega)|$，位相角 $\phi(j\omega)$ を読み取るのは容易である．また，極プロットを直接求めるには，(5-17)式あるいは(5-18)式から

$$|G(\omega)| = \frac{1}{\sqrt{1+(\omega/\omega_1)^2}} \tag{5-20a}$$

$$\phi(\omega) = \angle G(\omega) = -\tan^{-1}(\omega/\omega_1) \tag{5-20b}$$

で求める．図5-4において，位相差は $\omega = 0 \sim \infty$ の全周波数に渡って常に負であ

る．すなわち，出力信号の位相が入力信号の位相に対して常に遅れている．この意味で(5-16)式の伝達関数で表されるシステムは**1次遅れ要素**(first-order time lag)と呼ばれる．特に $\omega = \omega_1 = 1/RC$ のとき，実部と虚部の値は等しくなり，そのときの位相角は $\phi(\omega) = -45°$ である．

例題 5-2 むだ時間要素の極プロットを考える．

第1章で既に説明した次の伝達関数は，入力信号を純粋に T 秒だけ遅らせる効果があり，**むだ時間要素**(pure time delay)と呼ばれる．

$$G(s) = e^{-Ts} \tag{5-21}$$

例えば，ディジタル計算機をコントローラとして導入するディジタル制御システムにおいては，計算に要する時間が**むだ時間**(dead time)として作用することからシステムを不安定化することがある．（1章の時間推移定理を参照）

この要素の周波数伝達関数は

$$G(j\omega) = 1 \cdot e^{-j\omega T} \tag{5-22}$$

である．ベクトル軌跡は上式から図5-5のように原点に中心がある半径1の円となる．

$$|G(j\omega)| = 1 \tag{5-23}$$

これよりゲインは周波数に無関係に常に一定であるのに対し，位相は周波数に依存して入力信号よりも常に遅れている．

$$\phi(\omega) = \angle G(j\omega) = -\omega T \tag{5-24}$$

それでこの要素のことをむだ時間要素というわけである．

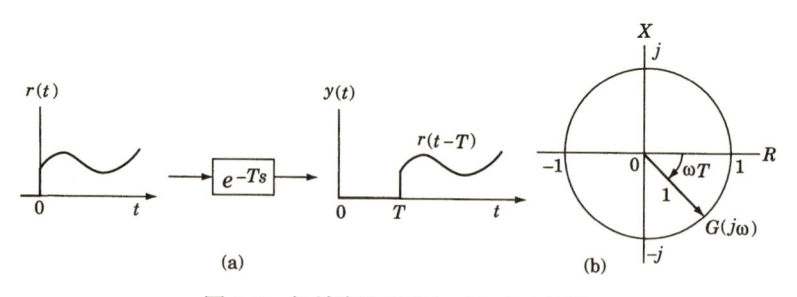

図5-5 むだ時間要素とベクトル軌跡

例題 5-3 2次遅れ要素の極プロット

$$G(s) = \frac{\omega_n^2}{s^2 + 2\zeta\omega_n s + \omega_n^2} = \frac{1}{\left(\frac{s}{\omega_n}\right)^2 + 2\zeta\left(\frac{s}{\omega_n}\right) + 1} \quad (5\text{-}25)$$

上式を $u = \omega/\omega_n$ で正規化した周波数伝達関数は

$$G(j\omega) = \frac{1}{-\left(\frac{\omega}{\omega_n}\right)^2 + j2\zeta\left(\frac{\omega}{\omega_n}\right) + 1} = \frac{1}{1 - u^2 + j2\zeta u} \quad (5\text{-}26)$$

これよりゲインと位相差は次式で与えられる.

$$|G(j\omega)| = \frac{1}{\sqrt{(1-u^2)^2 + (2\zeta u)^2}} \quad (5\text{-}27a)$$

$$\angle G(j\omega) = -\tan^{-1}\left(\frac{2\zeta u}{1 - u^2}\right) \quad (5\text{-}27b)$$

図5-6は,これを各 u 値についてプロットしたものである. $\zeta < 0.707$ ではゲイン $|G(j\omega)|$ は半径1の円より大きくなる周波数帯域があり,共振点が存在する.また, $\zeta > 0.707$ ではゲイン1の円より常に小さい(共振点が存在しない).いずれにしても,位相は常に入力信号よりも遅れているので**2次遅れ要**

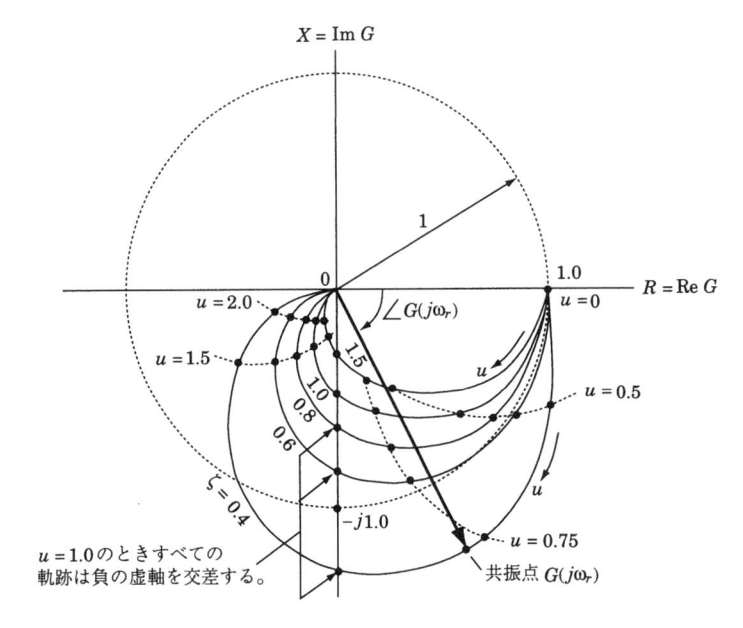

図 5-6 2次遅れ要素の極プロット

素と呼ばれる．また，高周波ではゲインは0に近づいている．

極プロットの欠点は，システムに新たに極あるいは零点が追加されたとき，再度計算し直さなければならないことである．また，個々の極あるいは零点の影響が明確に表示されないことも欠点である．さらに，広範囲の周波数について ω の値を軌跡上に詳細に記入することも困難である．次節のボード線図法ではそれらを明確に表示することが可能である．

5-4 ボード線図 (Bode diagram)

ボード線図（ボーディプロット）と称する対数線図表現がよく使用される．対数線図のことをボード線図と呼ぶ理由は，フィードバック増幅器の研究でこの手法を駆使した H. W. Bode を記念するためである．ボード線図は片対数方眼紙の横軸に周波数 ω を取り，縦軸に対数ゲイン $|G(j\omega)|$ を描いた**ゲイン曲線**（ゲイン特性）と，同じ ω に対して縦軸に位相 $f(j\omega)$ を描いた**位相曲線**（位相特性）の2つからなる．

周波数伝達関数のゲインは

$$|G(j\omega)| = \sqrt{R^2(j\omega) + X^2(j\omega)} \tag{5-28}$$

であるが，通常は対数ゲイン(logarithmic gain)と呼ばれる次の常用対数で

$$\text{対数ゲイン} = 20 \log_{10} |G(j\omega)| \quad (\text{dB}) \tag{5-29}$$

と表される．ここで，dB はデシベル(decibel)という単位を表す．

~~~~~~~~~~~~~ メモ ~~~~~~~~~~~~~~~~~

デシベルのベルとは電力 P_2 と P_1 の対数比を表す単位のことである．それを10倍した $10 \log(P_2/P_1)$ の単位をデシベルという．また，電力を電圧や電流で表すと $P = V^2/R = I^2 R$ であるから

$$10 \log(P_2/P_1) = 10 \log(V_2^2/V_1^2) = 20 \log(V_2/V_1) = 20 \log(I_2/I_1)$$

となって電力の対数比を電圧や電流で表すと20倍がつくことになった．

~~~~~~~~~~~~~~~~~~~~~~~~~~~~~~~~~

対数プロットの主な利点は，伝達関数内の要素の直列結合が，対数をとることによって各要素の代数和に変換されることにある．これを次の一般化した伝達関数で考える．

$$G(j\omega) = \frac{N_1(j\omega)N_2(j\omega)\cdots N_m(j\omega)}{D_1(j\omega)D_2(j\omega)\cdots D_n(j\omega)}$$

$$= \frac{|N_1(j\omega)|e^{j\angle N_1(j\omega)}\cdots|N_m(j\omega)|e^{j\angle N_m(j\omega)}}{|D_1(j\omega)|e^{j\angle D_1(j\omega)}\cdots|D_n(j\omega)|e^{j\angle D_n(j\omega)}} \quad (5\text{-}30)$$

このような関数のベクトル軌跡を求めることはたいへんな計算量となるが, $G(j\omega)$ の対数ゲインをとると代数和になる.

$$\begin{aligned}20\log|G(j\omega)| = &\ 20\log|N_1(j\omega)| + 20\log|N_2(j\omega)|\cdots + 20\log|N_m(j\omega)|\\ &- 20\log|D_1(j\omega)| - 20\log|D_2(j\omega)|\cdots - 20\log|D_n(j\omega)|\end{aligned}$$
$$(5\text{-}31)$$

さらに, 位相角 $\phi(\omega)$ も各要素の位相の代数和となる.

$$\begin{aligned}\phi(\omega) = \angle G(j\omega) = &\ \angle N_1(j\omega) + \angle N_2(j\omega)\cdots + \angle N_m(j\omega)\\ &- \angle D_1(j\omega) - \angle D_2(j\omega)\cdots - \angle D_n(j\omega)\end{aligned}$$
$$(5\text{-}32)$$

以上から, $G(j\omega)$ の対数ゲインと位相の曲線を求めるには, 各要素 $N_i(j\omega)$, $D_j(j\omega)$, $(i=1,\cdots,m, j=1,\cdots,n)$ の対数ゲインと位相曲線を事前に求めておき, それらの代数和として計算すればよいことがわかる. 伝達関数に現れる基本要素としては次の5種類がある.

(1) 一定ゲイン: K
(2) 積分要素: $1/s$, 微分要素: s
(3) 1次遅れ要素: $1/(Ts+1)$, 進み要素: $Ts+1$
(4) 2次遅れ要素: $\omega_n^2/(s^2+2\zeta\omega_n s+\omega_n^2)$
　　2次進み要素: $(s^2+2\zeta\omega_n s+\omega_n^2)/\omega_n^2$
(5) むだ時間要素: e^{-Ts}

以下, これら各要素に対する典型的なゲインと位相の両曲線を求める. その際, 後に述べる**折点周波数**や**固有周波数**といった特定の周波数に関する折線近似を用いると, ゲイン曲線や位相曲線の合成がより簡単なものとなることを知る.

(1) 一定ゲイン (constant gain) K

一定ゲインの対数ゲインと位相角は

$$20\log K = \text{const.}\,(\text{dB}),\quad \phi(\omega) = \angle K = 0\,(\text{deg}) \quad (5\text{-}33)$$

である. ゲイン曲線はボード線図上で, $K>1$ (**増幅**) なら正, $K<1$ (**減衰**)

なら負の水平線となる．$K=1$ は対数ゲインでは 0 dB になることに注意する．

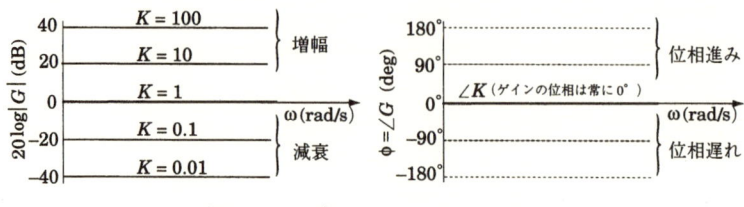

図 5-7　一定ゲインのボード線図

(2) 原点上の極または零点 (poles/zeros at the origin)

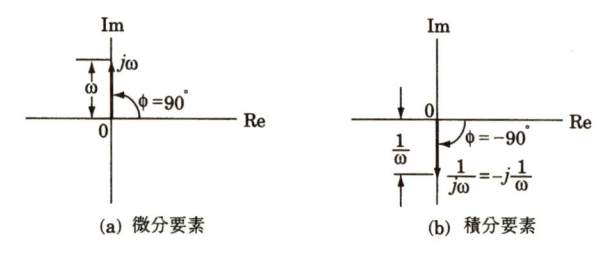

図 5-8　微分要素と積分要素のベクトル軌跡

積分要素

$G(s) = 1/s$ の位相角は図5-8のベクトル軌跡より，周波数 ω の値に無関係に入力信号よりも常に 90°遅れている．

$$\phi(\omega) = \angle \frac{1}{j\omega} = -90(\text{deg}) \tag{5-34}$$

また，対数ゲインは

$$20 \log \left| \frac{1}{j\omega} \right| = -20 \log \omega (\text{dB}) \tag{5-35}$$

であるから，ゲイン曲線の傾斜は -20 dB/dec である．分母の dec はデカード (decade) を表す．1 デカードとは周波数比が 10 倍となる間隔のことを意味する．

同様に原点における N 多重極 $G(s) = 1/s^N$ の場合は，対数ゲインと位相は単極の場合のそれぞれ N 倍になる．

$$20 \log \left| \frac{1}{(j\omega)^N} \right| = -20N \log \omega, \quad \phi(\omega) = -90°N \tag{5-36}$$

微分要素

原点にある N 重の零点 $G(s) = s^N$ の場合は，対数ゲインと位相角は

$$20\log\left|(j\omega)^N\right| = +20N\log\omega, \quad \phi(\omega) = +90°N \tag{5-37}$$

である．そのゲイン曲線の傾斜は $+20N$ dB/dec と右上がりの直線で位相は常に $90°N$ 進んでいる．

$(j\omega)^{\pm N}$ のゲイン曲線と位相曲線を，$N = 1, N = 2$ の場合について図5-9に示す．なお，ゲイン曲線の縦軸名からは $20\log$ は省かれているが以後同様である．

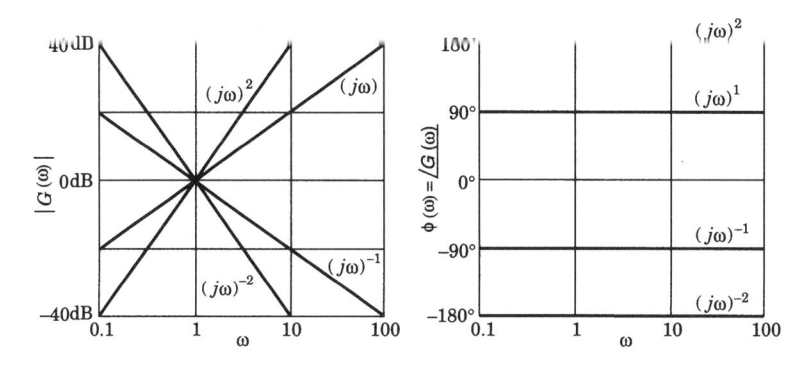

図 5-9 積分要素と微分要素 $(j\omega)^{\pm N}$ のボード線図

(3) 実軸上の極と零点 (poles/zeros on the real axis)

1次遅れ要素(first order lag element)

$$G(s) = \frac{1}{Ts + 1} \tag{5-38}$$

の周波数伝達関数は

$$G(j\omega) = \frac{1}{1 + j\omega T} \tag{5-39}$$

となる．この対数ゲインは

$$20\log\left|\frac{1}{1 + j\omega T}\right| = -10\log\left(1 + \omega^2 T^2\right) \tag{5-40}$$

である．対数ゲインは，$\omega \ll 1/T$ の低周波帯域では $10\log 1 = 0$ dB の水平な直線で近似でき，$\omega \gg 1/T$ の高周波帯域では $-20\log\omega T$ と近似できるから -20 dB/dec の傾斜をもつ直線で近似できる．この2つの漸近線の交わる点は

$$-20\log\omega T = 0\,\text{dB} \to \omega T = 1 \tag{5-41}$$

から，$\omega = 1/T$ となる．これを**折点周波数**(break frequency/corner frequency)と呼ぶ．したがって，1次遅れ要素のゲイン曲線は図5-10(a)のようになる．なお $\omega = 1/T$ における対数ゲインの真値は $-10\log 2 = -3\,\text{dB}$ である．零周波数からこの $-3\,\text{dB}$ までの周波数帯域を**帯域幅**(bandwidth) ω_B と呼び，後の2次遅れ要素で説明する ω_n, ω_r と同じく速応性の尺度となっている．

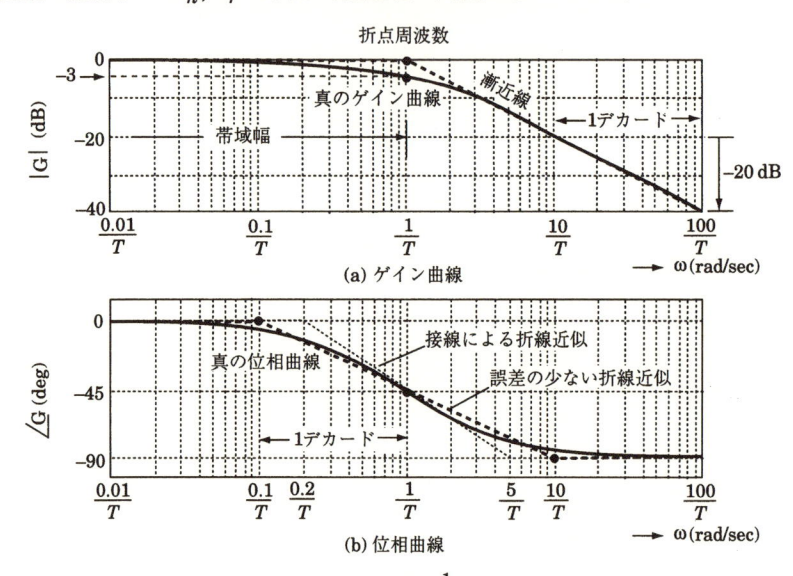

図5-10　1次遅れ要素 $(1+j\omega T)^{-1}$ のボード線図と折線近似

次に位相角は，分母因子の位相の場合には負の符号を付けて

$$\phi(\omega) = -\tan^{-1}\omega T \tag{5-42}$$

である．

位相曲線の折線近似は，図5-10(b)のように折点周波数から左右に1デカード離れた周波数値 $0.1/T$，$10/T$ でそれぞれ $0°$ と $-90°$ の線と交差している．この折線近似は真の位相曲線に対して $6°$ 以内の誤差であり，良い近似となっている．また，折点周波数 $\omega = 1/T$ では真の位相である $-45°$ を通過している．

なお別の近似として，位相曲線を折点周波数における接線で近似する場合もある．この近似法では折線は $0°$ と $-90°$ の線をそれぞれ折点周波数の1/5倍と

5倍の各周波数値で交わることになるが，近似誤差はやや大きくなる．

このように折線近似は本要素のボード線図の概略を簡単に求めるための有効な手段である．

1次進み要素 $(1+j\omega T)$

1次遅れ要素と同様に考えればよい．その結果は，ゲインの傾斜は+20 dB/dec の右上がりの曲線となり，位相角は$\phi(\omega) = +\tan^{-1}\omega T > 0$ で，常に位相進みとなる．すなわち，図5-10のゲイン曲線と位相曲線をそれぞれ 0 dB と 0° の軸に対して上下対称に描いた図となる（図5-16,18,19参照）．

(4) 複素共役極と零点 (complex conjugate poles/zeros)

2次遅れ要素

$$G(s) = \frac{\omega_n^2}{s^2 + 2\zeta\omega_n s + \omega_n^2} = \frac{1}{\left(\frac{s}{\omega_n}\right)^2 + 2\zeta\left(\frac{s}{\omega_n}\right) + 1} \quad (5\text{-}43)$$

の周波数伝達関数は(5-26)式と同様に $u = \omega/\omega_n$ と周波数を正規化すると次のように表される．

$$G(j\omega) = \frac{1}{-\left(\frac{\omega}{\omega_n}\right)^2 + j2\zeta\left(\frac{\omega}{\omega_n}\right) + 1} = \frac{1}{1 - u^2 + j2\zeta u} \quad (5\text{-}44)$$

この要素のゲインは

$$|G(\omega)| = [(1-u^2)^2 + 4\zeta^2 u^2]^{-1/2} \quad (5\text{-}45)$$

で，その対数ゲインは

$$20\log|G(\omega)| = -10\log[(1-u^2)^2 + 4\zeta^2 u^2] \quad (5\text{-}46)$$

で与えられる．また位相角は

$$\phi(\omega) = -\tan^{-1}\left(\frac{2\zeta u}{1-u^2}\right) \quad (5\text{-}47)$$

である．

(5-46)式についてその漸近線を求めると，$u \ll 1$ の低周波域では，対数ゲインは

$$20\log|G(\omega)| \approx -10\log 1 = 0\text{ dB} \quad (5\text{-}48)$$

となるから 0 dB の直線に漸近している．また，$u \gg 1$ の高周波域では

$$20\log|G(\omega)| \approx -10\log u^4 = -40\log u \text{ dB} \quad (5\text{-}49)$$

となるから，この曲線の傾斜は -40 dB/dec の直線に漸近している．なお，この漸近線は $u = \omega/\omega_n = 1$ （固有周波数）では 0 dB の線を横切っているが，真

のゲイン曲線は ζ の値に大きく依存している．特に $\zeta < 0.707$ のときは，図5-11(a)に示すように漸近線からは大きく離れている．

一方，位相角は $u \ll 1$ のときは $0°$ に漸近しているが，$u \gg 1$ では $-180°$ に接近している．$u = 1$ ではすべての位相曲線は $-90°$ を通過しているが，もはや一本の漸近線で近似することは不可能である．

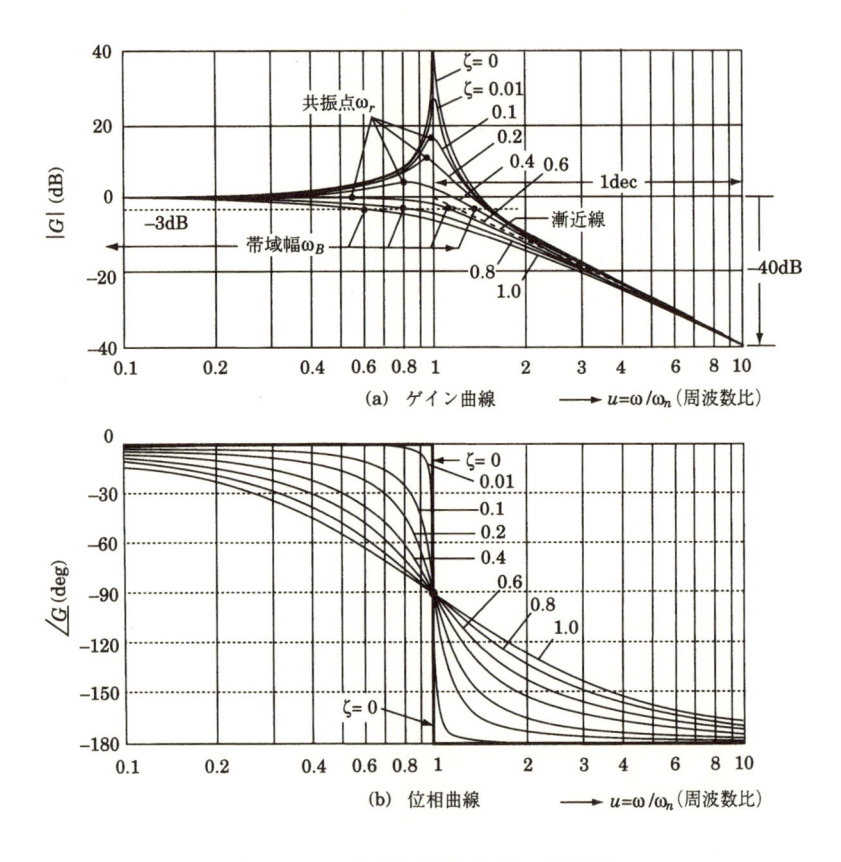

図 5-11 2次遅れ要素のボード線図

ゲイン $|G(\omega)|$ が最大値 M_{pw} に達するときの周波数を**共振周波数**(resonant frequency) ω_r と呼ぶが，これは固有周波数 ω_n とは異なることに注意すべきである．すなわち $\omega_r \neq \omega_n$ である．共振周波数は，(5-46)式の対数ゲインを正規

化周波数（周波数比）u について微分して 0 とおけば求めることができ

$$\frac{d}{du}\left[\left(1-u^2\right)^2 + 4\zeta^2 u^2\right]_{u=u_r} = 4u_r\left(u_r^2 - 1 + 2\zeta^2\right) = 0 \qquad (5\text{-}50)$$

より

$$u_r = \sqrt{1-2\zeta^2} \quad \text{あるいは} \quad \omega_r = \sqrt{1-2\zeta^2}\,\omega_n, \quad \zeta < 0.707 \qquad (5\text{-}51)$$

と与えられる．ここで，(5-51)式あるいは図5-11(a)より，減衰係数(比) ζ が 0 に近づけば共振周波数 ω_r は固有周波数 ω_n に近づくことが理解できよう．また，(5-50)式より $\zeta > 0.707$ では共振点が存在しないことにも注意が必要である．

ゲイン $|G(\omega)|$ の最大値を**共振ゲイン値**あるいは単に共振値と呼び，共振周波数 $\omega_r = \sqrt{1-2\zeta^2}\,\omega_n$ を(5-45)式に代入することで得られる．

$$M_{p\omega} = |G(\omega_r)| = 1/\left(2\zeta\sqrt{1-\zeta^2}\right), \quad \zeta < 0.707 \qquad (5\text{-}52)$$

特に $\zeta = 0.707$ では，対数ゲインは $-3\,\text{dB}$ （**帯域幅**）を通過する．周波数応答の共振ゲイン値 M_{pw} と共振周波数 ω_r を減衰比 ζ の関数として図5-12に示す．図5-12の曲線は，実験的に求めた周波数応答からシステムの減衰比 ζ を推定するのに有効である．ただし複数組の極が存在するときは，1組の代表極に対して他の極が大きく左方に離れている必要がある．また，分子に零点があっても適用できないことに注意しなければならない．

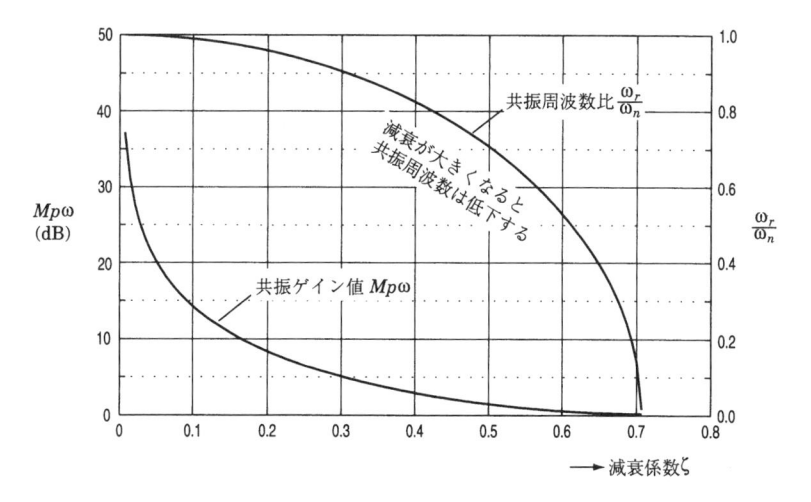

図 5-12　2次遅れ要素の ζ に対する共振ゲイン値 M_{pw} と共振周波数 ω_r

なお，2次遅れ要素の共振周波数 ω_r は固有振動数 ω_n に一致しないと述べたが，

$$G(s) = \frac{s}{s^2 + 2\zeta\omega_n s + \omega_n^2} \tag{5-53}$$

と分子に微分要素 s がある場合は

$$|G(j\omega)| = \frac{1}{\sqrt{\left(\frac{\omega_n^2}{\omega} - \omega\right)^2 + (2\zeta\omega_n)^2}} \tag{5-54}$$

より，共振周波数は ζ の値にかかわらず $\omega_r = \omega_n$ となることに注意する．このような例としては，例題2-3のRLC直列回路の入力電圧と電流に関する伝達関数がある．

$$\frac{I(s)}{V(s)} = \frac{I(s)}{\left(Ls + \frac{1}{Cs} + R\right)I(s)} = \frac{\frac{1}{L}s}{s^2 + \frac{R}{L}s + \frac{1}{LC}} \tag{5-55}$$

このときの共振周波数はよく知られているように $\omega_r = \omega_n = 1/\sqrt{LC}$ である．

5-5 周波数応答の複素ベクトル的解釈

周波数応答曲線は，s 平面上の各極と零点から，虚軸に沿って移動する複素周波数 $(s=j\omega)$ に向かう複素ベクトルの長さとその角度を求めることでも得られる．例えば，次の2次遅れ要素を考える．

$$G(s) = \frac{\omega_n^2}{s^2 + 2\zeta\omega_n s + \omega_n^2} = \frac{\omega_n^2}{(s-p_1)(s-\bar{p}_1)} \tag{5-56}$$

ただし，p_1 と $\bar{p}_1$ は複素共役極である．これより周波数伝達関数は

$$G(j\omega) = \frac{\omega_n^2}{(j\omega - p_1)(j\omega - \bar{p}_1)} \tag{5-57}$$

となるから，$G(j\omega)$ のゲインは

$$|G(j\omega)| = \frac{\omega_n^2}{|j\omega - p_1||j\omega - \bar{p}_1|} \tag{5-58}$$

と表される．このときの $|j\omega - p_1|$ と $|j\omega - \bar{p}_1|$ は，図5-13 (a, b, c) に示すように各共役極 $p_1, \bar{p}_1$ から虚軸上の $j\omega$ に至る複素ベクトルの長さになっている．
また，位相は

$$\phi(\omega) = -\angle(j\omega - p_1) - \angle(j\omega - \bar{p}_1) \tag{5-59}$$

で，これらのベクトルの位相からなっている．図5-13 (a), (b), (c)に，ある3周波数

$$\omega = 0, \quad \omega = \omega_r, \quad \omega = \omega_d \tag{5-60}$$

に対応するベクトルを示す．

このようにして，その他の多くの周波数に対応するベクトルから求めたゲインと位相をプロットすれば，図5-13(d)に示すようにボード線図を得ることができる．

今日ではボード線図は計算機を使用すれば容易に求めることができるが，ここに述べた考え方は周波数応答の理論的考察に大いに役立っている．

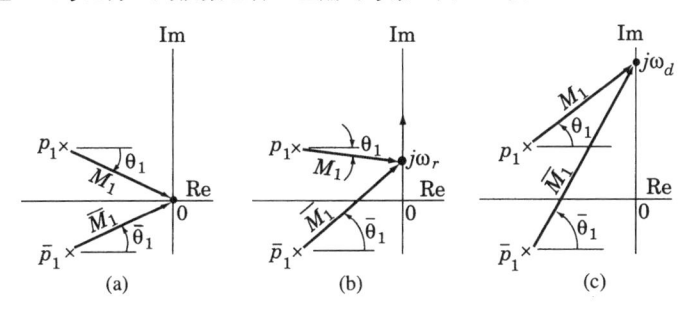

図 5-13(a),(b),(c)　周波数応答の複素ベクトル的解釈

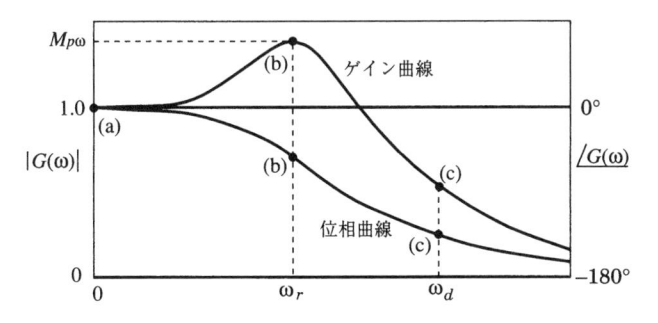

図 5-13(d)　図 5-11(a),(b),(c)より求めたボード線図

ボード線図の読み方

次の図5-14は図5-13のゲイン曲線を立体的に描いたものであり，ω_1 の低周波数ではゲインの値は小さく，入力信号はゲインの値だけ増幅されて出力に現れる．共振周波数 ω_r ではゲイン曲線値はピークに達し，出力信号の振幅は最大に

振れている．さらに高周波数の ω_d になると急激にゲイン値は小さくなり，出力信号の振幅もゲイン値に見合って小さくなる．次の航空機縦運動の伝達関数の例を具体的に見てみよう．初心者はdBの単位に不慣れであろうから，ゲイン曲線の左右に対数ゲインと線形ゲインの両方を示しておく．

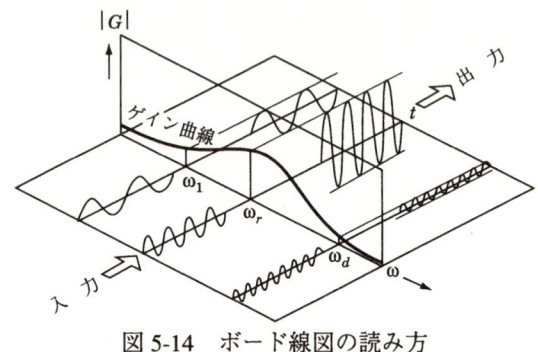

図 5-14 ボード線図の読み方

例題 5-4 航空機縦運動のボード線図を考える．

次式はある航空機縦運動の伝達関数である．分母は長周期モードと短周期モードの2モードからなる．

$$\frac{\theta(s)}{\delta_e(s)} = \frac{-1.31(s+0.016)(s+0.3)}{(s^2+0.00466s+0.0053)(s^2+0.806s+1.311)} \quad (5\text{-}61)$$

これを次の形に表すと，ボード線図を求めるのに便利である．

$$\frac{\theta(j\omega)}{\delta_e(j\omega)} = \frac{-0.905\left(\dfrac{j\omega}{0.016}+1\right)\left(\dfrac{j\omega}{0.3}+1\right)}{\left\{\left(\dfrac{j\omega}{0.073}\right)^2+2\times 0.032\left(\dfrac{j\omega}{0.073}\right)+1\right\}\left\{\left(\dfrac{j\omega}{1.145}\right)^2+2\times 0.352\left(\dfrac{j\omega}{1.145}\right)+1\right\}}$$
(5-62)

この周波数伝達関数は1つの定ゲイン，2つの1次進み要素，2つの2次遅れ要素から成っている．ボード線図上で長周期モードの固有周波数 $\omega_{np}=\sqrt{0.0053}$ と短周期モードの固有周波数 $\omega_{ns}=\sqrt{1.311}$ の付近で周波数ゲインのピークが見られる．低周波域では $|\theta(s)/\delta_e(s)|\approx 0.905$ となるので 0 dB の少し下方の水平線に漸近していると同時に，定ゲインの位相は0°であるから0°に近接している．また高周波域では分子は s^2，分母は s^4 に近似されるので $\theta(s)/\delta_e(s)\approx -1.31/s^2$ と近似される．これは2個の積分要素に近似されているから，ゲイ

ン曲線は $-40\mathrm{dB/dec}$ の直線に漸近し，位相は $-180°$ に接近している．なお，ここでは伝達関数分子の負符号は無視して位相特性には含めていない．

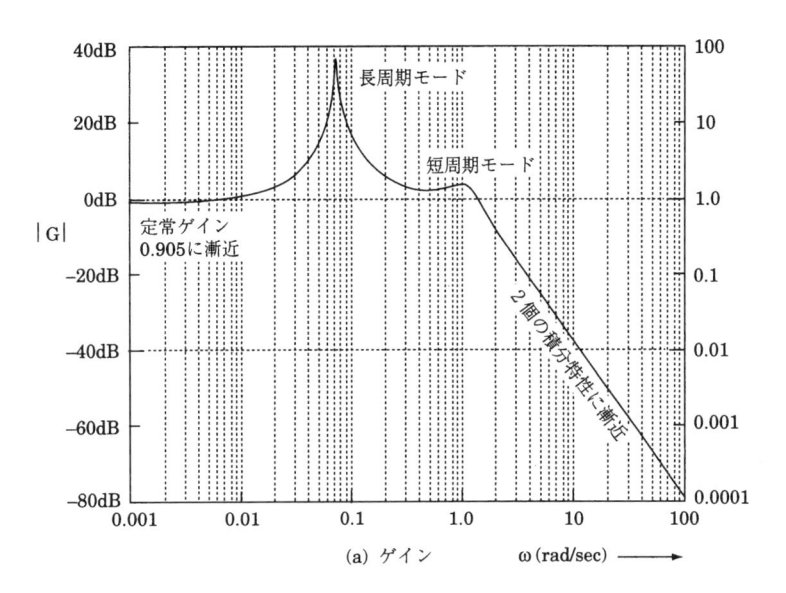

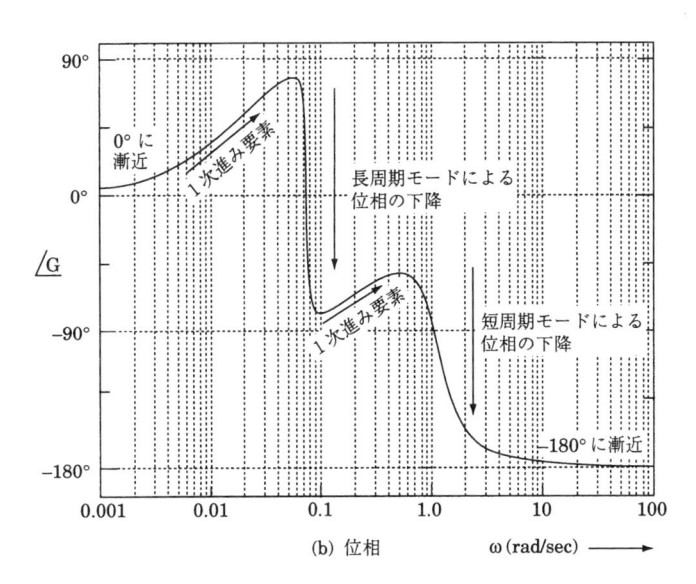

(a) ゲイン

(b) 位相

図 5-15 航空機縦運動のボード線図

5-6 ボード線図の作図例

既に述べたように数個の極と零点をもつ伝達関数のボード線図は，基本要素の各プロットを加え合わせることで求められる．この方法が容易であることを示すため，前節で考えた基本要素をもつ伝達関数について考えてみよう．

例題 5-5 次の伝達関数のボード線図を求める．

$$G(s) = \frac{50 \times 20^2 (s+0.2)}{s(s^2 + 2 \times 0.3 \times 20s + 20^2)} \tag{5-63}$$

各因子の s の最低次の係数が 1 になるように整理し，周波数伝達関数を求めると

$$G(j\omega) = \frac{10(j\omega/0.2 + 1)}{j\omega\{(j\omega/20)^2 + 2 \times 0.3 \times (j\omega/20) + 1\}} \tag{5-64}$$

各因子（要素）を折点周波数や固有周波数の発生順に並べると，次の通りである．

(1) 一定ゲイン（定常ゲイン） $K = 10$
(2) 折点周波数が $\omega = 0.2$ の 1 次進み要素
(3) 周波数 $\omega = 1$ を切る積分要素
(4) 固有周波数が $\omega_n = 20$ の 2 次遅れ要素

図5-16に各要素のゲインと位相の近似曲線（あるいは折線）を示す．図5-17はこれらの近似曲線の和と真のゲイン曲線と位相曲線を描いたものである．これからわかるように，計算機による自動プロットを考える前に各要素の近似をプロットし，その合成をスケッチすることは制御システムの理論的考察にとって大変効率の良い方法である．

例題 5-6 フィードバック制御系を設計する際に，**補償器**(compensator)としてよく使用される 1 次の**補償要素**のボード線図を求める．

$$G(s) = K \frac{T_1 s + 1}{T_2 s + 1} \tag{5-65}$$

この伝達関数は $T_2 < T_1$ のときは位相進み要素として，$T_2 > T_1$ のときは位相遅れ要素として作用する．

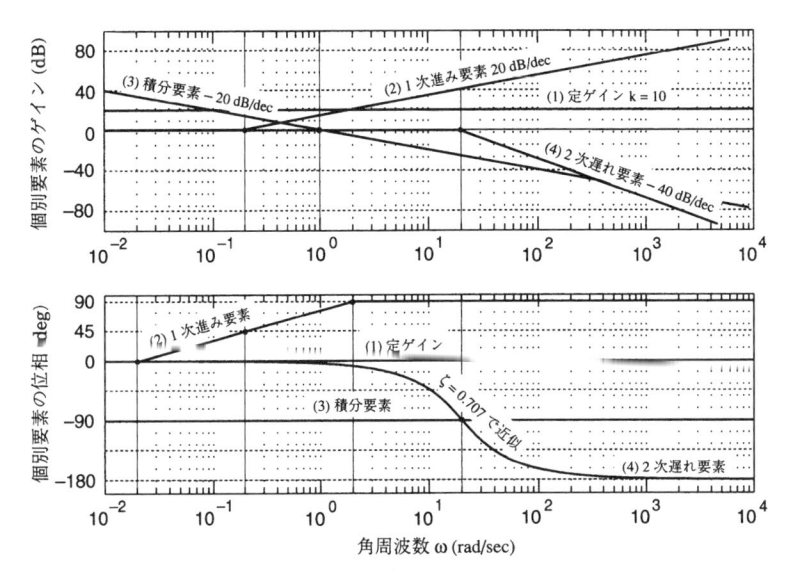

図 5-16　ゲインと位相の近似

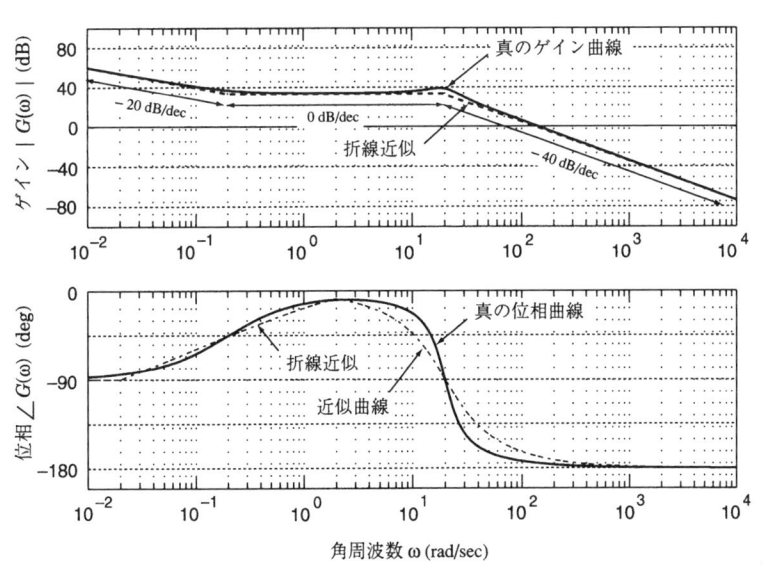

図 5-17　近似曲線の合成結果と真のゲインと位相曲線

(a) 位相進み要素 ($T_2 < T_1$)

次の回路のボード線図を求める．伝達関数は次のように与えられる．

$$G(s) = \frac{E_2(s)}{E_1(s)} = K\frac{T_1 s + 1}{(T_2 s + 1)} \tag{5-66}$$

ただし K, T_1, T_2 は次の通りである．

$$K = \frac{R_2}{R_1 + R_2},\ T_1 = R_1 C,\ T_2 = \frac{R_1 R_2}{R_1 + R_2} C \tag{5-67}$$

(a) 位相進み回路

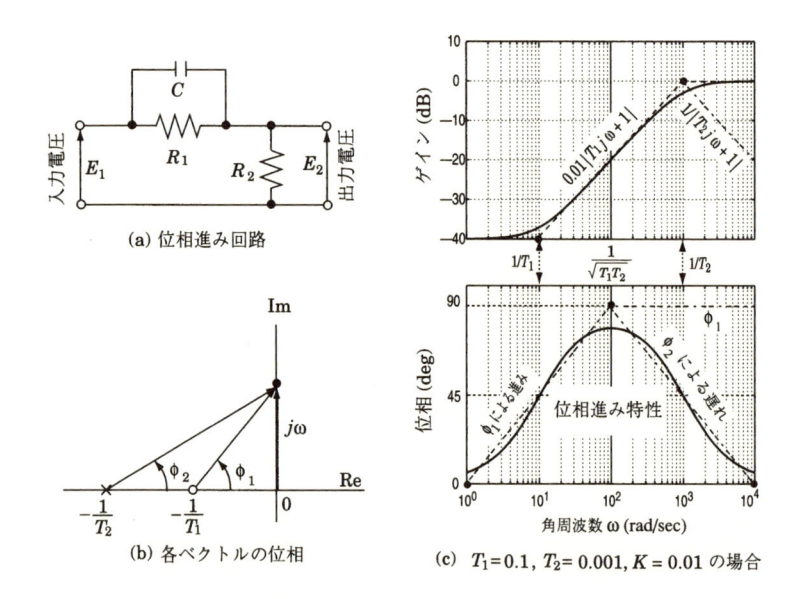

(b) 各ベクトルの位相

(c) $T_1 = 0.1$, $T_2 = 0.001$, $K = 0.01$ の場合

図 5-18　位相進み補償要素とそのボード線図

この伝達関数は，定常ゲイン，1次遅れ要素，1次進み要素の積からなる．その周波数伝達関数は

$$G(j\omega) = K \cdot \frac{1}{j\omega T_2 + 1} \cdot (j\omega T_1 + 1) \tag{5-68}$$

であり，1次進み要素と1次遅れ要素の折点周波数はそれぞれ $1/T_1$ と $1/T_2$ である．これより対数ゲインは位相は次の通りである．

$$20\log|G(j\omega)| = 20\log K - 10\log\{(\omega T_2)^2 + 1\} + 10\log\{(\omega T_1)^2 + 1\} \quad (5\text{-}69)$$

$$\begin{aligned}\angle G(j\omega) &= \angle K + \angle(1 + jT_1\omega) - \angle(1 + jT_2\omega) \\ &= 0° + \angle(1/T_1 + j\omega) - \angle(1/T_2 + j\omega) \\ &= 0° + \phi_1 - \phi_2\end{aligned} \quad (5\text{-}70)$$

図5-18(c)にボード線図を示す．この位相曲線から，ある周波数域において出力信号の位相が入力信号に対して常に進んでいることがわかる．そこで，図5-18(a)の回路は**位相進み回路**(phase-lead network)と呼ばれ，微分作用をもつ**補償器**として使用されている．

(b) 位相遅れ要素 ($T_2 > T_1$)

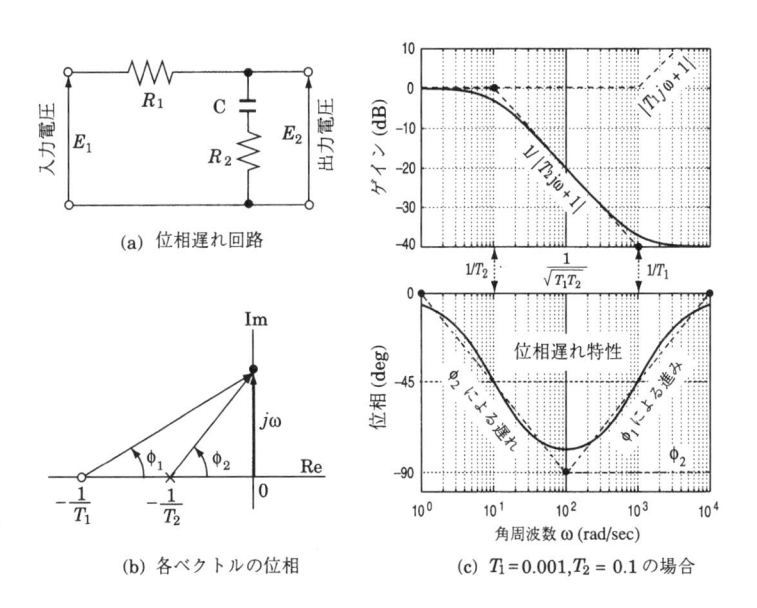

図 5-19　位相遅れ補償要素とそのボード線図

次の直列回路のボード線図を求める．この回路の伝達関数は

$$G(s) = \frac{E_2(s)}{E_1(s)} = \frac{T_1 s + 1}{T_2 s + 1} \quad (5\text{-}71)$$

で与えられる．ただし，$T_1 = R_2 C$，$T_2 = (R_1 + R_2)C$とおいている．これは1次遅れ要素と1次進み要素からなり，その周波数伝達関数は

で，折点周波数は1次遅れ要素が$1/T_2$，1次進み要素が$1/T_1$である．
対数ゲインと位相は

$$G(j\omega) = \frac{1}{j\omega T_2 + 1} \cdot (j\omega T_1 + 1) \tag{5-72}$$

$$20 \log |G(j\omega)| = 10 \log\{1+(\omega T_1)^2\} - 10 \log\{1+(\omega T_2)^2\} \tag{5-73}$$

$$\begin{aligned}\angle G(j\omega) &= \angle(1+j\omega T_1) - \angle(1+j\omega T_2) \\ &= \angle(1/T_1 + j\omega) - \angle(1/T_2 + j\omega) \\ &= \phi_1 - \phi_2\end{aligned} \tag{5-74}$$

である．図5-19(c)にそのボード線図を示す．この位相曲線から，入力信号に対して出力信号は常に位相が遅れていることがわかる．そこで図5-19(a)の回路は**位相遅れ回路**(phase-lag network)と呼ばれ，**積分作用をもつ補償器**として使用されている．

5-7 非最小位相（推移）系

$G(s)$の極と零点は，これまでの例では共に左半面に存在する場合に限っていた．しかし，システムによっては右半面に零点をもっていて，かつ安定（極は左半面）なものもある．右半面に零点のある伝達関数は**非最小位相（推移）伝達関数**と呼ばれる．

例えば，ある2つの伝達関数$G_1(s), G_2(s)$が同じ極配置を有し，零点のみが虚軸を境にして鏡像の位置にあるとき，両伝達関数のゲイン特性は同一になり，位相特性のみが異なることになる．このとき，ゼロから無限大にいたる周波数領域における位相の移動は，すべての零点が左半面上にあるシステムのほうが右半面に零点がある場合より小さい．そこで，左半面上にのみすべての零点をもつ伝達関数$G_1(s)$を**最小位相（推移）伝達関数**といい，そのようなシステムを**最小位相系**という（4-5節参照）．一方，$|G_2(j\omega)| = |G_1(j\omega)|$で，$G_2(s)$の零点が$G_1(s)$のいくつかの零点を$j\omega$軸に対して右半面に鏡像した位置にあるとき，$G_2(s)$を**非最小位相伝達関数**という．すなわち，いかなる零点でも右半面へ鏡像すれば，その伝達関数は非最小位相伝達関数になり得るわけである．

5-7 非最小位相（推移）系

例題 5-7 同一の極をもつ次の3伝達関数を比較する．

$G_1(j\omega)$ のすべての零点は左半面にあるが，$G_2(j\omega)$, $G_3(j\omega)$ では1個あるいは2個の零点が右半面にある．図5-20の極・零配置に対して5-5節で学んだ周波

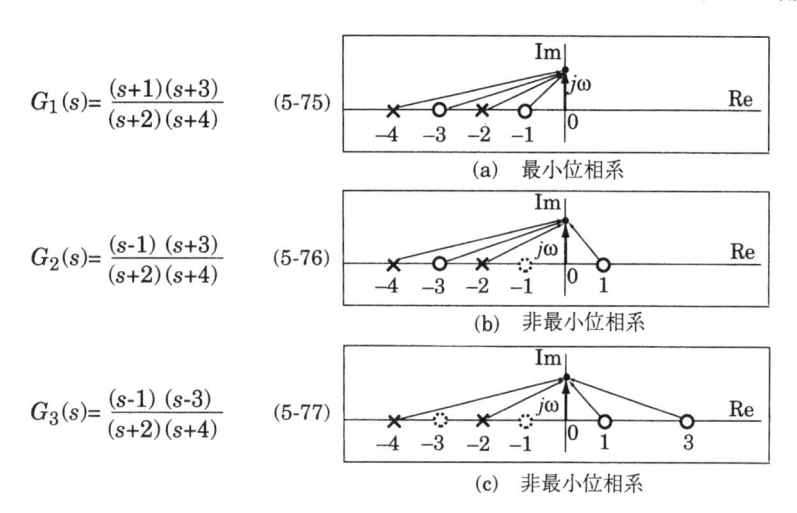

$$G_1(s) = \frac{(s+1)(s+3)}{(s+2)(s+4)} \quad (5\text{-}75)$$

(a) 最小位相系

$$G_2(s) = \frac{(s-1)(s+3)}{(s+2)(s+4)} \quad (5\text{-}76)$$

(b) 非最小位相系

$$G_3(s) = \frac{(s-1)(s-3)}{(s+2)(s+4)} \quad (5\text{-}77)$$

(c) 非最小位相系

図 5-20　最小位相系と非最小位相系の零点配置

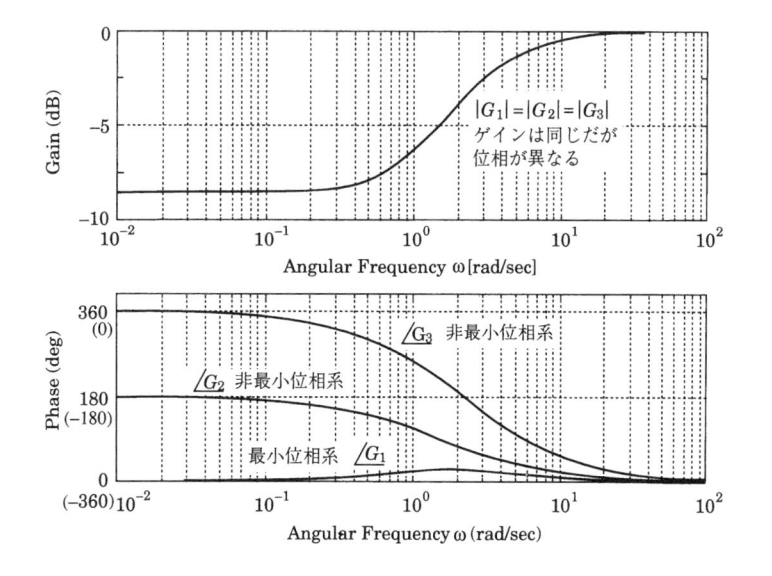

$|G_1| = |G_2| = |G_3|$
ゲインは同じだが位相が異なる

$\angle G_3$ 非最小位相系
$\angle G_2$ 非最小位相系
最小位相系 $\angle G_1$

図 5-21　$G_1(s), G_2(s), G_3(s)$ のボード線図

数応答の複素ベクトル的解釈を用いると，これらの伝達関数のゲインはすべて $|G_1(j\omega)| = |G_2(j\omega)| = |G_3(j\omega)|$ と等しくなるが，各複素ベクトルの位相変化を図から読み取ると位相はすべて異なり $G_1(j\omega)$ が最も小さいことがわかる．したがって，$G_1(j\omega)$ は最小位相（推移）伝達関数，$G_2(j\omega), G_3(j\omega)$ は非最小位相（推移）伝達関数である．

5-8 周波数領域における性能仕様

システムの過渡応答と周波数応答間の関連性，すなわち，行き過ぎ量や，立ち上がり時間といった時間領域（過渡性能）における仕様と，**共振ゲイン値**や，**帯域幅**といった周波数領域における仕様との関係を考える．

4章で2次系の行き過ぎ量，整定時間，立ち上がり時間などの性能評価基準を考えた．そのときの2次系の伝達関数は

$$G(s) = \frac{\omega_n^2}{s^2 + 2\zeta\omega_n s + \omega_n^2} \tag{5-78}$$

の標準形であり，その周波数応答と過渡応答は図5-22のようであった．

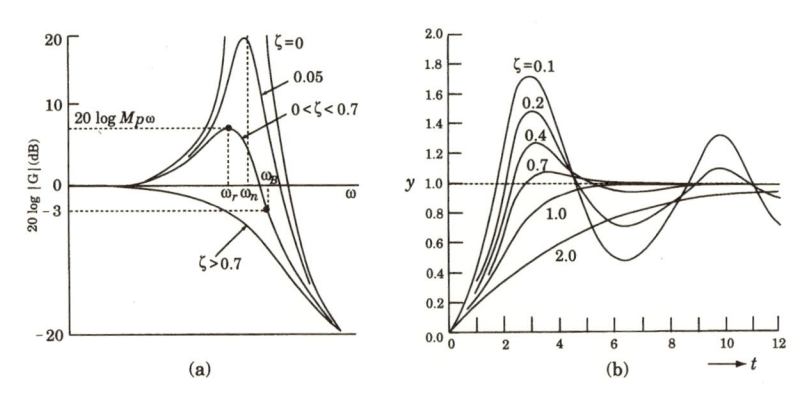

図 5-22　2次系の(a)周波数応答と(b)過渡応答

図5-22(a)の曲線は，共振ゲイン値 $M_{p\omega}$ が2次システムの減衰係数 ζ に強く依存していることを示している．同様に，図(b)はステップ応答の行き過ぎ量も減衰係数 ζ に強く依存していることを示している．したがって，共振ゲイン値

$M_{p\omega}$ の大きさが増すと，ステップ入力の行き過ぎ量も増すということができる．このように，共振ゲイン値 $M_{p\omega}$ はシステムの安定性（減衰性）を示す尺度として使用することができる．

さらに，共振周波数 ω_r, 固有角周波数 ω_n および $-3\mathrm{dB}$ 帯域幅 ω_B も過渡応答の速応性に関連づけることができる．単位ステップ入力に対する2次システムの応答を思い出すと

$$y(t) = 1 - \frac{1}{\sqrt{1-\zeta^2}} e^{-\zeta\omega_n t}\sin\left(\sqrt{1-\zeta^2}\,\omega_n t + \theta\right) \qquad (5\text{-}79)$$

であった．図5-23は，ζ が一定であっても ω_n の値が大きければ，それだけ早く過渡応答が希望定常値に近づき，立ち上がり時間が減少することを示している．また，固有周波数 ω_n が増せば帯域幅 ω_B も増加するから，帯域幅 ω_B が増すとシステムの速応性が増すということができる．帯域幅を速応性の尺度に選ぶ理由は，$\zeta > 0.7$ では共振周波数 ω_r や固有周波数 ω_n が表れないのに対し，

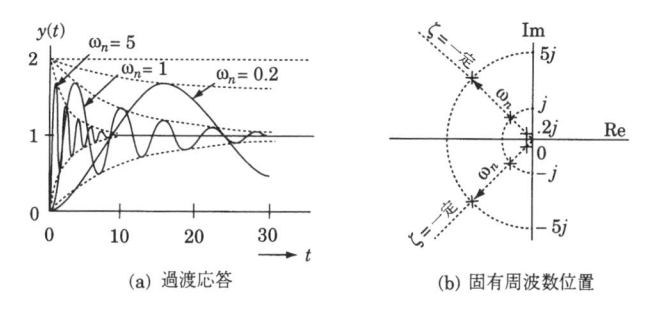

(a) 過渡応答 (b) 固有周波数位置

図 5-23　固有周波数が増すと速応性も増す．

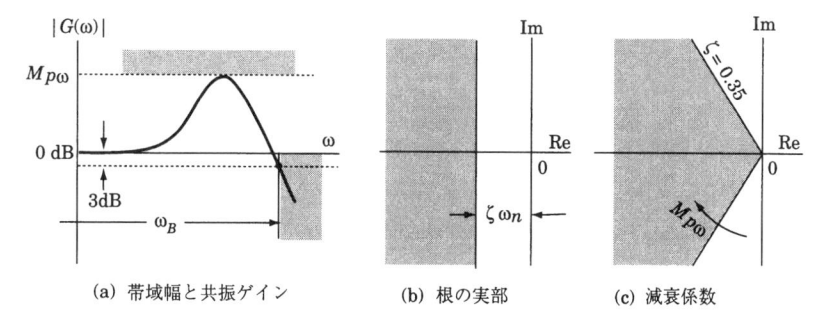

(a) 帯域幅と共振ゲイン　(b) 根の実部　(c) 減衰係数

図 5-24　帯域幅は根の実部に，共振ゲイン値は減衰係数に関連する．

−3 dB で定義される帯域幅はすべての ζ に対して適用可能だからである．そこで，望ましい周波数領域の仕様は次のようになる．

(1) 相対的に小さな共振ゲイン値，例えば $M_{p\omega} < 1.5$．
（図5-12より，$\zeta > 0.35$ に相当する）

(2) システム時定数 $T = 1/\zeta\omega_n$ が十分小さくなるような，相対的に大きな帯域幅 ω_B．

以上の議論は，システムが一対の複素極によって近似できるか否かに大きく依存している．もし，周波数応答が一対の極に大きく支配されていることが明らかならば，本節で述べた周波数応答と時間応答の関係は有効であり，そのときの複素極を**代表根／卓越根**(dominant root)という．幸いに上手に設計された制御システムの大部分はこの代表根による2次システム近似を満足することが多い．

　なお，先に述べた帯域幅の定義は対象とするシステムによっても異なる．例えば，図 5-25はオーディオアンプのゲイン曲線である．オーディオアンプの理想的な特性は 20〜20,000 (Hz) においてフラットなゲイン特性が保証されることである．

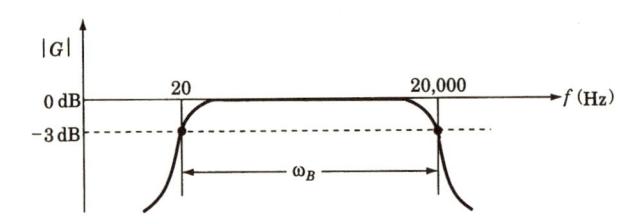

図 5-25　理想的なオーディオアンプのゲイン特性と帯域幅

5-9　MATLABの利用

　最近はMATLAB(Matrix Laboratory)と呼ばれる行列計算・制御用CADが容易に利用できる環境が整ってきている．本章で紹介した周波数応答曲線の近似計算は理論的考察に有効であるが，それでもやはり複雑な2次系の周波数応答を描くのは容易ではない．そこでMATLAB TOOLBOXの1つであるCONTROL SYSTEM TOOLBOXの利用例を図5-26に示す．リストは例題5-4のボード線図を描くためのMATLAB Mファイルの例である．結果は図5-15に示す通りである．

```
clf
num1=1.31*[1 0.016]; num2=[1 0.3];            分子要素を設定
num=conv(num1,num2);                          分子多項式の合成
den1=[1 0.00466 0.0053]; den2=[1 0.806 1.311]; 分母要素を設定
den=conv(den1,den2);                          分母多項式の合成

w=logspace(-3,2,200);                         $\omega$を0.001～100で200点設定
[mag,phase,w]=bode(num,den,w);                ゲインと位相の計算

subplot(211),                                 描画領域を上半分に指定
loglog(w, mag); grid;                         両対数でゲインをプロット
xlabel('Frequency[rad/sec]'); ylabel('Gain')  軸名を描く

subplot(212);                                 描画領域を下半分に指定
semilogx(w, phase); grid;                     片対数で位相をプロット
xlabel('Frequency[rad/sec]'); ylabel('Phase[deg]');軸名を描く
```

図 5-26　ボード線図を描くMATLABプログラム

5-10　まとめ

　周波数応答とは，正弦波入力に対する線形システムの定常応答のことである．周波数応答解析とは，周波数伝達関数のゲイン$|G(j\omega)|$と位相角$G(j\omega)$を周波数ωについて調べることであり，これらは周波数応答実験から入出力信号の振幅比と位相差として求めることができる．

　$G(j\omega)$のゲインと位相角情報は各種の図として描くことができ，(1)ベクトル軌跡，(2)ボード線図を学んだ．特に，基本的要素に対するボード線図を詳述し，その折線近似について学んだ．さらに，周波数領域における制御系設計の仕様についても検討した．

　周波数応答法の第1の利点は，正弦波テスト信号が容易に入手できるため，システムを実験的に解析する（**システム同定**という）には最も信頼性が高くて簡単な手段であることである．また，第2の利点は，周波数伝達関数がシステム伝達関数$G(s)$において，$s=j\omega$と置換すれば解析的に求まることである．

　一方，周波数応答法の基本的欠点は，周波数領域と時間領域（過渡特性）と

の関連が間接的なことである．そのため実用的には周波数応答特性をいろいろな設計基準を使って調整し，その結果として満足な過渡応答を得るように設計することになる．

問 題

5-1 次の伝達関数に対する周波数応答のベクトル軌跡（極プロット）とボード線図を描け．

$$GH_1(s) = \frac{0.4}{(s+0.2)(s+2)} \qquad GH_2(s) = \frac{s+0.2}{s+2}$$

$$GH_3(s) = \frac{s+2}{s+0.2} \qquad GH_4(s) = \frac{s+2}{s^2+4s+16}$$

$$GH_5(s) = \frac{s+2}{s(s^2+4s+16)} \qquad GH_6(s) = \frac{s(s+2)}{s^2+4s+16}$$

5-2 例題5-6(a),(b)の位相進み回路と位相遅れ回路の伝達関数を導け．

5-3 次の $G_1(s), G_2(s)$ は，それぞれ**全域通過**フィルター(all pass filter)，ノッチ（**帯域阻止**）フィルター(notch filter)と呼ばれる．特に $G_1(s)$ は非最小位相系である．5-5節で学んだベクトル的解釈に従い，そのゲイン特性と位相特性を描け．ただし，$G_2(s)$ に関しては，簡単のために，$\zeta_1 = 0, \zeta_2 = 2$ とする．

$$G_1(s) = \frac{(s-p)(s-\overline{p})}{(s+p)(s+\overline{p})}, \qquad G_2(s) = \frac{s^2 + 2\zeta_1\omega_n s + \omega_n^2}{s^2 + 2\zeta_2\omega_n s + \omega_n^2}$$

問題と解答　139

（問題の解答とヒント）

5-1) 図には伝達関数名はあえて記入してない．各伝達関数がどの曲線に対応するか各自で考えよ．なお，ベクトル軌跡では$GH_5(s)$は描かれてない．各自でプロットせよ．

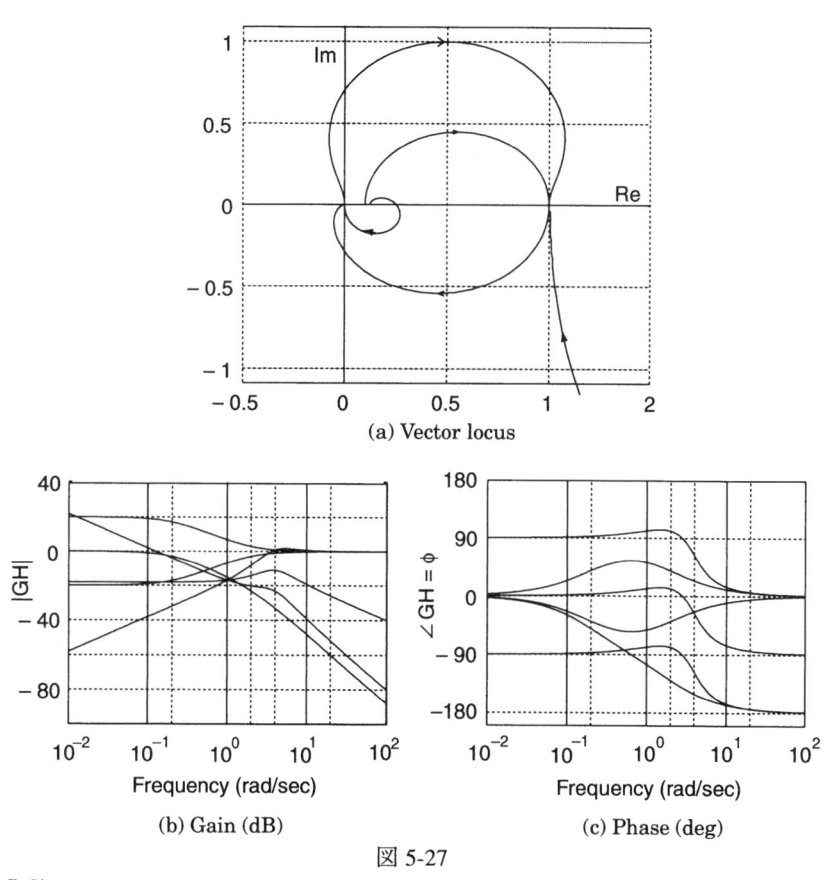

(a) Vector locus

(b) Gain (dB)　　　　(c) Phase (deg)

図 5-27

5-2)
(a) 回路方程式を求め，ラプラス変換すると次式を得る．

$$R_2(I_1(s)+I_2(s)) = E_2(s)$$
$$R_1 I_1(s) + R_2(I_1(s)+I_2(s)) = E_1(s)$$
$$R_1 I_1(s) - \frac{1}{Cs} I_2(s) = 0$$

これら3式より

$$\frac{E_2(s)}{E_1(s)} = \frac{R_2(R_1Cs+1)}{(R_1+R_2)\left(\dfrac{R_1R_2C}{R_1+R_2}s+1\right)}$$

(b) 同様に，回路方程式を求め，ラプラス変換すると次式を得る．

$$\frac{1}{Cs}I(s) + R_2I(s) = E_2(s), \quad R_1I(s) + \frac{1}{Cs}I(s) + R_2I(s) = E_1(s)$$

これより

$$\frac{E_2(s)}{E_1(s)} = \frac{R_2Cs+1}{(R_1+R_2)Cs+1}$$

5-3)
左下のベクトル図を参照すると $G_1(j\omega), G_2(j\omega)$ はそれぞれ下図(a), (b) のようになる． $G_1(j\omega)$ では分子要素のベクトルの長さと分母要素のベクトルの長さが等しいのでゲインは $1\,(0\,\text{dB})$ ．なお， $G_2(j\omega)$ は位相角の計算が簡単になるよう実数極としてある（そのため $\zeta>1$ になっている）．

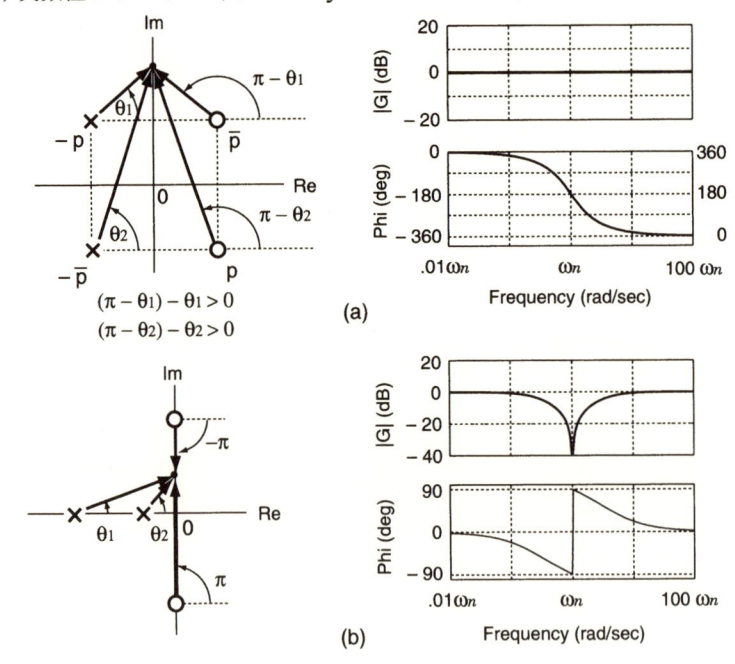

図 5-28

第6章　s平面における安定判別法

6-1　安定性の概念

　システムの過渡性能の中で最も重要な特性は安定性である．あるシステムが有界な入力または外乱を受けるとき，応答の大きさが有界であれば，そのシステムは安定であるという．むろん，たとえ安定なシステムであっても，入力が有界でなければ，その出力応答は有界で有り得ないことは当然である．

　4章において，s平面上におけるシステム極の位置が発生する過渡応答と重要な関係にあること，すなわち極の実部と虚数部がシステム過渡応答のモードを示していることを学んだ（図4-7, 8）．例えば，システム極が実数根であれば応答は非振動的であり，共役複素根であれば振動的である．また，極がs平面上の左半面に存在すれば，システム応答は減衰し，虚軸上にあれば中立（安定限界）で，右半面上に存在すれば発散する（図6-1）．

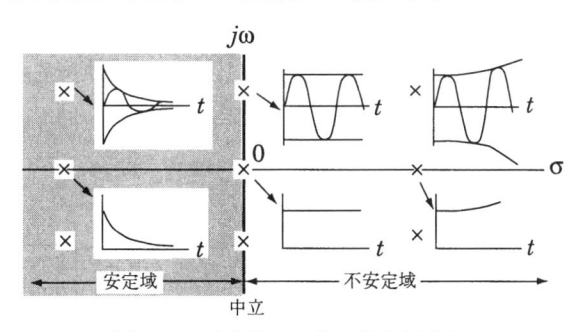

図 6-1　s平面上の安定性と極位置

　このように，開ループ制御システムあるいは閉ループ制御システムのいずれであろうとも，システムが安定であるための必要十分条件は，システム伝達関数のすべての極が負の実部をもつことである．言い換えれば，安定な動的システムの極はs平面の左半面上になければならないのである．

　こうしてシステムの安定性の解析のためにはn次特性方程式の根を求める必

要性が生ずる．しかし，5次以上の代数方程式の根を求める一般解が存在しないことが Abel（アーベル），Galois（ガロア）らによって証明されている．そこで，特性方程式の根を直接求めることなく，システムが「安定」か「不安定」かのみを答える方法が考えられてきた．代表的方法は(1) s 平面法，(2)周波数領域法，(3)時間領域法である．このうち本章では(1)を説明し，(2)は第8章，(3)は第9章で説明する．

6-2　ラウスの安定判別法（基準）

安定性の検討と決定は長い間多くの技術者の関心事であった．Maxwell（マックスウェル）と Vishnegradsky（ビジネグラーツキー）は動的システムの安定問題を考えた最初の学者である．19世紀の後半になって，A. Hurwitz（フルビッツ）とE. J. Routh（ラウス）が独立に安定判別法を発表した．ラウスあるいはフルビッツの安定基準は，特性根を直接求めることなく，代数計算のみによって安定・不安定の解答を与えようとするものである．本章ではラウスの**安定判別法**(stability criterion)を紹介する．

特性方程式は次の一般形で与えられるものとする．

$$a(s) = a_n s^n + a_{n-1} s^{n-1} + \cdots + a_1 s + a_0 = 0 \qquad (6\text{-}1)$$

(6-1)式を次の形に因数分解できたとする．

$$a(s) = a_n(s+p_1)(s+p_2)\cdots(s+p_n) = 0 \qquad (6\text{-}2)$$

これを再び展開すると

$$a(s) = a_n s^n + a_n(p_1 + p_2 + \cdots + p_n)s^{n-1} + a_n(p_1 p_2 + p_1 p_3 \cdots + p_2 p_3 + \cdots)s^{n-2}$$
$$+ a_n(p_1 p_2 p_3 + p_1 p_2 p_4 \cdots)s^{n-3} \cdots + a_n p_1 p_2 p_3 \cdots p_n = 0 \qquad (6\text{-}3)$$

となる．もし(6-2)式のすべての根が左半面にあるとすると，(6-3)式の係数と根の関係から，**(6-1)式のすべての係数は同符号であって，すべての係数が0であってはいけない**，ということになる．このことは，$p_i < 0$，$i = 1, 2, \cdots, n$ の実数根の場合を考えれば容易である．しかし，この反例として，例えば特性方程式が

$$a(s) = (s+2)(s^2 - s + 4) = (s^3 + s^2 + 2s + 8) \qquad (6\text{-}4)$$

の場合，システムは不安定であるのに多項式はすべて正の係数をもっている．したがって，「同符号であること」という上記の要求は必要条件であって十分条件ではないのである．

<ラウスの安定判別法>
実係数をもつ特性方程式

$$a(s) = a_n s^n + a_{n-1} s^{n-1} + a_{n-2} s^{n-2} + \cdots a_1 s + a_0 = 0 \quad (6\text{-}5)$$

において，次の2条件は線形システムが安定であるための必要十分条件である．
(1) 係数 $a_n, \cdots, a_1, a_0$ は，すべて0でない同符号であること．
(2) ラウス数列の第1数列 $a_n, a_{n-1}, b_{n-2}, c_{n-3} \cdots$ はすべて0でない同符号であること．なお符号変化があるとき，第1数列の符号変化の回数は正の実部をもつ特性根の数に等しい．

ラウス数列の作成法

ラウス数（配）列の第1行と第2行は特性方程式の係数を表6-1のように並べて作成する．

表6-1 ラウス数列

s^n	a_n	a_{n-2}	a_{n-4}	a_{n-6} $\cdots$
s^{n-1}	a_{n-1}	a_{n-3}	a_{n-5}	a_{n-7} $\cdots$
s^{n-2}	b_{n-2}	b_{n-4}	b_{n-6}	$\cdots$
s^{n-3}	c_{n-3}	c_{n-5}	c_{n-7}	$\cdots$
$\vdots$	$\vdots$	$\vdots$	$\vdots$	
s^1	f_1			
s^0	h_0			

次に第3行以下の要素を以下の算法によって求める．

$$b_{n-2} = \frac{\begin{vmatrix} a_n & a_{n-2} \\ a_{n-1} & a_{n-3} \end{vmatrix}}{-a_{n-1}}, \quad b_{n-4} = \frac{\begin{vmatrix} a_n & a_{n-4} \\ a_{n-1} & a_{n-5} \end{vmatrix}}{-a_{n-1}}, \quad b_{n-6} = \frac{\begin{vmatrix} a_n & a_{n-6} \\ a_{n-1} & a_{n-7} \end{vmatrix}}{-a_{n-1}}, \cdots$$

$$c_{n-3} = \frac{\begin{vmatrix} a_{n-1} & a_{n-3} \\ b_{n-2} & b_{n-4} \end{vmatrix}}{-b_{n-2}}, \quad c_{n-5} = \frac{\begin{vmatrix} a_{n-1} & a_{n-5} \\ b_{n-2} & b_{n-6} \end{vmatrix}}{-b_{n-2}}, \quad c_{n-7} = \frac{\begin{vmatrix} a_{n-1} & a_{n-7} \\ b_{n-2} & b_{n-8} \end{vmatrix}}{-b_{n-2}}, \cdots$$

$$\cdots \quad \cdots \quad \cdots$$

$$(6\text{-}6)$$

なお，この配列の計算は次の3ケースに分類して計算しなければいけない．

[第1の場合]　第1列の要素がいずれも0でないとき

例題 6-1　次の3次の特性方程式の安定判別をせよ．

$$a(s) = (s-1+j\sqrt{10})(s-1-j\sqrt{10})(s+3) = s^3 + s^2 + 5s + 33 = 0 \quad (6\text{-}7)$$

この多項式はすべての係数が非零でかつ正であるから，第1の条件は満足している．しかしラウス数列を作成すると，第1列に符合変化が2回あるから，$a(s)$ の2根は右半面にあり不安定である．

表 6-2

	第1列		第1列の符号
s^3	1	5	+
s^2	1	33	+
s^1	-28		$-$
s^0	33		+

$$b_1 = \frac{\begin{vmatrix} 1 & 5 \\ 1 & 33 \end{vmatrix}}{-1} = -28, \quad c_0 = \frac{\begin{vmatrix} 1 & 33 \\ -28 & 0 \end{vmatrix}}{-(-28)} = 33 \quad (6\text{-}8)$$

[第2の場合]　第1列にゼロ要素があり，そのゼロ要素を含む行の他の要素が0でないとき

第1数列の1個の要素だけが0ならば，それを小さい正の数 ε で置換し，数列を完成した後 ε を0に接近させる．

例題 6-2　$a(s) = s^5 + s^4 + 2s^3 + 2s^2 + 3s + 2 = 0 \quad (6\text{-}9)$

第1条件は明らかに満足している．次に，ラウス数列は

表 6-3

					$\varepsilon \rightarrow 0$			第1列の符号
s^5	1	2	3	s^5	1	2	3	+
s^4	1	2	2	s^4	1	2	2	+
s^3	b_3	1		s^3	0	1		0
s^2	c_2	2		s^2	$-\infty$	2		$-$
s^1	d_1			s^1	1			+
s^0	e_0			s^0	2			+

となる．ここで

$$b_3 = \frac{\begin{vmatrix} 1 & 2 \\ 1 & 2 \end{vmatrix}}{-1} = 0 \to \varepsilon, \quad b_1 = \frac{\begin{vmatrix} 1 & 3 \\ 1 & 2 \end{vmatrix}}{-1} = 1, \quad c_2 = \frac{\begin{vmatrix} 1 & 2 \\ \varepsilon & 1 \end{vmatrix}}{-\varepsilon} = \frac{-1}{\varepsilon} = -\infty,$$

$$c_0 = \frac{\begin{vmatrix} 1 & 2 \\ \varepsilon & 0 \end{vmatrix}}{-\varepsilon} = 2, \quad d_1 = \frac{\begin{vmatrix} \varepsilon & 1 \\ c_2 & 2 \end{vmatrix}}{-c_2} = 1, \quad e_0 = \frac{\begin{vmatrix} c_2 & 2 \\ 1 & 0 \end{vmatrix}}{-1} = 2 \tag{6-10}$$

である．第1数列に大きい負の数 c_2 による符合変化が2回ある．よって2根が s 平面の右半面にあり，システムは不安定である．

例題 6-3 次の特性方程式が安定となるゲイン K の範囲を求めよ．

$$a(s) = s^4 + s^3 + 2s^2 + 2s + K = 0 \tag{6-11}$$

第1条件より $K > 0$ である．またラウス配列は次のようになる．

表 6-4

				$\varepsilon \to 0$		第1列の符号
s^4	1	2	K	1	2 K	+
s^3	1	2		1	2	+
s^2	ε	K		0	K	0
s^1	c_1			$-\infty$		−
s^0	K			K		+

ただし

$$b_2 = \frac{\begin{vmatrix} 1 & 2 \\ 1 & 2 \end{vmatrix}}{-1} = 0 \to \varepsilon, \quad b_0 = \frac{\begin{vmatrix} 1 & K \\ 1 & 0 \end{vmatrix}}{-1} = K,$$

$$c_1 = \frac{\begin{vmatrix} 1 & 2 \\ \varepsilon & K \end{vmatrix}}{-\varepsilon} = \frac{-K}{\varepsilon} = -\infty, \quad d_0 = \frac{\begin{vmatrix} \varepsilon & K \\ c_1 & 0 \end{vmatrix}}{-c_1} = K \tag{6-12}$$

故に第1数列に符号の変化が2回あり，$K > 0$ のいかなる値に対してもシステムは不安定である．

[第3の場合]　第1列に0の要素があり，その0を含む行の他の要素もす

べて 0 であるとき（要素の数が 1 個だけからなる行で，その要素が 0 の場合も含む）

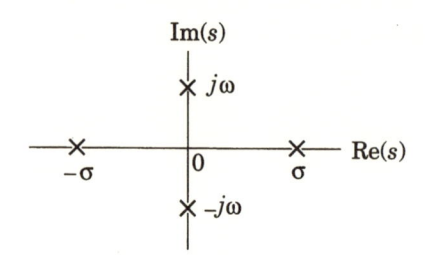

図 6-2　原点に対称な根配置のときゼロ行が生じる

このケースは，多項式が s 平面の原点に関して $(s+\sigma)(s-\sigma)$ または $(s+j\omega)(s-j\omega)$ のように対称的な極配置を含むときに生じる．すなわち，この場合ラウス数列のゼロ行の次行が算出できなくなるが，代わりに次の例題で示す**補助方程式** (auxiliary equation)を使って問題が解決できる．この補助方程式の次数は常に 2, 4, 6 … などの偶数次であり，最高次の次数は対称根の数を示している．

次に，フィードバック制御システムの設計例をみてみよう．

例題 6-4　次の閉ループシステムが安定となるゲイン K の範囲を求めよ．ただし，K は調整可能なループゲインである．

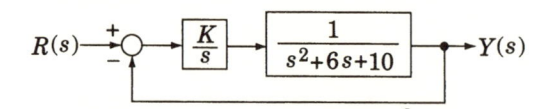

図 6-3　閉ループシステムの安定解析

閉ループ特性方程式は

$$1+GH(s) = 1 + \frac{K}{s(s^2+6s+10)} = 0 \qquad (6\text{-}13)$$

これより

$$a(s) = s^3 + 6s^2 + 10s + K = 0 \qquad (6\text{-}14)$$

第1条件より $K > 0$ でなければならない．また，ラウス数列は

表 6-5

	第1列の符号	$K = 60$	
s^3	1　　10	+	s^3　1　　10
s^2	6　　K	+	s^2　6　　60　→　補助方程式
s^1	$\dfrac{60-K}{6}$	?	s^1　0　←　ゼロ行
s^0	K	+	s^0　60

したがってシステムが安定であるためには

$$0 < K \leq 60 \tag{6-15}$$

でなければならない．特に，$K = 60$ のときは2根は $j\omega$ 軸上にあり，臨界安定（中立，安定限界）である．このときは第3行にゼロ行ができる．ゼロ行の前の第2行の要素は s^2 の偶数ベキの係数を意味しており，次の補助方程式が作成できる．

$$U(s) = 6s^2 + Ks^0 = 6s^2 + 60 = 6\left(s + j\sqrt{10}\right)\left(s - j\sqrt{10}\right) \tag{6-16}$$

この補助方程式 $U(s)$ が特性方程式の一因子であることを確認するため，$a(s)$ を $U(s)$ で割ってみると

$$
\begin{array}{r}
s+6 \\
s^2+10\overline{\smash{\big)}\,s^3+6s^2+10s+60} \\
\underline{s^3+10s} \\
6s^2+60 \\
\underline{6s^2+60} \\
0
\end{array}
\tag{6-17}
$$

と割り切れる．したがって $K = 60$ のとき，特性方程式の因子は

$$a(s) = (s+6)\left(s + j\sqrt{10}\right)\left(s - j\sqrt{10}\right) \tag{6-18}$$

となる．

例題 6-5　$a(s) = s^5 + s^4 + 3s^3 + 23s^2 + 2s + 42 = 0 \tag{6-19}$

まず全係数は正で第1の条件を満足している．次にラウス数列は次のようになる．

表 6-6

				第1列の符号
s^5	1	3	2	+
s^4	1	23	42	+
s^3	−20	−40		−
s^2	21	42 →補助方程式		+
s^1	0	←ゼロ行		0
s^0	42			+

これより，数列の第1列に2回の符号変化がある．また s^1 の行がゼロ行となるので，対称根があることを示している．そこで s^2 の行の要素を用いて補助方程式を作成すると

$$U(s) = 21s^2 + 42 = 21(s + j\sqrt{2})(s - j\sqrt{2}) = 0 \qquad (6\text{-}20)$$

となり，2根が虚軸上にあることがわかる．残る3根を調べるため，補助方程式で割る．

$$a(s)/(s^2 + 2) = s^3 + s^2 + s + 21 \qquad (6\text{-}21)$$

得られた多項式のラウス数列を再び考える．

表 6-7

			第1列の符号
s^3	1	1	+
s^2	1	21	+
s^1	−20		−
s^0	21		+

第1数列で符号の変化が2回あるから，3根のうち2個の根は右半面にあってシステムは不安定である．

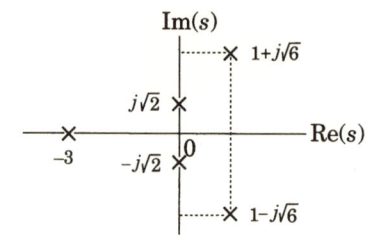

図 6-4 特性方程式(6-19)の根配置

6-3 制御システムの相対的安定度と代表根の指定

ラウスの安定判別法は，特性方程式の根が s 平面の右半面にあるか否か，すなわち「安定か不安定か」を教えてくれるだけである．そこで，システムがラウス安定基準を満足したならば，次は相対的な安定度を確かめることが望まれる．システムに含まれる**各モードの整定時間は各包絡線の減衰性**に強く関連しているから，相対的安定度は各根の実部の相対的位置で評価できると考えてよい．例えば図6-5では $p_2, p_3, \bar{p}_3$ は代表根 $p_1, \bar{p}_1$ より相対的に安定性が大きいといえる．したがって，閉ループシステムの設計に際して代表根の実部を指定できるのが望ましい．

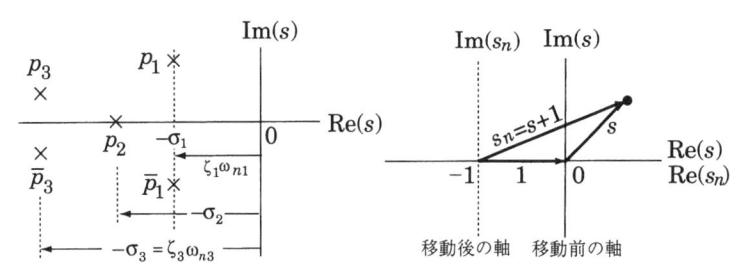

図 6-5　s 平面内の根の相対位置　　図 6-6　変数変換による虚軸の移動

各モードの相対的安定性は変数変換によって虚軸を左右に平行移動することで簡単に調べることができる．例えば図6-5で，縦軸を左に適当な量だけ移動する．移動の結果，新しい軸が元の $-\sigma_1$ 軸より左側に位置した場合ラウス数列の調査結果は不安定と出るが，$-\sigma_1$ 軸より右側の場合は安定と出る．n 回の試行錯誤の結果，ちょうど $-\sigma_1$ だけ移動すれば $p_1, \bar{p}_1$ は移動した新しい虚軸上にくるため中立となる．縦軸を移動する正確な量は試行錯誤によるが，高次の多項式 $a(s)$ を解かずに各根の実部 σ_i を推定することが可能となる．

例題 6-6　例題6-4の代表根の実部が -1 となるように K を定めよ．
$$a(s) = s^3 + 6s^2 + 10s + K = 0 \tag{6-22}$$
移動した新しい複素平面の変数を s_n とすると $s = s_n - 1$ より
$$a(s_n) = (s_n - 1)^3 + 6(s_n - 1)^2 + 10(s_n - 1) + K = s_n^3 + 3s_n^2 + s_n + K - 5$$
$$\tag{6-23}$$

を得る．この移動された新しい s_n 平面上でのラウス数列は

表 6-8

			$K=5$		$K=8$		
s_n^3	1	1	1	1	1	1	
s_n^2	3	$K-5$	3	0	3	3	→ 補助方程式
s_n^1	$\dfrac{8-K}{3}$		1		0		← ゼロ行
s_n^0	$K-5$		0		3		

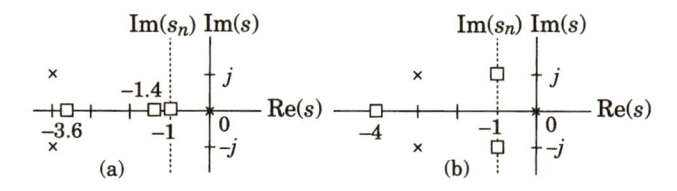

図 6-7 設計の結果得られた極配置

第1列の符号より，s_n 平面における安定な K の範囲は $5 \leq K \leq 8$ である．

(a) $K=5$ のとき
$$a(s_n) = s_n^3 + 3s_n^2 + s_n = s_n(s_n^2 + 3s_n + 1), \quad s_n = 0, -0.38, -2.62$$
$$(s = -1, -1.38, -3.62)$$
(6-24)

(b) $K=8$ のとき補助方程式は
$$U(s_n) = 3s_n^2 + 3 = 3(s_n^2 + 1), \quad s_n = \pm j \, (s = -1 \pm j) \quad (6\text{-}25)$$

よって残りの根は次式より求まる．
$$a(s_n)/U(s_n) = s_n + 3, \quad s_n = -3 \, (s = -4) \quad (6\text{-}26)$$

6-4 まとめ

ラウスの方法による安定判別法を学習した．この方法を適用する際の注意点として，(1)第1列にゼロ要素がない，(2)第1列にゼロ要素がある，(3)ゼロ行がある，の3ケースに分けて調べることが重要であることを知った．さらにラウスの

6-4 まとめ

方法を拡張すれば相対的な安定性も調べることが可能なことも学んだ．

今日では n 次代数方程式の求解プログラムを備えた計算機システムを使用することに困難はないが，それでも動的システムの安定性の考察や，フィードバック制御システムの設計ゲインと安定性との代数的関連を求めたい場合には本章の安定判別法は極めて有効である．

問 題

6-1 ラウスあるいはフルビッツ安定判別法を用いて次の特性多項式の安定判別をせよ．不安定根があるならその数も示せ．

(a) $s^4 + 10s^3 + 35s^2 + 50s - 24$
(b) $s^4 + 10s^3 + 35s^2 + 50s + 24$
(c) $s^3 + 6s^2 + 11s + 90$
(d) $s^3 + 3s^2 + 2s + K$
(e) $s^5 + 2s^4 + s^3 + 2s^2 + 2s + 1$
(f) $s^4 + 3s^3 + 3s^2 + 3s + 2$
(g) $s^7 + s^6 + 4s^5 + 9s^4 + 5s^3 + 20s^2 + 2s + 12$

6-2 (a) 次の閉ループシステムが安定となる K の範囲を求めよ．(b) 閉ループシステムの代表根の実部が少なくとも -1 よりも左側になるように設計したい．そのような K の範囲を求めよ．また代表根の実部が -1 となるときの3特性根の値を求めよ．

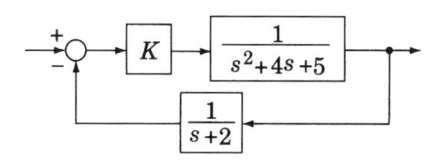

図 6-8

（問題の解答とヒント）

6-1) (a)負符号があるから不安定, (b)安定, (c)不安定極2根有り, (d) $0 < K < 6$

(e)

s^5	1	1	2
s^4	2	2	1
s^3	0	3/2	
s^2	$-\infty$	1	
s^1	3/2		
s^0	1		

不安定極2根有り.

(f)

s^4	1	3	2
s^3	3	3	
s^2	2	$2 \to U(s)$	
s^1	0 $\leftarrow$		
s^0	2		

$a(s) = (s^2+1)(s+1)(s+2)$
中立（虚軸に共役極）

(g)

s^7	1	4	5	2
s^6	1	9	20	12
s^5	-5	-15	-10	
s^4	6	18	12	$\to U(s) = 6(s^4+3s^2+2)$
s^3	0	0	$\leftarrow$	

$a(s) = (s^4+3s^2+2)(s^3+s^2+s+6) = (s^2+1)(s^2+2)(s+2)(s^2-s+3)$

s^3	1	1
s^2	1	6
s^1	-5	
s^0	6	

不安定極2根有り，虚軸上に2組の共役極有り．

6-2) (a)

s^3	1	13
s^2	6	$K+10$
s^1	$\dfrac{68-K}{6}$	
s^0	$K+10$	

$-10 < K < 68, \ K \neq 0$

(b) $s = s_n - 1$

s_n^3	1	4
s_n^2	3	$K+2$
s_n^1	$\dfrac{10-K}{3}$	
s_n^0	$K+2$	

$-2 < K < 10, \ K \neq 0$

(i) $K = -2$, $a(s_n) = s_n(s_n^2 + 3s_n + 4)$, $s = -1, \ -2.5 \pm 1.32j$

(ii) $K = 10$, $U(s_n) = 3(s_n^2 + 4)$
$a(s_n) = (s_n^2 + 4)(s_n + 3)$, $s = -4, \ -1 \pm 2j$

第7章 根軌跡法

7-1 はじめに

閉ループ制御システムの相対安定と過渡応答は，閉ループ特性方程式の極配置と密接な関係がある．したがって，パラメータが変わったとき，s平面上で閉ループ極（根）がどのように動くか，すなわち根軌跡を調べておくことは大切なことである．

根軌跡法は，W. R. Evans（エバンズ）によって1948年に考案され，特性根を直接求めることなしに制御システムを設計できる手法として提案されたものである．根軌跡法による極位置情報は，たとえ略図スケッチであっても，閉ループ制御システムの安定性解析と設計に極めて有効であり，ラウス／フルビッツ法と併用すると大きな効果が得られる．

7-2 根軌跡の概念

閉ループ制御システムの動的性能は閉ループ伝達関数

$$T(s) = \frac{Y(s)}{R(s)} = \frac{\Sigma p_i \Delta_i}{\Delta(s)} \tag{7-1}$$

で記述される．(7-1)式の分母 $\Delta(s)$ は 2-4 節のメイソンの公式より

$$\Delta(s) = 1 - \Sigma L_i + \Sigma L_l L_m - \Sigma L_r L_s L_t + \cdots \tag{7-2}$$

であった．第2項以下を$L(s)$とおくと閉ループ特性方程式は次の形に表される．

$$\Delta(s) = 1 + L(s) = 0 \tag{7-3}$$

特に単ループの場合は，$\Delta(s) = 1 + GH(s) = 0$ となる．(7-3)式は直ちに

$$L(s) = -1 \tag{7-4}$$

と書くことができ，特性方程式の根はこの式を満足しなければならない．s は複素変数だから，(7-4)式の両辺を極形式で表すと

$$|L(s)|e^{j\angle L(s)} = 1 \cdot e^{j(\pi + 2\pi k)}, k = 0, \pm 1, \pm 2, \cdots \tag{7-5}$$

となり，ゲインと位相について次の2式が成立する必要がある．

$$|L(s)| = 1 \tag{7-6}$$

$$\angle L(s) = 180° + 360°k, k = 0, \pm 1, \pm 2, \cdots \tag{7-7}$$

単一フィードバックループの場合には(7-6), (7-7)式の $L(s)$ は $GH(s)$ と書き換えてよい．さらに関数 $L(s)$ から設計パラメータ（ゲイン）K を取り出した残りを $P(s)$ と置き，因数分解された形で書くと

$$L(s) = KP(s) = K \frac{(s+z_1)(s+z_2)(s+z_3)\cdots\cdots(s+z_m)}{(s+p_1)(s+p_2)(s+p_3)\cdots\cdots(s+p_n)} \tag{7-8}$$

これを(7-6)式の振幅条件と(7-7)式の位相条件に代入すると次の形になる．

振幅条件：
$$K \frac{|s+z_1||s+z_2|\cdots|s+z_m|}{|s+p_1||s+p_2|\cdots|s+p_n|} = 1 \tag{7-9}$$

あるいは
$$K = \frac{|s+p_1||s+p_2|\cdots|s+p_n|}{|s+z_1||s+z_2|\cdots|s+z_m|} \tag{7-10}$$

位相条件：
$$\angle(s+z_1) + \cdots \angle(s+z_m) - \{\angle(s+p_1) + \cdots + \angle(s+p_n)\}$$
$$= 180° + 360°k, \quad k = 0, \pm 1, \pm 2, \cdots \tag{7-11}$$

位相条件(7-11)式は，これを満足する根位置を分度器を用いて試行錯誤的に求めるときに使用されることもあるが（事実そのような時代もあった），特に実軸上の根軌跡に対して適用すると有効である．また，振幅条件の(7-10)式はこうして得られた根軌跡上の一点 s に対応するゲイン K の値を求めるときに使用される．なお，角度はすべて反時計まわりに測るものする．

7-3 根軌跡の諸性質と根軌跡法

根軌跡の概略のスケッチを得る手段としての根軌跡の性質を以下に示す．まず，閉ループ特性方程式

$$F(s) = 1 + L(s) = 0 \tag{7-12}$$

を，(7-8)式を用いて次の形に表現し直す．

$$F(s) = 1 + KP(s) = 1 + K \frac{\prod_{i=1}^{m}(s+z_i)}{\prod_{j=1}^{n}(s+p_j)} = 0 \tag{7-13}$$

次に s 平面上で開ループの極 $-P_1, -P_2, \cdots, -P_n$ と零点 $-z_1, -z_2, \cdots, -z_m$ の位置に適当なマーキング（極には×印，零点には〇印）をする．ここで K が

$$K : 0 \to \infty \tag{7-14}$$

と増加するときの閉ループの根軌跡を求めたいわけである．(7-13)式を $1/P(s)$ の形に書き換えると

$$\frac{1}{P(s)} = \frac{\prod_{j=1}^{n}(s+p_j)}{\prod_{i=1}^{m}(s+z_i)} = -K = \begin{cases} 0 \cdots K = 0 \\ -\infty \cdots K = \infty \end{cases} \tag{7-15}$$

となる．右辺は $K=0$ で 0 となるから，そのとき左辺の分子は $\prod(s+p_j)=0$ を意味する．また，$K \to \infty$ のときは無限大となるから，左辺の分母が $\prod(s+z_i)=0$ となっているか，あるいは $n>m$ では $\lim_{|s|\to\infty}|1/P(s)| = |s^{n-m}| = \infty$ より $|s|=\infty$ となっていることを意味する．したがって，次のことがいえる．

性質 1

閉ループ特性方程式 $1+KP(s)=0$ の根軌跡は，K が 0 から無限大に増すとき，開ループ $P(s)$ の極から始まり，その内の m 個の軌跡は開ループ $P(s)$ の零点に終わる．また，残りの $n-m$ 個の軌跡は，s 平面の無限遠点（に存在すると考える零点）に達する．

性質 2

極の数が零点の数より大きい $n>m$ の通常のシステム（これを**強プロパー**なシステムという）では，根軌跡の本数は極の数に等しくなる．もし，$m>n$ と零点の数が極の数より大きくなるような異例の場合には，軌跡の数は零点の数に等しくなる．

性質 3

実軸上で，右より数えて**奇数番目の極あるいは零点の左側の実軸**は，根軌跡の一部である．ただし極と零点は混在して数を数えるものとする．

例題 7-1 性質 3 を確かめるために次の閉ループ特性方程式をもつある単ループフィードバック制御システムを考える．

$$1+GH(s) = 1 + K\frac{(s+2)}{s(s+4)} = 0 \tag{7-16}$$

開ループの極と零点を図7-1(a)に×と○印で示す．今，$(-2) \sim 0$ 間の任意の s 点を考えると，原点上の極 (0) からのベクトルのなす角は $180°$ で，零点 (-2) と極 (-4) からのベクトルのなす角は $0°$ であるから，

$$\angle(GH(s)) = \angle(s+2) - \{\angle s + \angle(s+4)\} = 0° - (180° + 0°) = 180° \quad (7\text{-}17)$$

これより位相条件(7-11)式が $(-2) \sim 0$ 間の実軸上で満足されているから，この間は根軌跡の一部である．また，$(-\infty) \sim (-4)$ 間に s 点を置いても，$\angle GH(s) = -180° - 180° - 180°$ となって位相条件を満たす．このように $(-2) \sim 0$ 間と $(-\infty) \sim (-4)$ 間では位相が $180°$ になるベクトルがそれぞれ1本と3本の**奇数個**存在するために位相条件を満たすわけである．また，根軌跡は開ループ極に始まり開ループの零点で終わるので，K が増すときの根軌跡の方向を矢印で示すと図7-1(b)のようになる．さらに，このシステムは2個の極と1個の零点をもっているので，第2の根軌跡は負の無限遠方の零点に終わることになる．

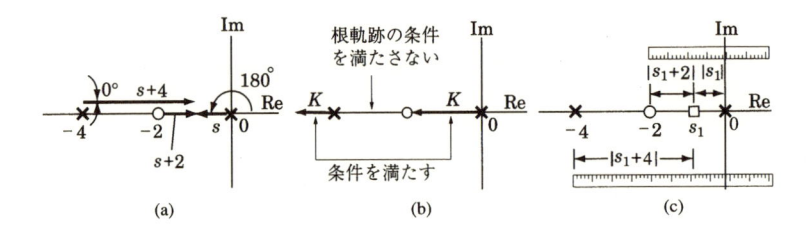

図 7-1 実軸上の根軌跡（奇数極（零点）の左は根軌跡になる）

次に，軌跡上の特定の根位置におけるゲイン K の値は，振幅条件(7-10)式から求まる．例えば $s = s_1 = -1$ におけるゲイン K の値は

$$K = \frac{|s_1||s_1+4|}{|s_1+2|} = \frac{|-1||-1+4|}{|-1+2|} = 3 \quad (7\text{-}18)$$

と求められるが，図7-1(c) に示すように定規を用いて各ベクトルの長さを測ることでも簡便に求めることができる．

性質4

複素根は共役複素根として現れるから，**根軌跡は実軸に関して上下対称である．**

性質 5

$n > m$ の通常のケースでは，K が無限大になるとき，$n-m$ 個の根はある漸近線に沿って無限遠方に（存在すると考える $n-m$ 個の零点に向かって）進む（図7-2）．

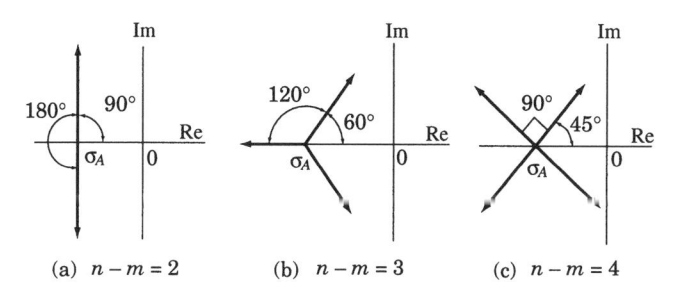

図 7-2　分母・分子の次数差と漸近線の方向

これらの漸近線は**漸近線の中心** (asymptote centroid) あるいは**重心**と呼ばれる実軸上の1点を通過する．この漸近線の中心 σ_A と，漸近線が実軸となす角 ϕ_A は次の2式で与えられ，根軌跡の概略をスケッチする上で大いに有効である．

$$\sigma_A = \frac{P(s)\text{極の総和} - P(s)\text{の零点の総和}}{n-m} = \frac{\sum_{j=1}^{n}(-p_j) - \sum_{i=1}^{m}(-z_i)}{n-m} \tag{7-19}$$

$$\phi_A = -\frac{180° + 360°k}{n-m}, \quad k = 0, 1, \pm 2, \cdots, \pm(n-m-1) \tag{7-20}$$

ただし，n と m はそれぞれ開ループ $P(s)$ の極と零点の数である．

［**証明**］漸近線の式は，s 平面上の有限の範囲にある各極と零点から，遠方にある根軌跡上の1点に向かうベクトルを考えれば容易に導かれる（図7-3）．漸近線の中心を σ_A とする．s の大きな値（根軌跡上の無限遠方の一点）に対し，特性方程式(7-13)は次の式に漸近する．

$$1 + K\frac{(s-\sigma_A)^m}{(s-\sigma_A)^n} = 1 + \frac{K}{(s-\sigma_A)^{n-m}} = 0 \tag{7-21}$$

第2項の分母を展開し最初の2項まで書くと

$$1 + \frac{K}{s^{n-m} - (n-m)\sigma_A s^{n-m-1}\cdots} = 0 \tag{7-22}$$

となる．次に近似しない真の閉ループ特性方程式(7-13)の分母・分子を展開する．

$$1 + K \frac{\prod_{i=1}^{m}(s+z_i)}{\prod_{j=1}^{n}(s+p_j)} = 1 + K \frac{s^m + b_{m-1}s^{m-1} + \cdots + b_0}{s^n + a_{n-1}s^{n-1} + \cdots + a_0} \qquad (7\text{-}23)$$

ここで(6-3)式の係数と根の関係を参照すると

$$b_{m-1} = z_1 + z_2 + \cdots + z_m, \quad a_{n-1} = p_1 + p_2 + \cdots + p_n \qquad (7\text{-}24)$$

である．(7-23)式の右辺第2項において，分母を分子で割って得る最初の2項を考えると次の形を得る．

$$1 + \frac{K}{s^{n-m} + (a_{n-1} - b_{m-1})s^{n-m-1}\cdots} = 0 \qquad (7\text{-}25)$$

ここで漸近線の式(7-22)と特性方程式(7-25)の s^{n-m-1} 項の係数を等しいと置くと

$$-(n-m)\sigma_A = (a_{n-1} - b_{m-1}) \qquad (7\text{-}26)$$

これより

$$\sigma_A = \frac{-a_{n-1} - (-b_{m-1})}{n-m} = \frac{(-p_1 \cdots -p_n) - (-z_1 \cdots -z_m)}{n-m} \qquad (7\text{-}27)$$

となり，(7-19)式を得る．

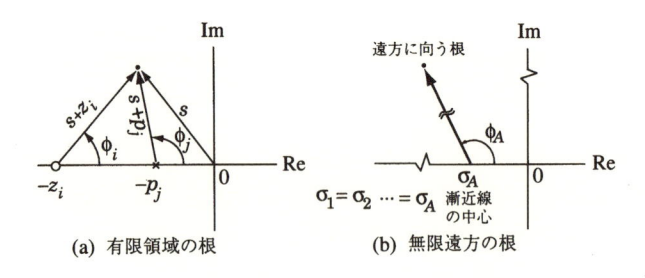

図7-3　無限遠方に向かうベクトルの位相

次に(7-20)式を導く．$P(s)$ の有限の範囲に存在する極と零点の差異は無限遠方の点から見れば無視できるので，各極及び零点からの各ベクトルのなす角 ϕ

は，すべて正確に ϕ_A に等しいといえる（図7-3(b)）．故に(7-21)式第2項において，各ベクトルの角の総和は $-(n-m)\phi_A$ である．この遠方の点も根軌跡の一部であるから，位相条件の式(7-11)が成立する．

$$\angle L(s) = -\angle(s-\sigma_A)^{n-m} = -(n-m)\phi_A = 180° + 360°k \qquad (7\text{-}28)$$

これより s 面上の遠方位置にある $n-m$ 本のすべての根軌跡について，漸近線の方向を与える(7-20)式を得る． □

例題 7-2 次の閉ループ特性方程式をもつフィードバック制御システムを考え，ゲイン K の影響を定めるために根軌跡をスケッチする．

$$1 + KP(s) = 1 + K\frac{s+1}{s(s+2)(s+3)(s+4)} = 0 \qquad (7\text{-}29)$$

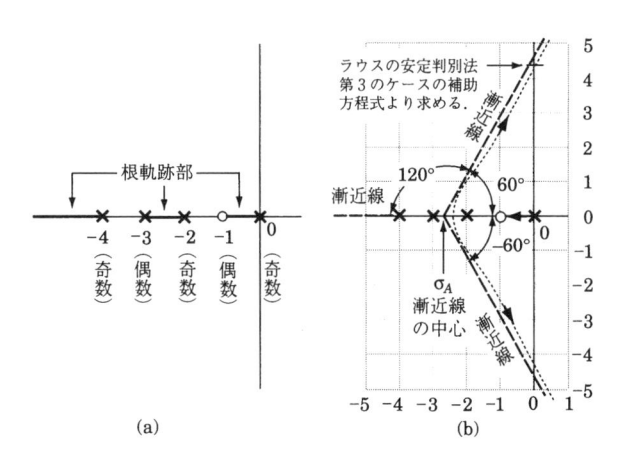

図7-4 分母・分子の次数差が3のシステムの根軌跡漸近線

図7-4(a)に s 平面上の極と零点を示す．本例では，$n-m = 4-1 = 3$ より3個の漸近線が存在する．漸近線の中心は(7-19)式より

$$\sigma_A = \frac{\{0+(-2)+(-3)+(-4)\}-(-1)}{4-1} = -2.67 \qquad (7\text{-}30)$$

である．また漸近線の角度は(7-20)式より

$$\phi_A = -\frac{180° + 360°k}{4-1} = -60° - 120°k \tag{7-31}$$

と与えられる．これより $k = 0, 1, 2$ に対して $\phi_A = -60°, -180°, -300°$ あるいは $k = -1, -2, -3$ に対して，$\phi_A = 60°, 180°, 300°$ を得る．

ここで，実軸上の奇数番目の極か零点の左側は根軌跡でなければならないから $s = -3$ と $s = -2$ に挟まれた実軸は根軌跡の一部となっている．さらに，根軌跡は開ループ極から始まることを考慮すると $s = -3$ と $s = -2$ から出発した2根が K のある値において合流し重複根となることに注意する．こうして図7-4(b)に示すように，根軌跡の概略を描くことができる．なお，初心者は2根が合流後互いに実軸に沿って左右に分かれるものと勘違いする向きが多いがそうはならない．図に描かれているように共役複素根となって複素平面に（上下方向に）飛び出すのである．

性質6

漸近線の角度が $-90° < \phi_A < 90°$ ならば右半面に向かう軌跡が虚軸を切る点がある．その安定性の限界点は，ラウス／フルビッツの安定判別法から求める．

性質7

一般に，位相条件により**分離点／分岐点**(breakaway point)あるいは合流点における軌跡の接線は $360°$ の範囲で等分される．したがって，図7-5(a)では2個の軌跡は分離点で $180°$ 離れ，図7-5(b)では4個の軌跡は互いに $90°$ 離れている．

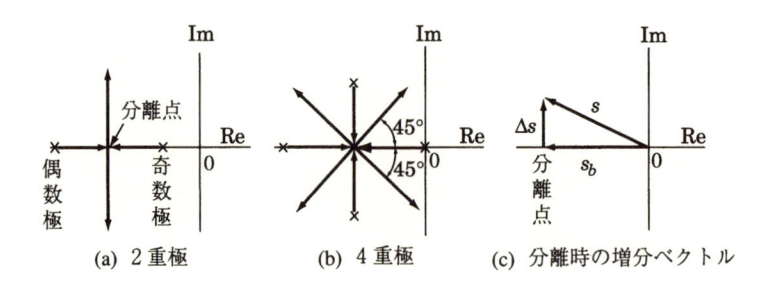

図 7-5　分離点の図解

性質8

実軸上の分離点は解析的に，あるいは数値的に求めることができる．すなわ

ち特性方程式から得るゲイン K の式を s で微分して得た多項式を 0 と置き，その式から根を求めると分離点が得られる．

$$\frac{dK(s_b)}{ds} = \frac{d}{ds}\left\{\frac{-1}{P(s)}\right\}\bigg|_{s_b} = 0 \tag{7-32}$$

ここに s_b は分離点（合流点）の重複根の値である．なお，K が定数だから微分して 0 となると考えてはいけない．以下に(7-32)式の証明を考える．

[証明] まず(7-13)式を次の形に書く．

$$1 + KP(s) = 1 + K\frac{Y(s)}{X(s)} = 0 \tag{7-33}$$

これを書き直すと

$$X(s) + KY(s) = 0 \tag{7-34}$$

$K = K_b$ の分離点で方程式は n 重根をもつとする．その重複根を s_b とすると

$$X(s) + K_b Y(s) = (s - s_b)^n \tag{7-35}$$

と表せる．次に，K を分離点での値 K_b から微少量 ΔK だけ増すと

$$X(s) + (K_b + \Delta K)Y(s) = 0 \tag{7-36}$$

これを $X(s) + K_b Y(s)$ で割って

$$1 + \frac{\Delta K Y(s)}{X(s) + K_b Y(s)} = 0 \tag{7-37}$$

を得る．分母は分離点 $K = K_b$ での特性方程式であるから，(7-35)式より

$$1 + \frac{\Delta K Y(s)}{(s - s_b)^n} = 1 + \frac{\Delta K Y(s)}{(\Delta s)^n} = 0 \tag{7-38}$$

と書ける．ここで Δs は分離点から分離した根軌跡の増分である（図7-5(c)）．上式はさらに

$$\frac{\Delta K}{\Delta s} = \frac{-(\Delta s)^{n-1}}{Y(s)} \tag{7-39}$$

と書ける．ここで，Δs をゼロに接近すると，分離点では(7-39)式は

$$\left[\frac{dK}{ds}\right]_{s=s_b} = \lim_{\Delta s \to 0} \frac{\Delta K}{\Delta s} = \lim_{\Delta s \to 0} \frac{-(\Delta s)^{n-1}}{Y(s_b)} = 0 \tag{7-40}$$

となり，(7-32)式が証明された．　　　　　　　　　　　　　　　　□

例題 7-3　図7-6に示すフィードバック制御システムを考える．

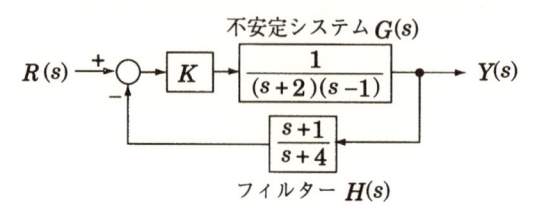

図 7-6　閉ループシステム

閉ループ特性方程式は

$$1 + GH(s) = 1 + K\frac{s+1}{(s-1)(s+2)(s+4)} = 0 \tag{7-41}$$

である．$n - m = 3 - 1 = 2$ から 2 本の漸近線があり，その角度は $\phi_A = \pm 90°$ で，重心は $\sigma_A = -2$ にある．この漸近線と実軸上の軌跡部分を図7-7(a)に示す．分離点が $s = -2 \sim -3$ の間にあることは根軌跡の性質3より明白である．

分離点を求めるため，特性方程式を書き直して，K を s の関数として表現する．

$$K(s) = -\frac{(s-1)(s+2)(s+4)}{s+1} \tag{7-42}$$

奇数番目の極 $s = -2$ と偶数番目の極 $s = -3$ の間の s の値について $K(s)$ を計算すると，表7-1および図7-7(b)に示す結果を得る．解析的には(7-42)式を微分すればよい．

$$\frac{dK(s)}{ds} = \frac{d}{ds}\left\{-\frac{(s-1)(s+2)(s+4)}{(s+1)}\right\} = -\frac{2s^3 + 8s^2 + 10s + 10}{(s+1)^2} = 0 \tag{7-43}$$

上式の分子を 0 とおいて

$$2s^3 + 8s^2 + 10s + 10 = 2(s + 2.86)(s + 0.57 + 1.19j)(s + 0.57 - 1.19j) = 0 \tag{7-44}$$

これより K が最大値を取るときの根の値 $s = -2.86$ を得る．これは表の結果とほぼ一致する．

7-3 根軌跡の諸性質と根軌跡法

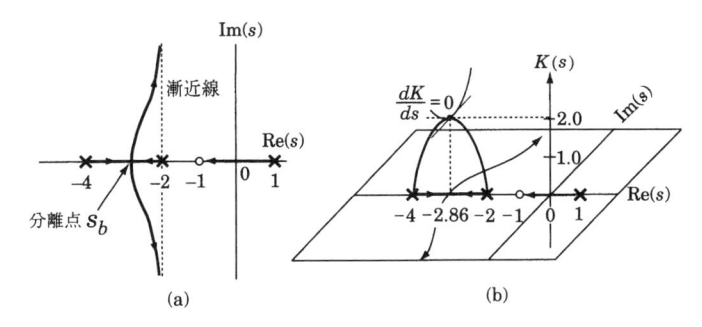

図 7-7 漸近線と分岐点の求め方

表 7-1

	偶数番目の極			極大点			奇数番目の極
s	-4.0	-3.50	-3.00	-2.85	-2.80	-2.50	-2.0
$K(s)$	0	1.35	2.00	2.034	2.027	1.75	0

この例から，特性方程式の次数が高い場合には $dK/ds = 0$ による解析的方法よりも，奇数番目と偶数番目の極ではさまれた実軸上で s を独立変数と考えて $K(s)$ を直接計算して極大点（極小点）を求めるのが実用的である．

性質 9
開ループ極から軌跡が出発する**出発角**と，開ループ零点に軌跡が到着する**到着角**は，位相条件から決定することができる．

例題 7-4 次の一巡伝達関数からなる閉ループシステムの根軌跡を考える．

$$L(s) = GH(s) = K \frac{s+2}{s(s+1-j)(s+1+j)} \tag{7-45}$$

出発角は(7-11)式の位相条件から

$$\begin{aligned}\angle L(s) &= \angle(s+2) - \{\angle(s+1-j) + \angle(s+1+j) + \angle s\} \\ &= \theta_z - (\theta_1 + \theta_2 + \theta_3) = 180° + 360°k\end{aligned} \tag{7-46}$$

図7-8より各ベクトルの位相を求めると，出発角は $k = -1$ として

$$\begin{aligned}\theta_1 &= \theta_z - \theta_2 - \theta_3 - 180° - 360°k \\ &= 45° - 90° - 135° - 180° - 360°(-1) = 0°\end{aligned} \quad (7\text{-}47)$$

である．特に $-1+j$ と $-1-j$ は共役であるから $\theta_2 = 90°$ である．

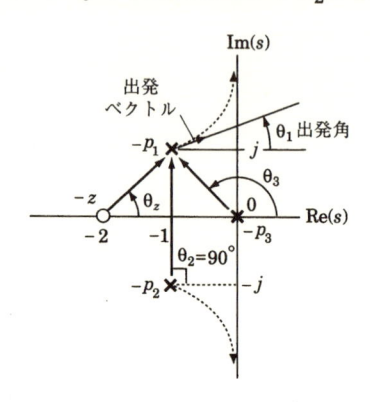

図 7-8　出発角の求め方

根軌跡法のまとめ

最後に根軌跡の手順を求め，その使い方を数例について示す．
(1) 考慮している設計パラメータ K について特性方程式を $1 + KP(s) = 0$ の形となるように書き直し，$P(s)$ を因数分解する．
(2) 開ループ $P(s)$ の極と零点の位置を s 平面上にマークする．
(3) 実軸部分の根軌跡を求める．
(4) 分離軌跡の数を定める．
(5) 漸近線の角度と重心を求める．
(6) もし存在するならば，実軸上の分離点と合流点を求める．
(7) 軌跡が虚軸を切る点が存在するならば，ラウス／フルビッツの安定判別法を使って求める．
(8) 複素極からの軌跡の出発角と複素零点への到着角を計算する．

7-4 根軌跡法による航空・宇宙機の姿勢制御システム設計例

　制御システムの特性は閉ループ伝達関数の極と零点の配置に依存する．特に極の位置は過渡特性に直接影響を与える．そこで閉ループシステムの根（極）を希望の位置に移動するように設計パラメータを適切に調整することになる．具体的には代表特性根（極）の ζ, ω_n によって安定性と速応性を指定することになる．これが図4-10に示した希望範囲に入るように設計パラメータ（ゲイン）を決定するのである．

例題 7-5 対称人工衛星(satellite)の姿勢制御システム
(a) バイアスモーメンタム衛星
バイアスモーメンタム(bias momentum)衛星では，モーメンタムホイール(momentum wheel)と呼ばれるフライホイールをある回転速度に保持することで，衛星全体の角運動量にバイアス分を与え，人工衛星の安定化をはかっている．このバイアスモーメントにより X, Z の両軸の安定が得られる．一方ピッチ軸（Y軸）回りの姿勢の制御は，バイアス分から角運動量を増減（ホイールを加減速）することにより行われる．このとき発生する衛星本体への反作用としてのトルクが姿勢制御トルクとなる．

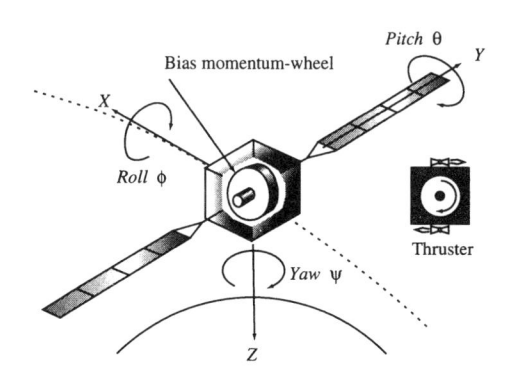

図 7-9　バイアスモーメンタム衛星

　人工衛星のピッチ軸まわりの運動方程式は θ をピッチ角とすると

$$T_y(t) = I_y\ddot{\theta}(t) + 3\omega_0^2(I_x - I_z)\theta(t) + \dot{h}_{yc}(t) \qquad (7\text{-}48)$$

で与えられる.ただし,T_y は衛星全体が有する(外部から与えられた)トルクであり,$\dot{h}_{yc} = T_c$ はモーメンタムホイール(あるいはリアクションホイール)の角運動量変化率,すなわち,姿勢制御のための入力トルクである.また,ω_0 は軌道の周回角速度であり,静止軌道の場合は $\omega_0 = 7.28 \times 10^{-5} rad/s$ である.さらに Y 軸に対称な形状を有する衛星の慣性モーメントは $I_x = I_z$ であるから,(7-48)式は

$$T_y(t) = I_y\ddot{\theta}(t) + T_c(t) \qquad (7\text{-}49)$$

と簡単になる.

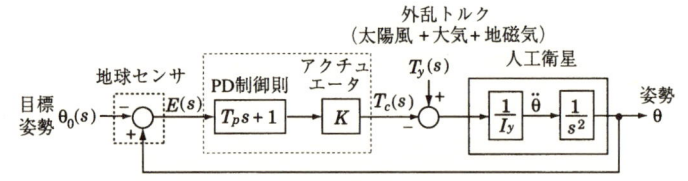

(a) PD 制御による人工衛星姿勢制御回路

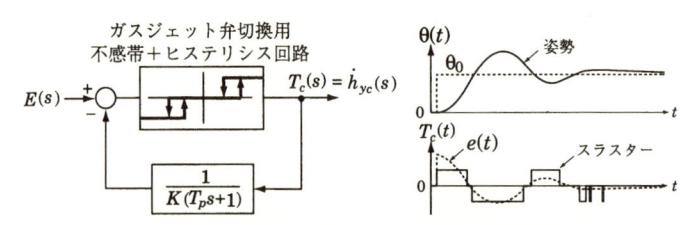

(b) スラスタと1次遅れ要素による疑似 PD 制御の実現

図 7-10 人工衛星の姿勢制御回路

次にフィードバック制御によって衛星の姿勢を制御することを考える.リアクションホイールを駆動する制御則は次の PD(比例+微分)制御とし,アクチュエータの動特性は人工衛星の運動と比べて速いと考えて無視しゲイン K で近似する.

$$T_c(t) = K\left(T_p\dot{e}(t) + e(t)\right) \qquad (7\text{-}50)$$

(7-49)式をラプラス変換し θ を求めると

$$\theta(s) = \frac{T_y(s) - T_c(s)}{I_y s^2} \quad (7\text{-}51)$$

制御入力(7-50)式をラプラス変換すると

$$T_c(s) = K(T_p s + 1) E(s) \quad (7\text{-}52)$$

(7-51), (7-52)式よりブロック線図は図7-10(a)に示すようになる.

(b) スラスタによる姿勢制御

実際の人工衛星の姿勢安定回路(ASE)では，人工衛星の姿勢の変化率が極めて遅いとき，次例の航空機のピッチダンパ回路のようにはレートジャイロは使用できない．したがって，図7-10(b)に示すシュミットトリガ(Schmitt trigger)回路と呼ばれる不感帯＋ヒステリシス回路によって制御されるスラスタと，1次遅れ特性のフィードバック回路からなる疑似PD回路を構成する．このときスラスターが発生する推力の平均がPD特性（比例＋微分）を有するので図7-10(a)のように近似されることになる．

次に特性方程式より根軌跡を求める．

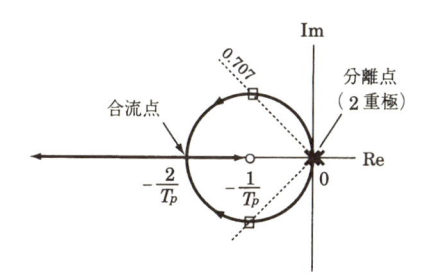

図7-11 人工衛星姿勢制御回路の根軌跡

(1) 閉ループ特性方程式は次の通りである．

$$1 + GH(s) = 1 + K \frac{T_p s + 1}{I_y s^2} = 0 \quad (7\text{-}53)$$

(2) 開ループ極が原点に2個あり，開ループ零点が $-1/T_p$ にある．

(3) 零点 $s = -1/T_p$ は右から数えて3番目にあたるのでその左実軸部は根軌跡である．これより，2本の軌跡の内の1本はこの零点に達する．

(4) $n - m = 2 - 1 = 1$ より，残りの1本の軌跡は無限遠方に達する．

(5) $\phi_A = -180°/(2-1) = -180°$ より，(3),(4)で求めた根軌跡がそれに当たるこ

とを知る．

(6) (7-53)式を書き直して

$$K = -\frac{I_y s^2}{T_p s + 1} \tag{7-54}$$

s で微分して分岐点を求める．

$$\frac{dK}{ds} = -I_y \frac{2s(T_p s + 1) - T_p s^2}{(T_p s + 1)^2} = -I_y \frac{s(T_p s + 2)}{(T_p s + 1)^2} = 0 \tag{7-55}$$

$$s = 0, \ -2/T_p \tag{7-56}$$

これより分離（岐）点は 0，合流点は $-2/T_p$ 上にある．

例題 7-6 航空機縦運動（短周期近似）の姿勢制御回路

今日の高性能航空機には，設定された基準姿勢や方位あるいは高度を保持するためのオートパイロットの搭載は必須の装備となっている．図7-12は指定された基準姿勢を保持するための姿勢制御装置（自動安定装置）のブロック線図である．バーティカルジャイロは基準姿勢角 θ_{ref} と実際の姿勢角 θ との差を検出し，得られた偏差信号は増幅器によって増幅されて油圧サーボ機構（あるいは電気サーボ機構）に送られる．内側のレートジャイロによるフィードバックループは，減衰特性の悪い高速機やもともと固有安定性をもたないヘリコプターの減衰特性を増加させるための**ピッチダンパ回路**で，**安定増強（大）装置**あるいは **SAS (Stability Augmentation System)** と呼ばれている．

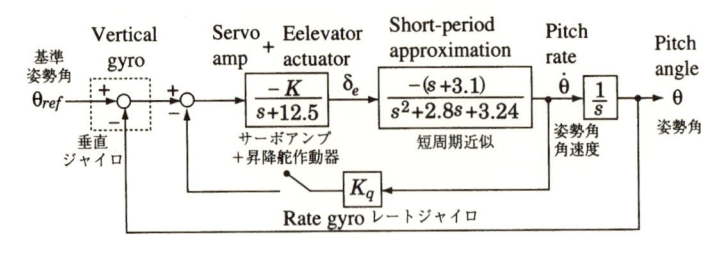

図 7-12 ピッチダンパ回路を含む航空機の姿勢制御装置

本例では，まずピッチダンパ回路を切った $(K_q = 0)$ 状態を考える．
(1) 閉ループ特性方程式は次の通り

7-4 根軌跡法による航空・宇宙機の姿勢制御システム設計例

$$1 + K \frac{s+3.1}{s(s+12.5)(s^2+2.8s+3.24)} = 0 \qquad (7\text{-}57)$$

なお，閉ループ伝達関数は次式となる．

$$T(s) = \frac{\theta(s)}{\theta_{ref}(s)} = \frac{K(s+3.1)}{s^4 + 15.3s^3 + 38.24s^2 + (K+40.5)s + 3.1K} \qquad (7\text{-}58)$$

(2) 開ループ極と零点

(7-57)式より，サーボアクチュエータ極が-12.5に，短周期極が$-1.4 \pm 1.13j$に，さらに積分極が原点に存在し，計$n=4$の極がある．また-3.1に零点が存在する．

(3) 原点上の極($s=0$)並びに$s=-12.5$の極は奇数番目であるから，その左実軸部は根軌跡の一部である．

(4) $n-m = 4-1 = 3$ より3個の根軌跡が無限遠方へ向かう．

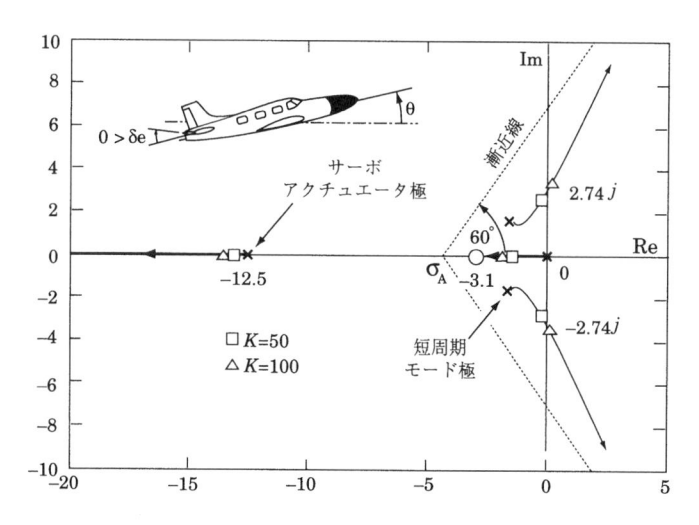

図7-13 $K_q = 0$ でθのみをフィードバックした場合の根軌跡

(5) 漸近線の中心と位相角は

$$\text{中心}: \sigma_A = \frac{(-12.5+0-1.4+1.13j-1.4-1.13j)-(-3.1)}{4-1} = -4.07$$

$$(7\text{-}59)$$

位相角：$\phi_A = \pm \dfrac{(2k+1)180°}{4-1} = \pm 60°, \pm 180°, \pm 300°$ \hfill (7-60)

(6) 分岐点は存在しない．

(7) 漸近線の傾きから，2本の根軌跡が虚軸を切ることがわかる．このことから，ピッチ角 θ のみのフィードバックでは閉ループシステムは不安定になる場合があり，ピッチレート $\dot{\theta}$ のフィードバック，すなわちピッチダンパ回路が必要であることもわかる．

特性方程式(7-57)を整理して次の特性方程式を得る．

$$s^4 + 15.3s^3 + 38.24s^2 + (K + 40.5)s + 3.1K = 0 \quad (7\text{-}61)$$

根軌跡が虚軸を切る点を求めるために，ラウスの安定判別法を用いる．

ラウス数列

$$\begin{array}{c|ccc} s^4 & 1 & 38.24 & 3.1K \\ s^3 & 15.3 & K+40.5 & \\ \hline s^2 & b_2 & b_0 & \\ s^1 & c_1 & & \\ s^0 & d_0 & & \end{array}$$

$$b_2 = \dfrac{\begin{vmatrix} 1 & 38.24 \\ 15.3 & K+40.5 \end{vmatrix}}{-15.3} = \dfrac{544.6 - K}{15.3} \quad (7\text{-}62)$$

$$b_0 = \dfrac{\begin{vmatrix} 1 & 3.1K \\ 15.3 & 0 \end{vmatrix}}{-15.3} = 3.1K \quad (7\text{-}63)$$

$$c_1 = \dfrac{\begin{vmatrix} 15.3 & K+40.5 \\ b_2 & b_0 \end{vmatrix}}{-b_2} = \dfrac{(K+295.7)(K-74.6)}{K-544.6} \quad (7\text{-}64)$$

$$d_0 = \dfrac{\begin{vmatrix} b_2 & b_0 \\ c_1 & 0 \end{vmatrix}}{-c_1} = b_0 = 3.1K \quad (7\text{-}65)$$

安定条件

特性方程式のすべての係数が同符号である必要性から

1) $K + 40.5 > 0 \quad \rightarrow \quad K > -40.5$

2) $3.1K > 0$　　　　　→　　$K > 0$ 　　　　　　　　　　(7-66)

ラウス配列の第1列が同符号である必要性から

3) $b_2 > 0$　　　　　→　　$K < 544.6$
4) $c_1 > 0$　　　　　→　　$-295.7 < K < 74.6$ 　　　　(7-67)
5) $d_0 > 0$　　　　　→　　$K > 0$

以上の条件をまとめると安定となるKの範囲は

$$0 < K \leq 74.6 \tag{7-68}$$

となる．ただし，$K = 74.6$ は安定限界（中立）である．

安定限界における極

$K = 74.6$ のとき s^1 の行は0行となるので，s^2 の行から次の補助方程式を作る．

$$b_2 s^2 + b_0 = 30.72 s^2 + 231.3 = 0 \tag{7-69}$$

これより

$$s = \pm 2.74 j \tag{7-70}$$

となり，虚軸を切る点とそのときのKの値を得る．

(8) 出発角

位相条件より

$$\theta_z - (\theta_1 + \theta_2 + \theta_3 + \theta_4) = 180° \tag{7-71}$$

θ_2 が求める出発角であるから

$$\begin{aligned}\theta_2 &= \theta_z - \theta_1 - \theta_3 - \theta_4 - 180° \\ &= 33.6° - 141.1° - 90° - 5.8° - 180° = -23.3° - 360°\end{aligned} \tag{7-72}$$

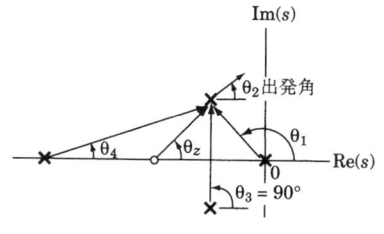

図 7-14　出発角の求め方

この出発角では，根軌跡が漸近線に一致するのはだいぶ遠方になってからであることが推測される．

7-5 根軌跡法による複数パラメータの設計

根軌跡法のそもそもの出発点となった基本形は(7-13)式であった．再記すると次の形である．

$$F(s) = 1 + KP(s) = 0 \tag{7-73}$$

そこでこの基本形にもどって考えれば，$P(s)$ は真の開ループ伝達関数である必要はないのである．システムゲイン K 以外の他のシステムパラメータについてもこの基本形に変形できれば，そのときの $P(s)$ を仮の開ループ伝達関数と考えることで，そのパラメータの影響を根軌跡法で調べることが可能である．さらに，2個のパラメータの影響をみるためには，根軌跡法を2度繰り返せばよい．これを次の2例で示す．

例題 7-7 前向きゲイン／フィードフォワード (feedforward) ゲイン K_1 とフィードバックゲイン K_2 の2パラメータの影響を調べる．

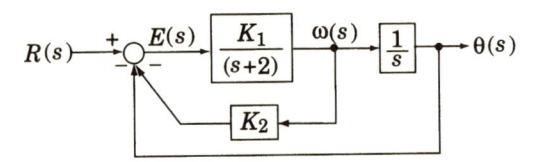

図 7-15 複数パラメータ(K_1, K_2)を有する閉ループシステム

これはDCサーボモータの閉ループ制御システムに相当し，K_2 はタコメータのゲインに相当する．閉ループ特性方程式は

$$1 - \left\{-\frac{K_1 K_2}{s+2} - \frac{K_1}{s(s+2)}\right\} = 1 + \frac{K_1(K_2 s + 1)}{s(s+2)} = 0 \tag{7-74}$$

である．この分母を払い

$$s^2 + 2s + K_1 K_2 s + K_1 = 0 \tag{7-75}$$

ここで先に K_2 の影響を調べたいとする．そのために $s^2 + 2s + K_1$ で(7-75)式を割って(7-73)式の基本形を得る．ただし $K = K_1 K_2$ とする．

$$1 + KP(s) = 1 + K\frac{s}{s^2 + 2s + K_1} = 0 \tag{7-76}$$

ここで K_1 一定で，K_2 を $0 \to \infty$ と変えるときの根軌跡は

$$s^2 + 2s + K_1 = 0 \tag{7-77}$$

の根を出発点とすることがわかる．しかし，この式には K_1 なる未定のパラメータが存在するので出発点の値は K_1 の値によって異なることになる．つまり，$K_1: 0 \to \infty$ と変わるときの(7-77)式の根の変化を調べる必要が生じる．そこで根軌跡法の基本形を得るために再度(7-77)式を $s^2 + 2s$ で割ると，(7-77)式の根軌跡は次の方程式から定められることになる．

$$1 + K_1 \frac{1}{s(s+2)} = 0 \tag{7-78}$$

ゲイン $K_1 = 20$ に対する根を図7-16(a)の軌跡上に□印で示す．

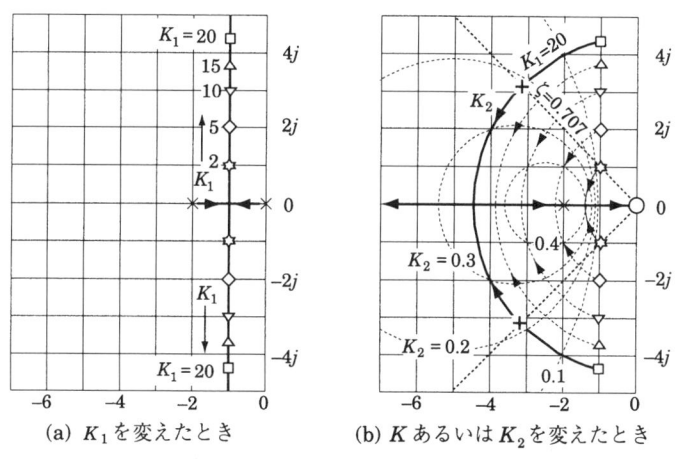

(a) K_1 を変えたとき (b) K あるいは K_2 を変えたとき

図7-16　2パラメータの根軌跡

次に $K_1 = 20$ と固定した状態で $K = 20K_2$ を変えたときの根軌跡を図7-16(b)に示す．$\zeta = 0.707$ の根は $K_2 = 0.215$ のときに得られる．このようにして2個のパラメータに対する根軌跡群をつくることができる．

例題 7-8　例題7-6を再び取り上げる．今度はピッチダンパ回路も働かせて，K と K_q を各々変えた場合の根軌跡群を求める．

図7-12より閉ループ特性方程式は

$$F(s) = 1 + K \frac{(K_q s + 1)(s + 3.1)}{s(s + 12.5)(s^2 + 2.8s + 3.24)} = 0 \tag{7-79}$$

である．漸近線は次式で与えられる．

$$\sigma_A = \frac{(-12.5 - 2.8) - (-3.1 - 1/K_q)}{4 - 2} = -6.1 + \frac{1}{2K_q} \qquad (7\text{-}80a)$$

$$\phi_A = -\frac{180° + 360°k}{4 - 2} = \pm 90° \qquad (7\text{-}80b)$$

ただし $K_q \neq 0$ の場合である．図7-17は $0 \to \infty$ としたときの(7-79)式の根軌跡を $K_q = 0.05, 0.1, \cdots 1, 2$ についてプロットしたものである．既に図7-13に示した $K_q = 0$ の場合も比較のためにプロットしてある．

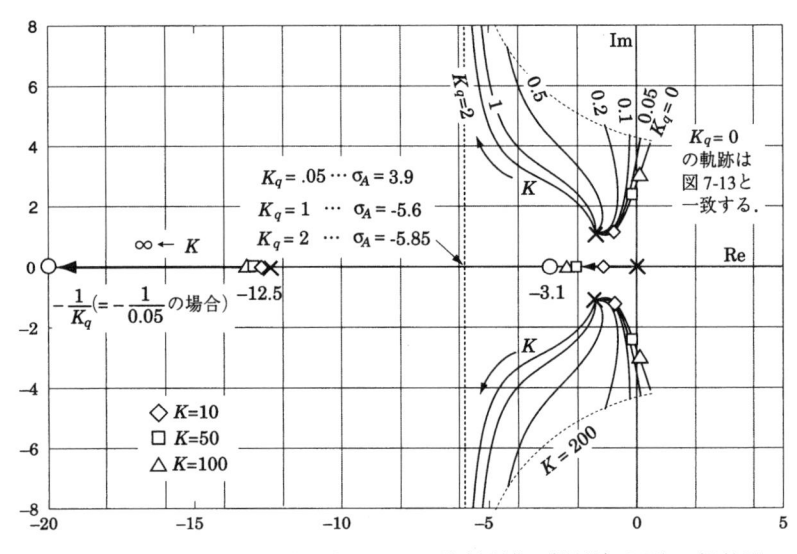

図7-17 バーティカルジャイロによる姿勢制御（保持）回路の根軌跡

次に K をある値に固定しておいて，K_q を $0 \to \infty$ と変化させたときの根軌跡を調べてみよう．(7-79)式の分母を払って

$$s(s+12.5)(s^2 + 2.8s + 3.24) + K(s+3.1) + KK_q s(s+3.1) = 0 \qquad (7\text{-}81)$$

この式を（第1項＋第2項）で割って $1 + KP(s)$ の形を求める．

$$1 + KK_q \frac{s(s+3.1)}{s(s+12.5)(s^2 + 2.8s + 3.24) + K(s+3.1)} = 0 \qquad (7\text{-}82)$$

この根軌跡の出発点は(7-82)式第2項の分母を0と置いた次の方程式の根となる．

7-5 根軌跡法による複数パラメータの設計

$$s(s+12.5)(s^2+2.8s+3.24)+K(s+3.1)=0 \qquad (7\text{-}83)$$

この方程式には未確定のゲイン K があるので出発点はこの K の値の影響を受ける．そこで K をパラメータとしたときの出発点の軌跡をさらに考える必要がある．そのために(7-83)式の第2項を第1項で割った

$$1+K\frac{s+3.1}{s(s+12.5)(s^2+2.8s+3.24)}=0 \qquad (7\text{-}84)$$

より出発点に関する軌跡を求める．この式は(7-57)式そのものであり，その根軌跡は既に図7-13あるいは図7-17に示した通りである（図7-18の点線）．

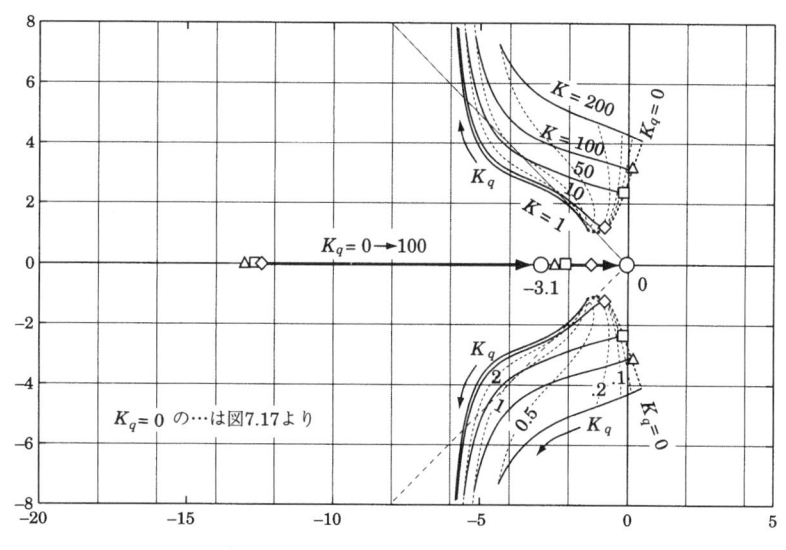

図 7-18　ピッチレートフィードバックの効果と根軌跡

さて，(7-82)式の根軌跡にもどって，$K=50$ で $K_q=0\to\infty$ の場合を考える．出発点は□印の点で，分子に $s=0$，-3.1 の零点があるから，実軸上の極はこの値に向かって移動する．結果は図7-18に示す通りである．こうしてピッチダンパ回路によって不安定側にある根が安定側（左半面）に移動されることがわかる．このようにして得られた根軌跡と図7-17の根軌跡を合成すれば2個のパラメータに対する根軌跡群を得ることができる．図7-18には既に点線で図7-17の軌跡が示してある．この根軌跡群より減衰係数 $\zeta=0.7$ を与える2つのシステムゲインの値の組み合わせは，原点からの45°の線と交差する根軌跡か

ら，$(K, K_q) \approx (50, 10)$ が一つの選択の候補となることが読みとれる．

7-6 まとめ

閉ループシステムの相対安定と過渡応答性能は，閉ループ特性方程式の根（極）位置に直結している．したがって，システムパラメータ（ゲイン）が変わるときの特性根の動き方を根軌跡法によって調べた．根軌跡法は図式解法ではあるが，システム設計の初期段階において，パラメータの影響を解析するための概略のスケッチを容易に得ることができる点で非常に有用である．代数方程式の数値解法プログラムを有する計算機が簡単に利用できる今日であっても，この事情は変わっていない．

問　題

7-1 次のフィードバック制御システムの根軌跡を K について求めよ．

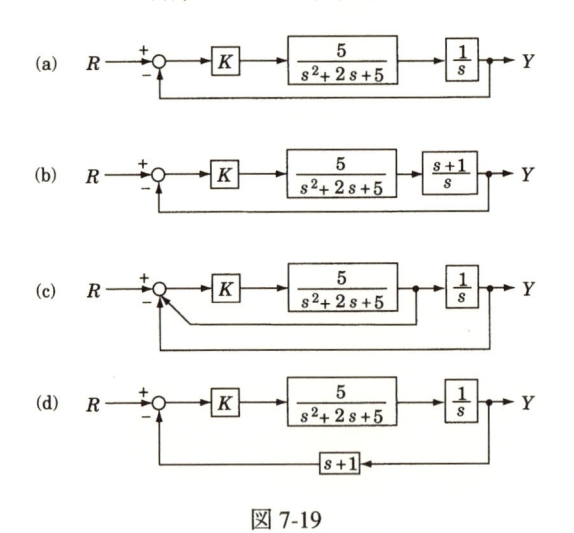

(a) $R \xrightarrow{+} \bigcirc \xrightarrow{} K \xrightarrow{} \dfrac{5}{s^2+2s+5} \xrightarrow{} \dfrac{1}{s} \xrightarrow{} Y$

(b) $R \xrightarrow{+} \bigcirc \xrightarrow{} K \xrightarrow{} \dfrac{5}{s^2+2s+5} \xrightarrow{} \dfrac{s+1}{s} \xrightarrow{} Y$

(c) $R \xrightarrow{+} \bigcirc \xrightarrow{} K \xrightarrow{} \dfrac{5}{s^2+2s+5} \xrightarrow{} \dfrac{1}{s} \xrightarrow{} Y$ （内側フィードバック）

(d) $R \xrightarrow{+} \bigcirc \xrightarrow{} K \xrightarrow{} \dfrac{5}{s^2+2s+5} \xrightarrow{} \dfrac{1}{s} \xrightarrow{} Y$ （フィードバックに $s+1$）

図 7-19

7-2 次の正のフィードバックに対して，本文で説明した根軌跡の性質を修正せよ．なお，この場合の根軌跡を**ゼロ角根軌跡**(zero-angle root locus)という．

$$1 - K \frac{(s+z_1)\cdots(s+z_m)}{(s+p_1)(s+p_2)\cdots(s+p_n)} = 0$$

7-3 ある程度の固有安定性を有する固定翼航空機と異なって，ヘリコプタには固有安定性がないため自動安定化装置は必須である．図7-20に自動安定化ループを搭載したヘリコプタ並びにパイロットの操縦桿制御による姿勢制御システムを示す．パイロットが操縦桿を使用していないとき，スイッチは開いていると考える．パイロット特性，ヘリコプタダイナミックス，自動安定装置の伝達関数は次式で表される．

$$G_1(s) = \frac{1}{s^2 + 12s + 1}, G_2(s) = \frac{s+1}{s+9}, G_3(s) = \frac{25(s+0.03)}{(s+0.4)(s^2 - 0.36s + 0.16)}$$

(a) パイロットの制御ループが開いている（手放し操縦）とき，自動安定ループの根軌跡を描け．複素根の減衰比 $\zeta = 0.707$ を与えるゲイン K_2 を求めよ．
(b) (a)で求めた減衰比に対して，突風 $T_d(s) = 1/s$ に対する定常誤差を求めよ．
(c) K_2 を(a)で計算した値に設定した上で，パイロットループを加えた．K_1 がゼロから ∞ まで変わるときの根軌跡を描け．
(d) 求めた根軌跡から K_1 を適当な値に設定し，そのときの(b)の定常誤差を再度計算せよ．K_2 は(a)の設定のままとする．

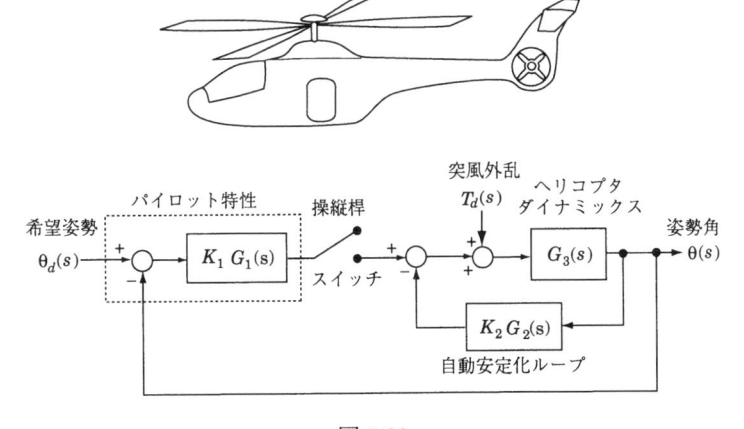

図 7-20

7-4 小さな翼のついた飛行体は，惑星探査ミッションや**宇宙往還機**などの**再突入機** (re-entry vehicle)として使用されるが，大気通過中に外乱の影響を受ける．この外乱による応答を減衰するために姿勢制御システムを設計することが重要

である．再突入飛行体の運動を定義する諸変数と姿勢制御システムのブロック線図を図7-21に示す．この飛行体が打ち上げ後 32.5 秒でマッハ 3 になったとき，飛行体の伝達関数は次のように近似される．$G_3(s)$ の一組の複素極と一組の複素零点は飛行体の弾性曲げ振動を表している．

$$G_3(s) = \frac{\theta(s)}{\delta_e(s)} = \frac{(s+0.1)(s^2+2.0s+289)}{s(s-0.4)(s+0.8)(s^2+1.45s+361)}$$

(a)ジャイロ極と弾性振動モードを無視して，システムの根軌跡を描け．
(b)ジャイロ極を無視して，システムの根軌跡を描け．
(c)弾性振動モードを無視して，システムの根軌跡を描け．
(d)すべての極と零点を考慮に入れて，システムの根軌跡を描き(a),(b),(c)と比較せよ．
(e)代表根の ζ が 0 のときの閉ループゲインを求めよ．

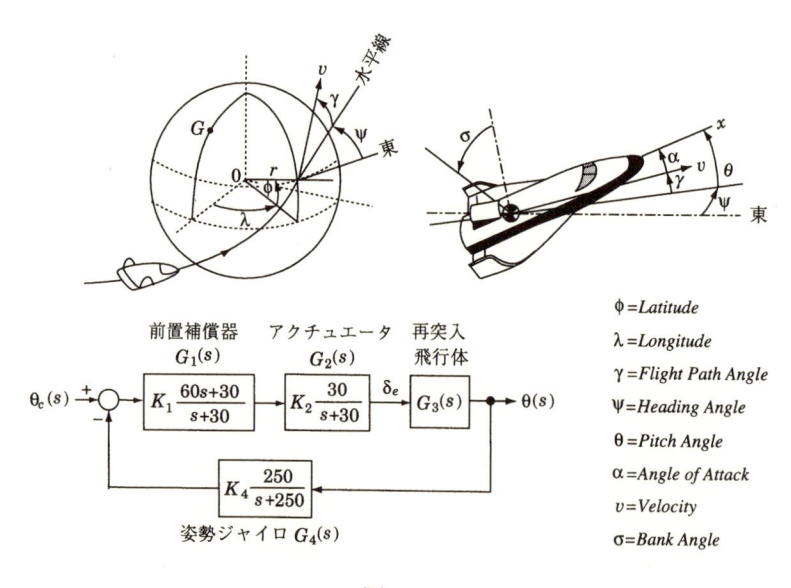

ϕ = Latitude
λ = Longitude
γ = Flight Path Angle
Ψ = Heading Angle
θ = Pitch Angle
α = Angle of Attack
v = Velocity
σ = Bank Angle

図 7-21

7-5 超音速輸送機 (SST) の飛行特性（伝達関数の係数）は飛行中の燃料消費による重量変化に従って次第に変化する．このような特性をもった機体の飛行制御システムは，マッハ 3 の高高度においても**操縦性**(handling quality)が優れ，

飛行状態も快適でなければならない．このような目的のために**自動飛行制御システム**(automatic flight control system)が機体固有の空力的安定性の不足を補強するために使用される．図7-22にその例を示す．

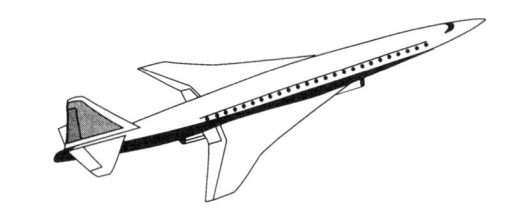

(a) HSCT concept（21世紀の極超音速機構想）

(b)

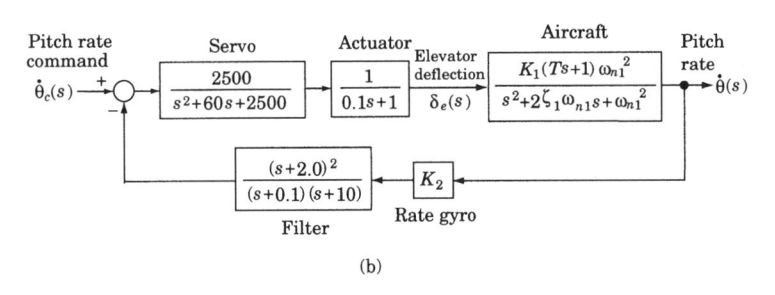

図 7-22

図7-22(b)に示す制御システムの代表極にとって望ましい特性は，$\zeta = 0.707$，$\omega_n = 2.5\mathrm{rad/s}$である．先に述べたように，消費燃料による重量変化に伴って$K_1, \omega_{n1}, \zeta_1, T$の値が変化する．このような機体の飛行制御システムの設計目標として，これらの係数の変化を認識して自らの特性を自動的に調整する能力をもつことが望ましい．このような自分自身の動特性を環境変化に合わせて自律的に変化させる自己調整(self-organizing)能力／学習(learning)能力を有する制御システムを**適応制御システム**(adaptive control system)と称する．しかし，その設計法は本テキストの範囲を越えることになるのでここでは次の定パラメータ値を仮定することにする．

$$\omega_{n1} = 2.5, \quad \zeta_1 = 0.30, \quad T = 10$$

ただし，機体ゲインK_1は中重量で巡航状態時の$K_1 = 0.02$から，軽重量で降

下状態時の $K_1 = 0.20$ の範囲で変わるものとする.
(a)ループゲイン $K_1 K_2$ の変化に対して根軌跡を描き，安定限界時の $K_1 K_2$ を決定せよ.
(b)サーボ極を無視して根軌跡を描き，(a)と比較せよ.
(c)機体が巡航状態の中重量にあるとき，閉ループシステムの代表極が
$\zeta = 0.707$ となるために必要なレートジャイロ・ゲイン K_2 を決定せよ.
(d)ゲイン K_2 は(c)で求めた通りとし，降下時（軽重量）のゲイン K_1 に対する根の減衰係数 ζ を求め，$\zeta = 0.707$ を回復するに必要な K_2 を決定せよ.

（問題の解答とヒント）

7-1) (a) $1 + GH(s) = 1 + K \dfrac{5}{s(s^2 + 2s + 5)} = 0, \sigma_A = -\dfrac{2}{3}, \phi_A = \pm 60°, 180°$

(b), (c), (d) の特性方程式はすべて同一になる．したがって根軌跡も同一である．$1 + GH(s) = 1 + K \dfrac{5(s+1)}{s(s^2 + 2s + 5)} = 0, \sigma_A = -\dfrac{1}{2}, \phi_A = \pm 90°$

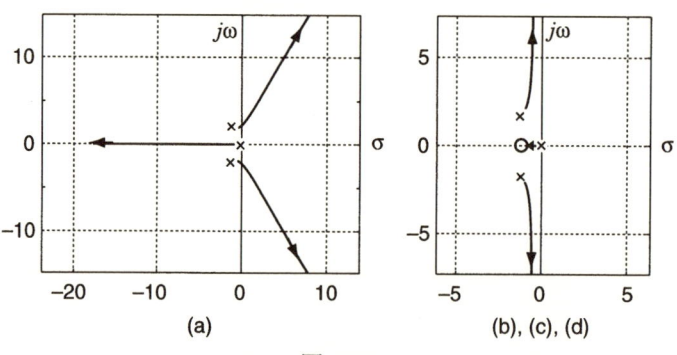

図 7-23

7-2) K が負のゲインは，正のフィードバックのときに生じる．そのときは $-K$ と置いて K を改めて正として取り扱うと $1 + L(s) = 1 - KP(s) = 0$，$KP(s) = 1 = e^{j2\pi k}, k = 0, \pm 1 \pm 2, \cdots$，これより位相条件は次のように変更される．$\angle P(s) = \angle(s + z_1) \cdots + \angle(s + z_m) - (\angle(s + p_1) \cdots + \angle(s + p_n)) = 2\pi k$，この位相条件の変更に従って次の性質が修正の必要がある.

性質3：右より数えて奇数番目の開ループ極あるいはゼロ点の右側，あるいは偶数番目の左側の実軸は根軌跡の一部である.

性質5：漸近線の中心の角度 $\phi_A = -\dfrac{2\pi k}{n-m}, k = 0, \pm 1, \pm 2, \cdots$

性質8：分離点からの出発角，合流点への到着角は位相条件の変更に従う．

7-3) (a) $\sigma_A = -4.0$, $\phi_A = \pm 90°$ で図(a)となる．$K_2 = 1.58$ でほぼ $\zeta = 0.707$.

(b) $\dfrac{\theta(s)}{T_d(s)} = \dfrac{G_3(s)}{1 + K_2 G_2(s) G_3(s)}$,

$e_\theta(\infty) = 0 - \theta(\infty) = -\dfrac{G_3(0)}{1 + K_2 G_2(0) G_3(0)} = \dfrac{-9(25)(0.03)}{0.4(0.16)(9) + 25(0.03)K_2}$

(c) $\sigma_A = -3.0$, $\phi_A = \pm 45°, \pm 135°$ で図(b)のようになる．

(d) $\dfrac{\theta(s)}{T_d(s)} = \dfrac{G_3(s)}{1 + K_1 G_1(s) G_3(s) + K_2 G_2(s) G_3(s)}$,

$e_\theta(\infty) = 0 - \theta(\infty) = \dfrac{-G_3(0)}{1 + K_1 G_1(0) G_3(0) + K_2 G_2(0) G_3(0)}$

$= \dfrac{-9(25)(0.03)}{9(0.4)(0.16) + 25(0.03)(9K_1 + K_2)}$, $K_1 = 1.04$, $K_2 = 1.58$

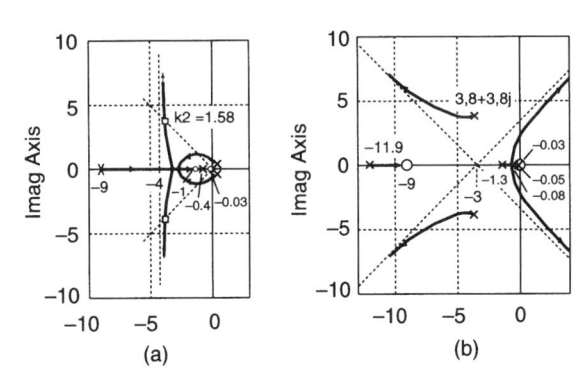

図 7-24

7-4) (a),(b),(c),(d) は下図参照．(e) $K = K_1 K_2 K_4 = 19.3$ で安定限界．

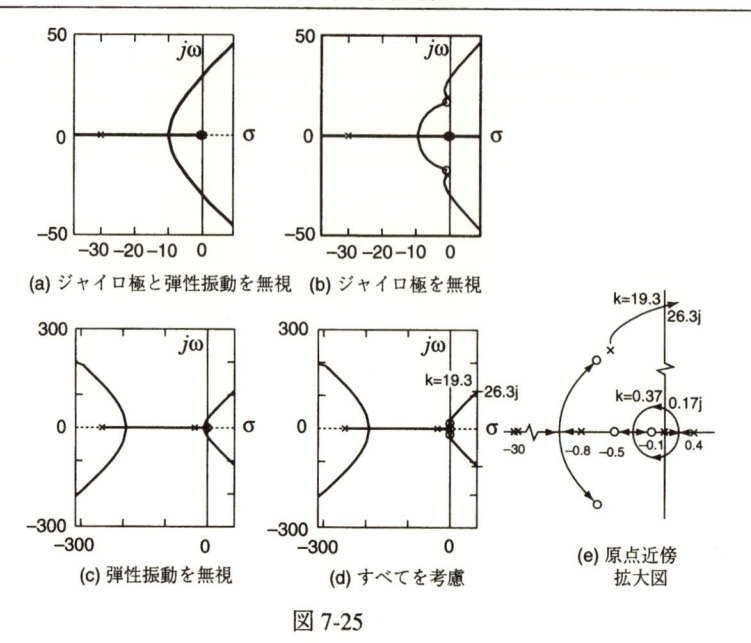

(a) ジャイロ極と弾性振動を無視　(b) ジャイロ極を無視

(c) 弾性振動を無視　(d) すべてを考慮　(e) 原点近傍拡大図

図 7-25

7-5) (a) $K = K_1 K_2$ とする． $\sigma_A = -19.4$， $\phi_A = \pm 45°, \pm 135°$ で図(a)のようになる． $\zeta = 0.707$ と安定限界時のゲインを図中に示す．

(b) サーボ極を無視すると $\sigma_A = -8.75$， $\phi_A = \pm 90°$ より図(b)となる．

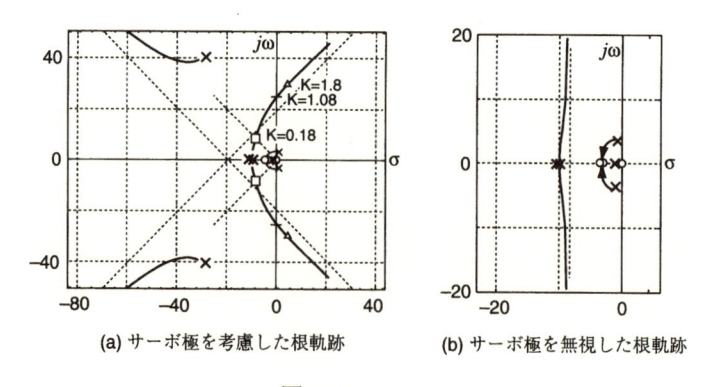

(a) サーボ極を考慮した根軌跡　(b) サーボ極を無視した根軌跡

図 7-26

(c) $K = 0.02 K_2 = 0.18 \rightarrow K_2 = 9$, (d) $K = 0.2 \times 9 = 1.8$, 図より $\zeta = -3.9 / 29.5 = -0.133$． $K = 0.2 K_2 = 0.18 \rightarrow K_2 = 0.9$．

第8章 周波数領域における安定判別法

8-1 はじめに

6章において，特性方程式の係数から制御システムの安定性を判別するラウスの方法を紹介した．本章ではシステムの安定性を周波数領域から調べる．

周波数領域の安定基準は H. Nyquist（ナイキスト）によって1932年に開発され，以来，**ナイキストの安定判別法**(Nyquist stability criterion) と呼ばれ，線形制御システムの安定性を調べる基本的手法の一つとなっている．この手法は複素関数論における閉曲線の写像に関する**コーシーの定理**(Cauchy's theorem)に基づいている．

8-2 s 平面上における閉曲線の等角写像

初めに関数 $F(s)$ による s 面上の閉曲線写像を考える．ラプラス演算子 s は複素変数 $s=\sigma+j\omega$ であるから，関数 $F(s)$ 自身も複素である．これを $F(s)=u+jv$ と表せば複素 $F(s)$ 面上の u,v 座標軸で表すことができる．例えば，次の例を考えよう．

例題 8-1 複素数 s が図8-1(a), 8-2(a)の単位正方閉曲線を一周するとき，$F_1(s), F_2(s)$ の写像を各複素平面にプロットせよ．

$$F_1(s) = \frac{s-1}{s+1} \tag{8-1}$$

$$F_2(s) = \frac{s-1}{s-0.5} \tag{8-2}$$

s が正方閉曲線を一周するときの点 $A, B, \cdots, H$ の値と対応する $F_1(s), F_2(s)$ の値を表8-1に示す．この計算をもっと細かな間隔で行い図にプロットすると，$F(s)$ 面上に写像された閉曲線は図8-1(b), 8-2(b)に示す通りとなる．

この写像は s 面上での曲線の角を写像された $F(s)$ 面上でも保持するので**等角写像**(conformal mapping)と呼ばれる．このとき，閉曲線の周回方向として**時計回り**（$A, B, C \cdots$ 順の方向）を正方向と定義する．また，閉曲線を一周すると

表 8-1

	A	B	C	D	E	F	G	H
$s = \sigma+j\omega$	2	$2-j$	$1-j$	$-j$	0	$+j$	$1+j$	$2+j$
$F_1(s) = u+jv$	$\dfrac{1}{3}$	$\dfrac{4-2j}{10}$	$\dfrac{1-2j}{5}$	$-j$	-1	$+j$	$\dfrac{1+2j}{5}$	$\dfrac{4+2j}{10}$
$F_2(s) = u+jv$	$\dfrac{2}{3}$	$\dfrac{10-2j}{13}$	$\dfrac{4-2j}{5}$	$\dfrac{6-2j}{5}$	2	$\dfrac{6+2j}{5}$	$\dfrac{4+2j}{5}$	$\dfrac{10+2j}{13}$

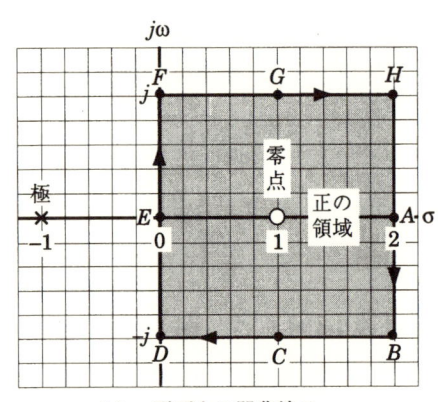

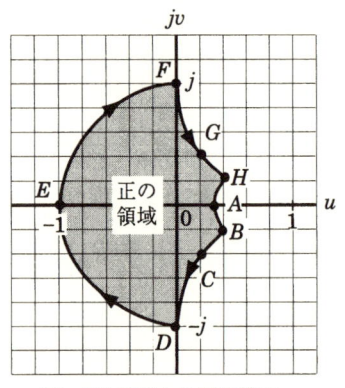

(a) s 平面上の閉曲線 Γ_s　　(b) $F(s)$ 平面上の閉曲線 Γ_F

図 8-1　$F_1(s) = (s-1)/(s+1)$ の写像

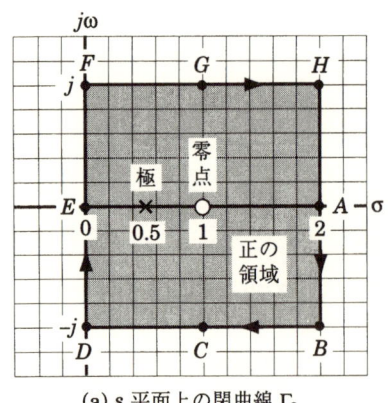

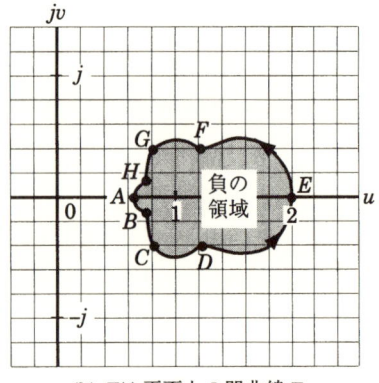

(a) s 平面上の閉曲線 Γ_s　　(b) $F(s)$ 平面上の閉曲線 Γ_F

図 8-2　$F_2(s) = (s-1)/(s-0.5)$ の写像

き，右側にある閉曲線で囲まれた領域を**正の領域**と考える．この取り決めは複素関数論で使われるものと反対であるが，制御システム理論では一般に使われる定義である．

ここで，s平面上においてある閉曲線を描くとき，その内部に含まれる$F(s)$の極の個数や零点の個数と，写像された$F(s)$面の閉曲線の原点周回数との間には次の関係があることが知られている．

<コーシーの定理（偏角の定理）>

> s面上において，複素数sが閉曲線Γ_sに沿って時計方向に周回するときを考える．このときΓ_sの内部に$F(s)$のZ個の零点とP個の極を含むならば，$F(s)$面上に写像された閉曲線Γ_Fは$F(s)$面の原点を$N = Z - P$回だけ時計方向に周回する．ただし，s平面においてΓ_sは$F(s)$の零点と極を通過しないものとする．

このコーシーの定理を例題8-1の場合について調べてみると，図8-1の例では単位正方形状の閉曲線Γ_sはその内部に1にある零点を含むが，-1の極は含んではいない．したがって，コーシーの定理より$N = Z - P = 1 - 0 = 1$となり，確かに$F(s)$面の閉曲線Γ_Fは原点を一周している．

一方図8-2の場合は内部に零点(1)と極(0.5)を含むから$N = Z - P = 1 - 1 = 0$となり，確かにΓ_Fは原点を周回してはいない．

［証明］次の関数を考える．

$$F(s) = \frac{(s+z_1)(s+z_2)\cdots(s+z_n)}{(s+p_1)(s+p_2)\cdots(s+p_n)} \tag{8-3}$$

ここで$-z_1, -z_2, \cdots -z_n$は$F(s)$の零点で，$-p_1, -p_2, \cdots -p_n$は$F(s)$の極である．分母と分子が同次数なのは後の(8-10)式を考えてのことである．(8-3)式の両辺を極形式に書き換えると

$$|F(s)|e^{j\angle F(s)} = \frac{|s+z_1|e^{j\phi_1} \cdot |s+z_2|e^{j\phi_2} \cdots |s+z_n|e^{j\phi_n}}{|s+p_1|e^{j\theta_1} \cdot |s+p_2|e^{j\theta_2} \cdots |s+p_n|e^{j\theta_n}} \tag{8-4}$$

これより$F(s)$の位相は

$$\angle F(s) = (\phi_1 + \phi_2 \cdots + \phi_n) - (\theta_1 + \theta_2 \cdots + \theta_n) \qquad (8\text{-}5a)$$

となる．ただし，$\phi_i, \theta_i, i = 1, \cdots, n$ は分子と分母の各因子の位相角であり，図8-3(a)に示すように，閉曲線 $\Gamma_s(s)$ 上の s 点に向かう各極と零点からのベクトルの角度変位である．

$$\phi_i = \angle(s + z_i), \theta_i = \angle(s + p_i), i = 1, 2, \cdots, n \qquad (8\text{-}5b)$$

今，s が Γ_s に沿って1周するとき，Γ_s の外部にある極と零点からの各ベクトルの角度 ϕ_i, θ_i の変化を考えると，それらの正味角変位は $0°$ である．一方，Γ_s 内に極あるいは零点が含まれる場合は，各ベクトルの角度は時計方向に $360°$ 変化する．そこで，Z 個の零点が Γ_s の内部に含まれていれば，$F(s)$ の正味角変位は $2\pi Z (\mathrm{rad})$ であり，P 個の極が含まれるならその変化は $-2\pi P(\mathrm{rad})$ である．したがって Γ_F の正味角変位 ϕ_F は

$$\phi_F = 2\pi N = 2\pi Z - 2\pi P \qquad (8\text{-}6)$$

である．これを 2π で割って回転数に直せば Γ_F の原点まわり周回数が与えられる．

$$N = Z - P \qquad (8\text{-}7)$$

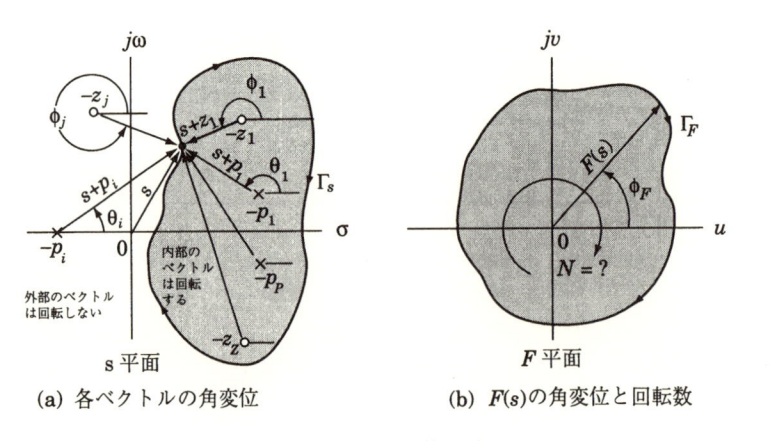

(a) 各ベクトルの角変位　　(b) $F(s)$ の角変位と回転数

図 8-3　Γ_F の正味角変位の求めかた

8-3 ナイキスト線図とナイキストの安定判別法

閉ループ制御システムの安定性を調べるため，閉ループ特性多項式の写像を考える．図 8-4(a)に示す多重ループシステムの閉ループ伝達関数は，加算点直前のフィードバック信号を出力 $Y(s)$ と考えると，同図(b)のように等価な直結フィードバックシステムを考えることができる．

(a) 多重フィードバックループシステム　　(b) (a)に等価なシステム

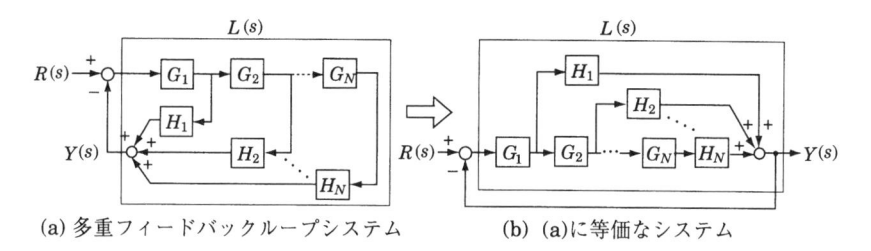

図 8-4　多重フィードバックループシステムとその別表現

ここで，メイソンのループゲイン公式を適用すると，伝達関数は

$$\frac{Y(s)}{R(s)} = \frac{G_1 H_1 + G_1 G_2 H_2 + G_1 G_2 G_3 H_3 \cdots}{1 - (-G_1 H_1 - G_1 G_2 H_2 - G_1 G_2 G_3 H_3 \cdots) + 0} = \frac{L(s)}{1 + L(s)} \quad (8\text{-}8)$$

と表すことができる．ただし，$L(s) = G_1 H_1(s) + G_1 G_2 H_2(s) + \cdots$ とおいている．この分母多項式を $F(s)$ と書くことにし，$L(s)$ を因子形で表すと閉ループ特性方程式は次の形となる．

$$F(s) = 1 + L(s) = 1 + K \frac{\prod_{i=1}^{m}(s + s_i)}{\prod_{i=1}^{n}(s + p_i)} = 0 \quad (8\text{-}9)$$

この(8-9)式を通分して分子を再度因数分解すると次の形に整理される．

$$F(s) = \frac{\prod_{i=1}^{n}(s + p_i) + K \prod_{i=1}^{m}(s + s_i)}{\prod_{i=1}^{n}(s + p_i)} = A \frac{\prod_{i=1}^{n}(s + z_i)}{\prod_{i=1}^{n}(s + p_i)} \quad (8\text{-}10)$$

ただし，$n = m$ のときは，$A = K + 1$，$n > m$ のときは $A = 1$ である．これを(8-8)式に代入して整理すれば閉ループ伝達関数 $T(s)$ は開ループ極が相殺されて次の形となる．

$$T(s) = \frac{K\dfrac{(s+s_1)\cdots(s+s_m)}{(s+p_1)\cdots(s+p_n)}}{A\dfrac{(s+z_1)\cdots(s+z_n)}{(s+p_1)\cdots(s+p_n)}} = \frac{K(s+s_1)(s+s_2)\cdots(s+s_m)}{A(s+z_1)(s+z_2)\cdots(s+z_n)} \quad (8\text{-}11)$$

ここで，単一ループのフィードバック制御の場合，$L(s) = GH(s)$ であり，これを開ループ伝達関数（あるいは一巡伝達関数）と呼んだことを思い出し，ここでは複数ループの場合であっても $L(s)$ のことを開ループ伝達関数と呼ぶことにする．すると $F(s)$ の極 $-p_1, -p_2, \cdots - p_n$ は開ループシステムの極であり，(8-11)式から $F(s)$ の零点 $-z_1, -z_2, \cdots - z_n$ が閉ループシステムの極となることに注意する．一方，(8-9)式第2項の零点 $-s_1, -s_2, \cdots -s_m$ は開ループの零点であるが，(8-11)式からわかるように零点はフィードバック制御の影響をうけないため，閉ループの零点でもある．

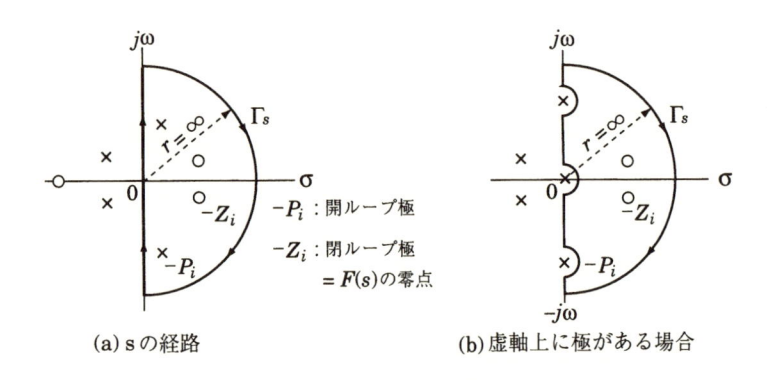

(a) s の経路　　　　　(b) 虚軸上に極がある場合

図 8-5　s 平面上の閉曲線 Γ_s

さて，閉ループシステムが安定であるためには，当然閉ループシステムの極はすべて s 平面上の左半面になければならない．そこで，図8-5に示すように，s 面上の右半面全体を包み込むような閉曲線 Γ_s を考える．Γ_s は虚軸に沿って $-j\infty$ から $+j\infty$ に伸び，半径無限大の半円経路と共に閉曲線を形成する．このとき虚軸上に極があればこれを避けるように微少半径で右に迂回する．虚軸部分の写像は前章で述べた周波数応答 $F(j\omega)$ に相当する．次いでナイキスト線図 (Nyquist diagram) と呼ばれる閉曲線 Γ_F を $F(s)$ 面内にプロットし，Γ_F が原点を回る周回数 N をコーシーの定理を使って調べる．この結果，Γ_s 内の $F(s)$ の零

8-3 ナイキスト線図とナイキストの安定判別法

点数（閉ループシステムの不安定な極の数）Z は，(8-7)式より

$$Z = N + P \tag{8-12}$$

で与えられる．特別の場合として，安定な開ループシステムに対して閉ループシステムを設計する場合は，$P = 0$ であるから，閉ループシステムの不安定極の数は $F(s)$ 面の原点回りの周回数に等しいことになる．

$$Z = N \tag{8-13}$$

さて，次に述べるナイキスト安定判別法は上述したように，閉ループ特性方程式

$$F(s) = 1 + L(s) \tag{8-14a}$$

$$F(s) = 1 + GH(s) : 単一ループの場合 \tag{8-14b}$$

の写像と，$F(s)$ 平面での原点周りの周回数を考えることにある．しかし，$F(s)$ の写像の代わりに開ループ伝達関数 $L(s)$ の写像を使用するのが便利である．

$$L(s) = F(s) - 1 \tag{8-15a}$$

$$GH(s) = F(s) - 1 : 単一ループの場合 \tag{8-15b}$$

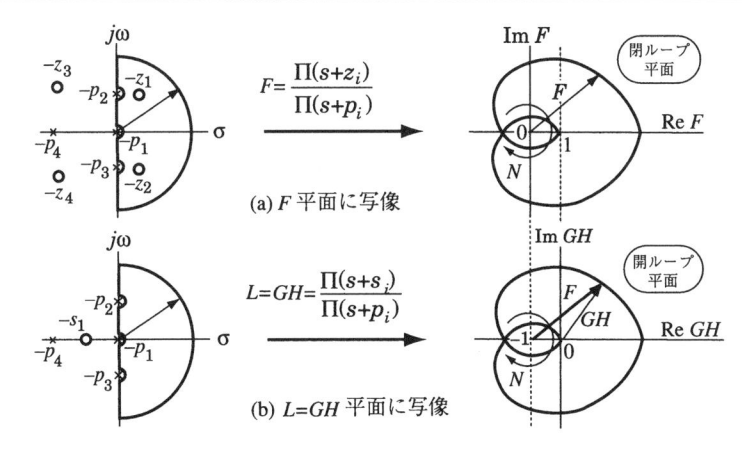

図 8-6　$F, L = GH$ 平面におけるナイキスト線図

この写像の利点は，$1 + L(s)$ の形の写像を考える代わりに開ループ伝達関数（一巡伝達関数）$L(s)$ の写像を考えることによって，閉ループ伝達関数の安定判別が簡単に行えることにある．今，図8-6を参照すると，$F(s)$ 面の原点は $L(s) = F(s) - 1$ より $L(s)$ 面の -1 点に対応している．したがって，図8-6(a)の

閉ループ平面におけるベクトル $F(s)$ の原点周回数 N を計算する代わりに，図 8-6(b)に示す開ループ平面におけるベクトル $L(s)$ の，-1 点まわり周回数 N を計算すればよいことになる．この N を(8-12)式あるいは(8-13)式に代入すれば閉ループシステムの安定性（Z の数）が，開ループシステムの写像と極から判別できることになる．かくして，次のナイキストの**安定判別法**(Nyquist criterion)を得る．

＜ナイキストの安定判別法（基準）＞

(I) 一般的な場合

> 閉ループ制御システムが安定 ($Z = 0$) であるためには
> $$N = -P$$
> より，$L(s)$ 面上の閉曲線 Γ_L は $(-1, 0)$ 点を反時計方向に，$L(s)$ の不安定極の数 P に等しい回数だけ周回しなければならない．もし，閉ループシステムが不安定な場合は $Z = N + P$ 個の不安定極が存在する．

(II) 開ループ制御システムが安定な場合

> $L(s)$ 極に不安定極がない場合 ($P = 0$)，閉ループ制御システムが安定であるためには，$L(s)$ 面上の閉曲線 Γ_L は $(-1, 0)$ 点を周回してはならない．

例題 8-2 次の単一ループ制御システムの安定性をナイキスト安定判別法によって解析する．

$$L(s) = GH(s) = \frac{K}{(T_1 s + 1)(T_2 s + 1)} \tag{8-16}$$

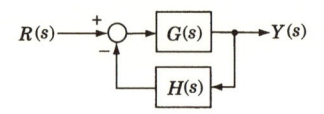

図 8-7 単一ループフィードバック制御システム

(a) 原点の写像

原点は $s = 0$ であるから，これを代入して

$$GH(0) = K \tag{8-17}$$

(b) 虚軸上 $\omega = -\infty \sim +\infty$ の部分

閉曲線 Γ_s のこの部分は $s = j\omega$ であるから，周波数応答の極プロットとして写像できる．$GH(j\omega)$ を極表示すると

$$GH(j\omega) = \frac{K}{(1+j\omega T_1)(1+j\omega T_2)} = \frac{K}{\sqrt{1+\omega^2 T_1^2}\sqrt{1+\omega^2 T_2^2}} e^{-j(\phi_1+\phi_2)} \tag{8-18}$$

特に $\omega \to \pm\infty$ となる B, C 点では，各ベクトルのゲインと位相を考えると

$$\lim_{\omega \to \pm\infty} |GH(j\omega)| = \lim_{\omega \to \pm\infty} \frac{K}{\sqrt{1+\omega^2 T_1^2}\sqrt{1+\omega^2 T_2^2}} = 0 \tag{8-19a}$$

$$\lim_{\omega \to \pm\infty} \angle GH(j\omega) = -\lim_{\omega \to \pm\infty}(\phi_1 + \phi_2)$$
$$= \lim_{\omega \to \pm\infty}\left\{-\tan^{-1}(T_1\omega) - \tan^{-1}(T_2\omega)\right\} = \mp\pi \tag{8-19b}$$

これより，写像は $-180°$ の負の実軸に漸近しながら原点に収束する．

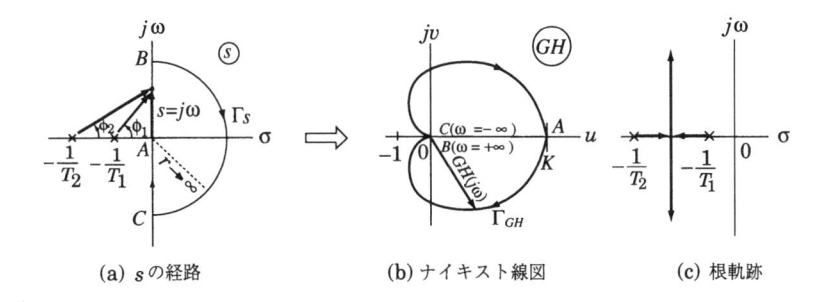

(a) s の経路　　(b) ナイキスト線図　　(c) 根軌跡

図 8-8　単ループフィードバック制御システムの安定判別

(c) 半径 $r = \infty$ の半円部分

閉曲線 Γ_s のこの部分は $s = re^{j\phi}$ ($-\pi/2 \leq \phi \leq \pi/2$) で $r = \infty$ であるから

$$\lim_{r \to \infty} GH(re^{j\phi}) = \lim_{r \to \infty} \frac{K}{(T_1 re^{j\phi}+1)(T_2 re^{j\phi}+1)} = \lim_{r \to \infty}\left(\frac{K}{T_1 T_2 r^2}\right)e^{-j2\phi} = 0 \tag{8-20}$$

となって $GH(s)$ 平面の原点に写像される．

(d) ナイキストの安定判別

図8-7の閉ループ制御システムの安定判別を行う．まず，開ループシステムは安定であるから $P=0$ である．したがってナイキスト安定基準の(II)の場合に相当する．この場合 $Z=N$ で，図8-8(b)よりナイキスト線図は$(-1,0)$点を周回してはいないから $Z=0$ である．よって，閉ループシステムは安定である．図(c)の根軌跡からも閉ループシステムが安定であることが確められる．

例題8-3 次の一巡伝達関数を有する閉ループシステムの安定性を判別する．

$$GH(s) = \frac{K}{s(Ts+1)} \tag{8-21}$$

単一フィードバックループであるから $L(s)=GH(s)$ である．s面上の閉曲線 Γ_s を図8-9(a)に示す．この閉曲線は原点上の極（関数の特異点）を避けるために半径 $\varepsilon\,(\varepsilon\to 0)$ の小さい半円で迂回している．写像された閉曲線 $\Gamma_L=\Gamma_{GH}$ を図8-9(b)に示す．s平面の虚軸（$\omega=+0\sim+\infty$）に対応するΓ_{GH}の写像部分は，周波数応答 $GH(j\omega)$ の単なる極表示であることに注意しよう．

以下，ナイキスト閉曲線 Γ_s をいくつかの部分に分け，各部分に対応するナイキスト線図 Γ_{GH} を求める．

(a) s面の原点近傍

原点の極近傍の微小半円の迂回路は，$s=\varepsilon e^{j\phi}\,(\varepsilon\approx 0)$ で，ϕ を $-90°$（E点）から $+90°$（B点）まで変えることで表せる．このとき写像 $GH(s)$ は

$$\lim_{\varepsilon\to 0} GH(\varepsilon e^{j\phi}) = \lim_{\varepsilon\to 0}\frac{K}{\varepsilon e^{j\phi}(T\varepsilon e^{j\phi}+1)} = \lim_{\varepsilon\to 0}\left(\frac{K}{\varepsilon e^{j\phi}}\right) = \lim_{\varepsilon\to 0}\left(\frac{K}{\varepsilon}\right)e^{-j\phi} \tag{8-22}$$

となる．したがって，$GH(s)$の位相は，$\angle GH=90°$（E点）から $\angle GH=0°$（A点）を経て，$\angle GH=-90°$（B点）まで $180°$ 変化するから，写像 $GH(s)$ は半径無限大で図(b)のように回転する．

(b) $\omega=+0$ から $\omega=+\infty$ までの部分

閉曲線 Γ_s のこの部分は，もし周波数応答が既に得られていれば単にその極プロットとして写像できる．ここでは $s=j\omega$ を代入して

$$GH(j\omega) = \frac{K}{j\omega(j\omega T+1)} = -\frac{KT}{1+\omega^2 T^2} - \frac{K}{\omega(1+\omega^2 T^2)}j \tag{8-23a}$$

これより，ω が $+0$ と $+\infty$ のときは，それぞれ

$$\lim_{\omega\to +0} GH(j\omega) = -KT - \infty j \tag{8-23b}$$

$$\lim_{\omega \to +\infty} GH(j\omega) = -0 - 0j \qquad (8\text{-}23c)$$

となり，図8-9(b)の B, C 点になる．特に，ω が $+\infty$ に近づくときのベクトル $GH(j\omega)$ の軌跡を見るために図8-9(a)に示すように各ベクトルのゲインと位相を考えると

$$\lim_{\omega \to +\infty} |GH(j\omega)| = \lim_{\omega \to +\infty} \frac{K}{|j\omega||j\omega T + 1|} = 0 \qquad (8\text{-}24a)$$

$$\lim_{\omega \to +\infty} \angle GH(j\omega) = -\lim_{\omega \to +\infty} \bigl(\angle j\omega + \angle (j\omega T + 1)\bigr) = -\frac{\pi}{2} - \frac{\pi}{2} \qquad (8\text{-}24b)$$

となり，$GH(j\omega)$ のゲインは 0 に，位相角は $180°$ に漸近することを知る．

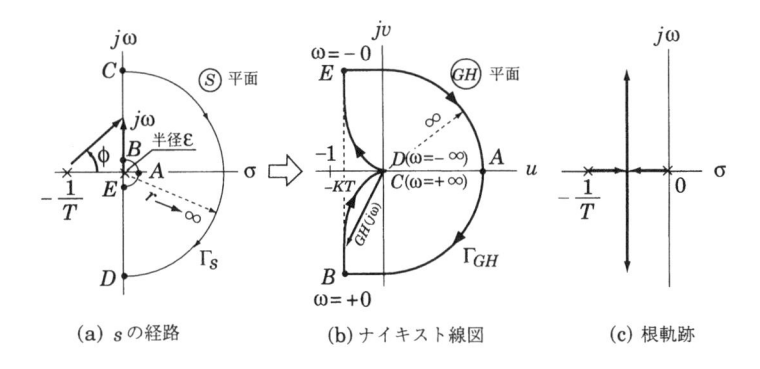

(a) s の経路　　(b) ナイキスト線図　　(c) 根軌跡

図 8-9　$GH(s) = K/\{s(Ts+1)\}$ のナイキスト線図と根軌跡

(c) 半径 $r = \infty$ の半円部分

閉曲線 Γ_s のこの部分は $s = re^{j\phi}(r = \infty)$ であるから，その写像は，

$$\lim_{r \to \infty} GH(re^{j\phi}) = \lim_{r \to \infty} \frac{K}{re^{j\phi}(Tre^{j\phi} + 1)} = \lim_{r \to \infty} \left|\frac{K}{Tr^2}\right| e^{-2j\phi} = 0 \cdot e^{-2j\phi} \qquad (8\text{-}25)$$

で表される．これより $GH(s)$ のゲインは常に 0 である．すなわち，閉曲線 Γ_s の半径無限大の半円部分は $GH(s)$ 関数によって $GH(s)$ 面の原点に写像されることになるが，s の位相は $\phi = +90°$ から $\phi = -90°$ まで変わるから，計算機プログラムによって写像を求めるときは $r = \infty$ が実現できないため，$GH(s)$ の写像は微小半径で $-180°$ から $+180°$ まで回転することになる．

(d) 虚軸上の $\omega = -\infty$ から $\omega = -0$ の部分

閉曲線 Γ_s のこの部分は負の虚軸上であるから $s = -j\omega$ を代入して，写像は $GH(-j\omega)$ となる．しかし，これは $GH(j\omega)$ と

$$GH(-j\omega) = \overline{GH(j\omega)} \tag{8-26}$$

のように共役関係にある（問題8-1参照）．これより負の虚軸上の写像部分は，正の虚軸上の写像部分と実軸に対して上下対称となるため，計算手順が省略できることになる．

(e) ナイキストの安定判別

最後に，閉ループシステムの安定性を調べる．まず s 面の右半面上の極数は $P = 0$ である．次に図8-9(b)を調べると，設計ゲイン K および時定数 T の値にかかわりなく Γ_{GH} は -1 点を周回してはいないから $N = 0$ である．したがって，コーシーの定理より $Z = N + P = 0$ となり不安定極は存在しないから，この閉ループシステムは常に安定であると結論できる．ただし，7章と同じように，ゲイン K は正の値だけを考えている．もし負のゲインを考える必要があるときは，$K \geq 0$ として $-K$ を使えばよい．図(c)に比較のために根軌跡図も示してある．

以上の2例から次の一般的結論が引き出せる．

(1) 範囲 $-\infty < \omega < -0$ に対する写像曲線 Γ_{GH} は，範囲 $+0 < \omega < +\infty$ に対する写像曲線 Γ_{GH} と複素共役であるため，閉曲線 Γ_{GH} を周波数範囲 $+0 < \omega < +\infty$ に対してのみ考え，実軸に関して対称に作図すれば十分である．

(2) $s = re^{j\phi}$ で $r \to \infty$ のときの $GH(s)$ のゲインは一定値（通常0）に近づく．

～～～～～～～～～～～　メモ　～～～～～～～～～～～
－ナイキスト線図に関する盲点－

一巡伝達関数 $GH(s)$ が原点に極をもつ場合のナイキスト線図には，和洋書を通じて(A)のように間違った形に描かれている例が多い．$GH(s) = 1/\{s(s+1)\}$ の場合を考えると，$\omega \to 0$ の極限では

$$\lim_{\omega \to 0} \text{Re}[GH(j\omega)] = \lim_{\omega \to 0}\left(-\frac{1}{\omega^2 + 1}\right) = -1$$

より，(A)ではなくて実は(B)のようになる．無限がかかわる問題ではうっかりするとこの種の誤りに陥りやすいので注意が必要である．

また，Matlab / Control Toolbox のNyquist (numerator,denominator) コマンドを

用いるとナイキスト線図を自動的に描いてくれるので，複雑なナイキスト線図の場合は重宝する．しかし，これも原点に極を有する場合は苦手のようである．あくまでも虚軸上 $s = j\omega$ の写像を描くだけであり，原点近傍が自動計算されないため Γ_s 曲線が閉曲線として閉じていないのである．このため，Γ_{GH} も閉曲線にはならないにもかかわらず，誤った回転数を考えてしまうことが多い．

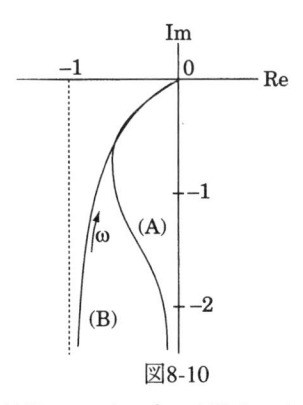

図8-10

このように無限大，無限小が関わってくると計算機アルゴリズムは弱く，人間が理論的考察からその間を埋める必要がある．

~~~~~~~~~~~~~~~~~~~~~~~~~~~~~~~~~~~~

例題 8-4 再び次の一巡伝達関数をもつ単ループシステムについて考える．

$$GH(s) = \frac{K}{s(T_1s+1)(T_2s+1)} \tag{8-27}$$

原点に極があるため閉曲線 Γ_s は図8-9(a)と同じである．またこの写像 Γ_{GH} は $GH(j\omega)$ 部と $GH(-j\omega)$ 部については既述したように上下対称であるから，$GH(j\omega)$ だけを計算すれば十分である．

(a) s 面の原点近傍

s 面の原点近傍の微少半径円の経路は前例題のように無限大の半円に写像される．

(b) 虚軸上: $s = j\omega$, $\omega = +0 \sim \omega = +\infty$ の部分

例題8-3(b)でも述べたように，この部分は周波数応答の写像であるから

$$GH(j\omega) = \frac{K}{j\omega(j\omega T_1+1)(j\omega T_2+1)} \tag{8-28}$$

これより，$GH(j\omega)$ のゲインと位相は次式で与えられる．

$$|GH(j\omega)| = \frac{K}{\omega\sqrt{\omega^2 T_1^2+1}\sqrt{\omega^2 T_2^2+1}} \tag{8-29a}$$

$$\angle GH(j\omega) = -\pi/2 - \tan^{-1}\omega T_1 - \tan^{-1}\omega T_2 \tag{8-29b}$$

この2式，あるいは図8-11(a)の3ベクトルのゲインと位相を考察すると，$\omega = +0$

では $GH(j\omega)$ はゲイン $= \infty$ で位相 $= -90°$ であるが，ω が $+\infty$ に近づくと

$$\lim_{\omega \to \infty}|GH(j\omega)| = \lim_{\omega \to \infty}\left|\left(\frac{K}{T_1 T_2}\right)\frac{1}{\omega^3}\right| = 0 \tag{8-30a}$$

$$\lim_{\omega \to \infty} \angle GH(j\omega) = -\pi/2 - \pi/2 - \pi/2 = -3\pi/2 \tag{8-30b}$$

となり，$GH(j\omega)$ は位相角 $-270°$ で虚軸に接するように原点に接近する．このとき，軌跡が $GH(s)$ 面の u 軸の負の実軸を横切ることに注意する．

(c) 半径無限大の半円部分

この部分の写像は $s = re^{j\phi}(r=\infty)$ を代入して

$$\lim_{r \to \infty}|GH(re^{j\phi})| = \lim_{r \to \infty}\frac{|K|}{|re^{j\phi}||T_1 re^{j\phi}+1||T_2 re^{j\phi}+1|} = \lim_{r \to \infty}\frac{K}{T_1 T_2 r^3} = 0 \tag{8-31}$$

これより $GH(s)$ 面の原点に写像される．故に，周波数応答 $GH(j\omega)$ の軌跡を描けば安定判別ための写像としては十分である．

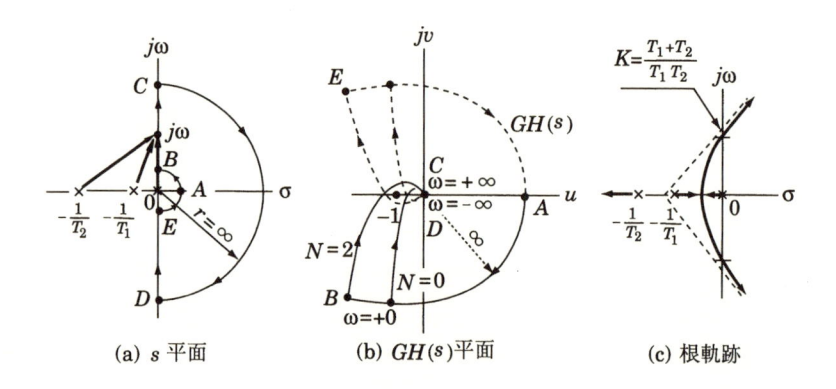

(a) s 平面　　(b) $GH(s)$ 平面　　(c) 根軌跡

図 8-11　$GH(s) = K/\{s(T_1 s+1)(T_2 s+1)\}$ のナイキスト線図と根軌跡

(d) $GH(s)$ が実軸を横切る点と K の値

$GH(s)$ 軌跡が実軸を切る点は

$$GH(j\omega) = u + jv = \frac{-K\omega(T_1+T_2) - jK(1-\omega^2 T_1 T_2)}{\omega(1+\omega^2 T_1^2)(1+\omega^2 T_2^2)} \tag{8-32}$$

の虚数部を $v = 0$ とおくことで求められる．そのときの周波数を ω_π と書くこ

とにすると
$$-K(1-\omega_\pi^2 T_1 T_2) = 0 \tag{8-33}$$

これより $\omega_\pi = 1/\sqrt{T_1 T_2}$ のとき負の実軸を横切る．この周波数 ω_π を(8-32)式に代入すれば $GH(j\omega)$ の実部の値が得られる．

$$u = GH(j\omega_\pi) = \frac{-K(T_1+T_2)}{\left(1+\dfrac{T_1^2}{T_1 T_2}\right)\left(1+\dfrac{T_2^2}{T_1 T_2}\right)} = -K\frac{T_1 T_2}{T_1+T_2} \tag{8-34}$$

(e) ナイキストの安定判別

軌跡が -1 点の左側を横切れば，-1 点を2回周回することになるから，$\varSigma = N + P = 2 + 0 = 2$ より閉ループシステムは右半面に2根を有し不安定である．逆に，-1 点の右側を横切れば -1 点を周回しないことになり，$Z = 0$ で閉ループシステムは安定である．よって，閉ループシステムは次のとき安定である．

$$-1 < -K\frac{T_1 T_2}{T_1+T_2} \quad\rightarrow\quad K < \frac{T_1+T_2}{T_1 T_2} \tag{8-35}$$

図(c)に比較のため根軌跡も示してある．

例題 8-5 再び次の単ループシステムの安定性を調べよう．$\varGamma_s$ は原点に極が2個あるので前2例と同じである．

$$GH(s) = \frac{K}{s^2(Ts+1)} \tag{8-36}$$

(a) s 面の原点近傍

s 面の原点にある小さい半円の迂回路は $s = \varepsilon e^{j\phi}$ で，$-\pi/2 \leq \phi \leq \pi/2$ であるから，その写像は

$$\begin{aligned}\lim_{\varepsilon\to 0} GH(\varepsilon e^{j\phi}) &= \lim_{\varepsilon\to 0}\frac{K}{(\varepsilon e^{j\phi})^2(T\varepsilon e^{j\phi}+1)} \\ &= \lim_{\varepsilon\to 0}\left(\frac{K}{\varepsilon^2}\right)\cdot e^{-j2\phi} = \infty\cdot e^{-j2\phi}\end{aligned} \tag{8-37}$$

である．このときの位相は，ϕ が $-\pi/2$ から $+\pi/2$ まで変わるから

$$\angle GH(\varepsilon e^{j\phi}) = -2\phi = \pi \to -\pi \tag{8-38}$$

となって，閉曲線 $\varGamma_{GH}$ は $+\pi$ から $-\pi$ へと半径無限大で時計方向へ 2π 回転する．

(b) 虚軸上: $s = j\omega$, $\omega = +0 \sim +\infty$ の部分

周波数応答は次の通りである．

$$GH(j\omega) = \frac{K}{-\omega^2(j\omega T + 1)} = \frac{K}{\omega^2\sqrt{1 + T^2\omega^2}} e^{j(-\pi - \tan^{-1}\omega T)} \quad (8\text{-}39)$$

$\omega \to +0$ と $\omega \to +\infty$ の両端では，$GH(j\omega)$ のゲインと位相は次のようになる．

$$\lim_{\omega \to +0} |GH(j\omega)| = \infty, \quad \lim_{\omega \to +0} \angle GH(j\omega) = -\pi \quad (8\text{-}40)$$

$$\lim_{\omega \to \infty} |GH(j\omega)| = 0, \quad \lim_{\omega \to \infty} \angle GH(j\omega) = -3\pi/2 \quad (8\text{-}41)$$

よって $\omega = +0 \to \infty$ では，$GH(-j\omega)$ はゲインが無限大から 0 にまで減少しながら位相は $-180°$ から $-270°$ まで変化する．（図8-12(b)）

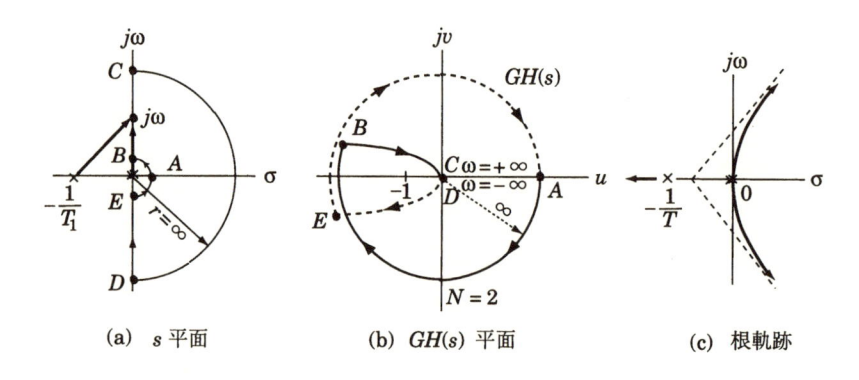

(a) s 平面　　(b) $GH(s)$ 平面　　(c) 根軌跡

図 8-12　$GH(s) = K/s^2(Ts + 1)$ のナイキスト線図と根軌跡

(c) 半径 $r = \infty$ の半円部分の写像：前3例と同様伝達関数の分母の次数が分子の次数よりも高いシステム（これを**強プロパーなシステム**という）であるため原点に写像される．

(d) ナイキストの安定判別

結局，閉曲線 Γ_{GH} は -1 点を 2 回周回するので（図8-12(b)）

$$Z = N + P = 2 + 0 = 2 \quad (8\text{-}42)$$

これより，この閉ループシステムは右半面に 2 個の根をもち，ゲイン K の値にかかわらず不安定である．参考のため図(c)に根軌跡も示してある．

8-3 ナイキスト線図とナイキストの安定判別法

例題 8-6 最後に少し複雑なナイキスト線図を取り扱う.
図8-13に示す原点に3重極を有する閉ループシステムの安定性を調べる.

$$GH(s) = K\frac{(T_1 s+1)(T_2 s+1)}{s^3} \tag{8-43}$$

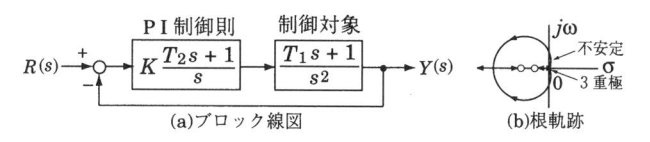

図 8-13 3重極を有するフィードバック制御システム

(a) s 面の原点における微小迂回路

$s = \varepsilon e^{j\phi}, -\pi/2 \leq \phi \leq \pi/2$ を代入すると

$$\lim_{\varepsilon \to 0} GH(\varepsilon e^{j\phi}) = \lim_{\varepsilon \to 0}\frac{K(T_1 \varepsilon e^{j\phi}+1)(T_2 \varepsilon e^{j\phi}+1)}{\varepsilon^3 e^{j3\phi}} = \lim_{\varepsilon \to 0}\left(\frac{K}{\varepsilon^3}\right)e^{-j3\phi} \tag{8-44}$$

となり,GH面の左半面上で 270° から –270° まで半径無限大で時計回りに540°回転する.

(b) 虚軸上:$s = j\omega$ で $\omega = +0 \sim +\infty$ の部分

$$GH(j\omega) = \frac{K(j\omega T_1 + 1)(j\omega T_2 + 1)}{(j\omega)^3} \tag{8-45a}$$

$$= K\frac{-(T_1+T_2)\omega + j(1-T_1 T_2 \omega^2)}{\omega^3} \tag{8-45b}$$

(8-45a)よりゲインと位相は

$$|GH(j\omega)| = \frac{K|j\omega T_1+1||j\omega T_2+1|}{|j\omega^3|} = \frac{K\sqrt{1+(\omega T_1)^2}\sqrt{1+(\omega T_2)^2}}{\omega^3} \tag{8-46a}$$

$$\angle GH(j\omega) = \tan^{-1}(\omega T_1) + \tan^{-1}(\omega T_2) - 3(\pi/2) \tag{8-46b}$$

で与えられ,$\omega = +0$ ではゲイン無限大で位相は $-270°$,$\omega = +\infty$ ではゲイン0で位相は $-90°$ となる.この途中で $-180°$ の線(負の実軸)を横切る.

(c) 負の実軸を横切る点

負の実軸を横切るときの周波数を ω_π と書くことにすると,(8-45b)式の分子虚

数部を0とおくことで $\omega_\pi = 1/\sqrt{T_1 T_2}$ を得る．これを再び(8-45b)式に代入して

$$u = GH(j\omega_\pi) = K\frac{-(T_1+T_2)(1/\sqrt{T_1 T_2})}{(1/\sqrt{T_1 T_2})^3} = -KT_1 T_2(T_1+T_2) \quad (8\text{-}47)$$

これより -1 点を通過するときの臨界ゲイン K_c は，(8-47)式を -1 とおいて

$$K_c = 1/T_1 T_2(T_1+T_2) \quad (8\text{-}48)$$

である．

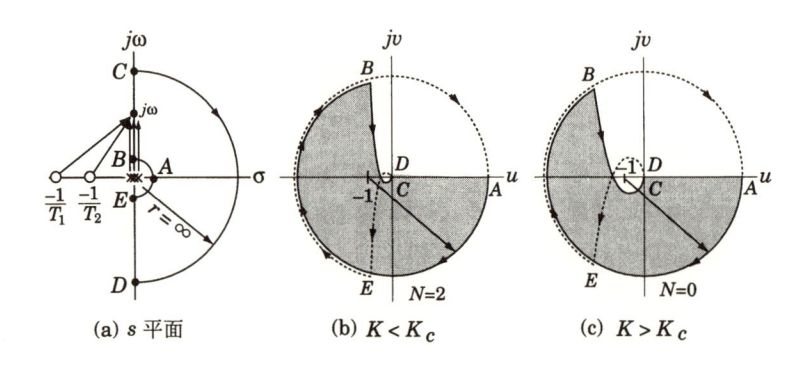

図8-14　高ゲイン時と低ゲイン時のナイキスト線図

(d)　半径 $r=\infty$ の半円部の写像

これまでの例題と同じく，分母次数の方が分子次数より大きい**強プロパー**なシステムであるから，原点に写像される．

(e)　ナイキストの安定判別

図8-14(b)に見るように，$K < K_c$ のとき -1 点は閉曲線の内部に含まれるから2回転している．他方，$K > K_c$ のときは同図(c)では -1 点は閉曲線の外部にあるから -1 点周りを回転していない．これより

　　$K < K_c$ のとき，$Z = N + P = 2 + 0 = 2$ で，閉ループシステムは不安定

　　$K > K_c$ のとき，$Z = N + P = 0 + 0 = 0$ で，閉ループシステムは安定

と条件付き安定を得る．なお，章末に例題8-2〜8-6をまとめて表として示してある．

8-4 相対安定とナイキスト線図

ナイキストの安定判別の基準点は，既に述べたように $GH(s)$ 平面では $(-1,0)$ 点である．したがって，この安定基準点(限界点)と $GH(j\omega)$ 軌跡との間隙をシステムの相対安定の尺度として利用することが考えられる．

例題8-4を再度例に取ってこのことを説明する．図8-15に K の3種の値に対する $GH(j\omega)$ 軌跡の $(-1,0)$ 点付近での様子を $\omega = +0 \sim +\infty$ 部分についてのみ示してある（負の虚軸部分と正の虚軸部分の写像は上下対称であるから省略する）．ゲインが $K = K_1$ のときはシステムは安定であるが，K の値が増すにつれて実軸との交点は -1 点に近づき，やがて $K_2 = K_c$ で -1 点を横切り，$K = K_3$ では -1 点を内部に含んで周回することになり，閉ループシステムは不安定となる．ただし，$K_1 < K_c = K_2 < K_3$ としている．

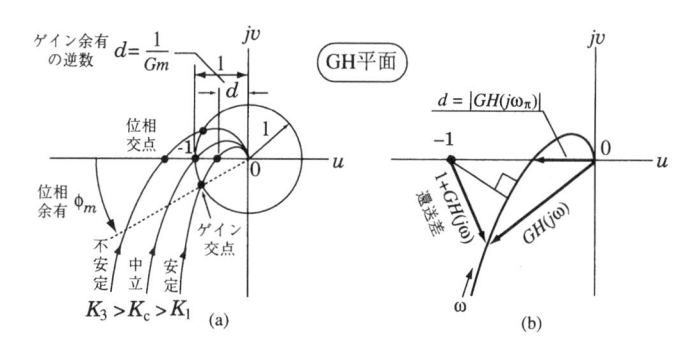

図 8-15 異なるゲイン値に対する $GH(j\omega)$ の極プロット

このように $GH(j\omega)$ の軌跡が $K = K_c$ で u 軸（実軸）の -1 点を通過すると仮定すると，例題8-4の(8-34)式より

$$u(K_c) = -K_c \frac{T_1 T_2}{T_1 + T_2} = -1 \tag{8-49}$$

でなければならない．この負の実軸を切る点のことを位相が $-180°$ となることから**位相交点**と呼ぶ．このときの**臨界ゲイン**は(8-49)式より

$$K_c = (T_1 + T_2)/T_1 T_2 \tag{8-50}$$

であり，閉ループシステムは中立（臨界安定）になる．

(a) ゲイン余有（最近は余裕と書く本もある）

K の値がこの臨（限）界値 K_c 以下になるにつれて -1 点と位相交点との間隙が開き，安定性が増加することになる．そこで，臨界ゲイン K_c とある設計ゲイン K との比 K_c/K を相対安定の一つの尺度として考えることができる．開ループゲインの比をゲイン余有(gain margin)と呼び G_m で表すと

$$G_m = \frac{u(K_c)}{u(K)} = \frac{GH(K_c, \omega_\pi)}{GH(K, \omega_\pi)} = \frac{-K_c \cdot T_1 T_2/(T_1+T_2)}{-K \cdot T_1 T_2/(T_1+T_2)} = \frac{K_c}{K} \quad (8\text{-}51\text{a})$$

$GH(K_c, \omega_\pi) = -1$ であるから，上式はさらに次のように書くことができる．

$$G_m = \frac{K_c}{K} = \frac{-1}{-|GH(\omega_\pi)|} = \frac{1}{d} \quad (8\text{-}51\text{b})$$

ただし，(8-51)式において(8-34),(8-49)式を用いている．また，d は位相交点におけるゲイン $|GH(\omega_\pi)|$ を意味する．上式より，「ゲイン余有は，位相交点周波数(phase crossover frequency) ω_π における開ループゲイン $|GH(\omega_\pi)|$ の逆数である」とも定義できる．このときの交点周波数は，位相交点が実軸上にあることから $v=0$ の条件より求められ，(8-33)式より $\omega_\pi = 1/\sqrt{T_1 T_2}$ であった．なお，ゲイン余有は対数ゲイン (dB) を採用して，次のようにも定義される．

$$G_m = 20\log(1/d) = 20\log 1 - 20\log d = -20\log d \text{ (dB)} \quad (8\text{-}52)$$

ゲイン余有は(8-51b)式によれば，「$GH(j\omega)$ 軌跡が臨界安定になる（$u = -1$ 点を通過する）までに，あと何倍まで許されるか？」を意味するゲインの増加余裕を表す測度である．例えば，(8-34)式において $T_1 = T_2 = 1$ のとき

$$-1 \leq u(K) = -K\frac{T_1 T_2}{T_1 + T_2}\bigg|_{T_1 = T_2 = 1} = -\frac{K}{2} \quad (8\text{-}53)$$

で安定であるから，システムは $K \leq 2$ のとき安定であり，臨界ゲインは $K_c = 2$ である．今，$K = K_1 = 0.5$ のときのゲイン余有を求めると

$$G_m = \frac{K_c}{K_1} = \frac{2}{0.5} = 4 \quad (8\text{-}54)$$

あるいは(8-51b)式に従えば，(8-34)式に $K = K_1 = 0.5$ を代入して

$$G_m = \frac{1}{d} = \frac{1}{|GH(K_1, \omega_\pi)|} = \frac{1}{|-0.5/2|} = 4 \quad (8\text{-}55)$$

となる．また，対数尺度では

$$20\log 4 = 12 \text{ (dB)} \quad (8\text{-}56)$$

である．この結果，この例ではゲイン余有は臨界安定に達するまでに開ループゲインをあと4倍（12 dB）にまで増加する余裕があることがわかった．

(b) 位相余有

相対安定のもう一つの尺度は，**位相余有**(phase margin)である．図8-16に示すように，原点を中心とした半径1の単位円を $GH(j\omega_1)$ が通過するとき，ゲインは $|GH(j\omega_1)| = 1$ となるので，この交点を**ゲイン交点**と呼ぶ．また，このときの周波数を**ゲイン交点周波数**(gain crossover freqency) ω_1 と表すことにする．

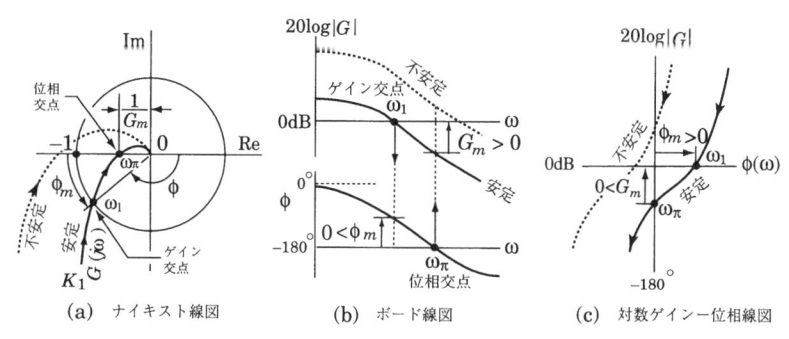

(a) ナイキスト線図　　(b) ボード線図　　(c) 対数ゲイン－位相線図

図 8-16 ゲイン余有と位相余有

ここで位相余有を，ゲイン交点での $GH(j\omega)$ の位相と $-180°$（負の実軸）とのなす角度，すなわち負の実軸から反時計方向にゲイン交点まで計った角度と定義し，ϕ_m と表す．つまり，位相余有は $GH(j\omega)$ 軌跡が，$(-1, 0)$ 点を通るために要する回転角，言い換えれば，「システムが臨界安定になるまでにあとどの位の位相遅れが許されるか」という位相の余裕を示すことになる．図8-16(a)では，ゲイン $K = K_1$ のとき，システムが不安定になるまであと ϕ_m の位相遅れを加える余裕があることを示している．

ゲイン余有と位相余有は図8-16に示すようにボード線図や対数ゲイン－位相線図においても簡単に求められ，極プロット（ナイキスト線図）よりも便利である．安定性に対する限界点は $GH(j\omega)$ 面では $(u, v) = (-1, 0)$ 点であったが，ボード線図においては，対数ゲイン0 dBと位相角 $-180°$ の基準線が，対数ゲイン－位相線図では $(-180°, 0\,\mathrm{dB})$ の点がこれに相当する．

例題 8-7 次式は例題7-6で示した航空機姿勢制御システムでダンパ回路を切ったときの一巡伝達関数である．ゲイン余有と位相余有を求めよ．

$$GH(s) = K \frac{s+3.1}{s(s+12.5)(s^2+2.8s+3.24)} \tag{8-57}$$

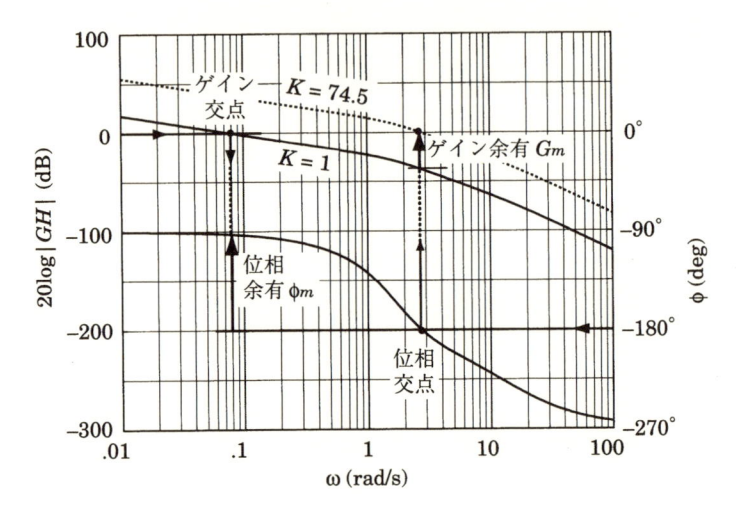

図 8-17 航空機姿勢制御システムのゲインと位相余有

ボード線図を図8-17に示す．実線は $K=1$，点線は $K=74.5$ の場合のゲイン曲線である．ゲイン $K=1$ の場合，対数ゲインが $0\,\mathrm{dB}$ のときの位相角は $-92.7°$ である．したがって位相余有は

$$\phi_m = -92.7° - (-180°) = 87.3° \tag{8-58}$$

である．一方，位相角が $-180°$ のときの対数ゲインは $-37.4\,\mathrm{dB}$ であるから，ゲイン余有は次の通りである．

$$G_m = 0\,\mathrm{dB} - (-37.4\,\mathrm{dB}) = 37.4\,\mathrm{dB} \tag{8-59}$$

これよりゲインを $20\log(K_c/K) = 37.4\,\mathrm{dB}$ 倍に増加する余裕がある．したがって，臨界ゲイン値は $K=1$ で $K_c = 10^{37.4/20} \cdot K = 74.5$ ということになる．

8-5 ゲイン－位相線図

これまでに学んだベクトル軌跡とボード線図の他に，関数 $GH(j\omega)$ の周波数応答を表す方法がいくつかある．その一つは対数ゲインを縦軸に，位相角を横軸に選んで，周波数のある領域に渡ってプロットする**対数ゲイン－位相線図**である．

対数ゲイン－位相線図の場合，臨界安定点は $(-180°, 0\,\mathrm{dB})$ 点であり，この点の右側を曲線が通過すればシステムは安定で，左側を通過すれば不安定である．この線図ではゲイン余有と位相ゲインは，ボード線図よりもさらに明瞭に示すことができる．このことを次の例で示す．

例題 8-8 次の3周波数伝達関数の対数ゲイン－位相軌跡をプロットし，ゲイン余有，位相余有を調べ安定性を比較せよ．

$GH_1(j\omega), GH_2(j\omega), GH_3(j\omega)$ は例題8-4，例題8-5，例題5-5にそれぞれ対応する同形の伝達関数である．図8-18に対数ゲイン－位相軌跡示す．

$$GH_1(j\omega) = \frac{1}{(j\omega)(j\omega+1)(0.2j\omega+1)} \tag{8-60}$$

$$GH_2(j\omega) = \frac{1}{(j\omega)^2(j\omega+1)} \tag{8-61}$$

$$GH_3(j\omega) = \frac{10(j\omega/0.2+1)}{(j\omega)\{(j\omega/20)^2+2\times 0.3\times(j\omega/20)+1\}} \tag{8-62}$$

曲線に沿う数字は周波数値 ω である．3線図を比較すれば，GH_1 の方が GH_3 よりも，$(-180°, 0\,\mathrm{dB})$ 点の右側をより離れて通過している．しかし GH_3 はゲイン余有が無限大であるのに対し，GH_1 ではゲイン余有が 15dB しかないためフィードバックゲインを過大にしすぎると不安定になる．一方，位相余有は GH_1 の方が $42°$ と十分あり，GH_3 では位相余有がわずか $5°$ しかないため，システムにむだ時間要素などが付加されると不安定になりやすい．また，GH_2 は $(-180°, 0\,\mathrm{dB})$ 点を左に横切るのでゲイン余有も位相余有もなく，このままで閉ループシステムを組むと不安定になる．

以上の例でわかるように，対数ゲイン－位相線図の特長は，異なるシステム間の安定性の相違をボード線図よりも明確に示すことができる点である．

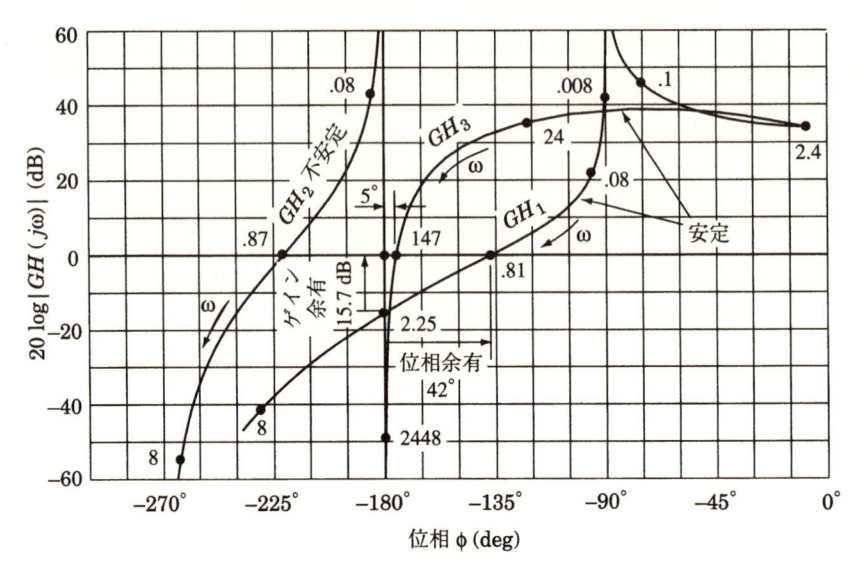

図 8-18 対数ゲイン－位相曲線とゲイン余有・位相余有

　今一度注意すべき点は，このような周波数領域での安定度は，本来の定義である過渡応答における減衰の程度，すなわち**減衰の速さという意味は薄れ**，ゲインをあとどの程度増加できるか，**位相をあと何度ぐらい遅らせることが可能か**，といった**設計パラメータの変更余有の尺度**という意味が強くなっているということである．

ナイキスト安定判別法の利点

　以上見てきたように，ナイキスト法は根軌跡法などと比較すると低次のシステムを除いては写像を描くのが困難でかなりの経験を必要とする．無論，今日では MATLAB などの援用ソフトを利用すればナイキスト線図を描くことはさほど困難ではないが，根軌跡法やラウス／フルビッツの手法と比べれば手軽に手計算で描くわけにはいかない．それにもかかわらずナイキストの手法を用いる理由は，内部に無駄時間要素を含むシステム（ディジタル制御システムはその典型である）や，柔軟構造による弾性体振動を有する制御システムなどの安定性解析に有効だからである．

例えば図8-19に示す太陽電池パネルをもった人工衛星の姿勢運動は，剛体運動（常微分方程式）と弾性体の振動（偏微分方程式）が連成したハイブリッドシステムになっている．これを有限要素法やモード解析法などを用いて解析しようとすると，これらの手法によって変換された線形システムは，その次元が大次元か無限大になるため，システム極の数が極めて膨大になるか無限の数になってしまうのである．こうしてラウス／フルビッツ法や根軌跡法では安定判別が不可能か困難に陥ることになるが，このようなシステムにおいても**ナイキスト法**では依然として**安定性の解析が可能**なのである．

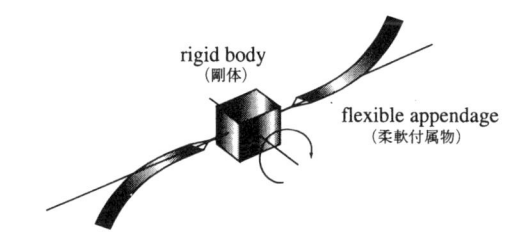

図 8-19 柔軟部と剛体部からなるハイブリッドモデル

8-6 時間遅れがある制御システムの安定性

減衰のない純粋な時間遅れ（**むだ時間要素**）は，T を遅れ時間とすると次の伝達関数で表すことができることを1章で学んだ．

$$G_d(s) = e^{-Ts} \tag{8-63}$$

ナイキスト基準が時間遅れのあるシステムに有効なのは，ラウス／フルビッツ法と違って因子 e^{-sT} が余分の極や零点を閉曲線内に持ち込まないからである．このむだ時間要素に対し，もしラウス／フルビッツ法で解析しようと級数展開すると $e^{-Ts} = 1 - Ts + T^2 s^2/2! - \cdots$ と無限個の s のベキが発生し解析が不可能に陥るのに対し，ナイキスト法では，$|e^{-Ts}|=1$ からゲイン曲線に影響を与えることはなく，ただ単に一巡伝達関数の周波数応答に位相遅れ $\angle e^{-j\omega T} = -\omega T$ を付加すればよいだけである．

この型の時間遅れは，例えば，図8-20の鋼板圧延装置で発生する．電動機はロールの間隔を調整して厚み誤差を最小にするように制御されている．もし鋼

が速度 v で移動するとすれば，ロールによる厚み制御の結果を測定部が検出できるまでに $T = d/v$(sec) の時間遅れを要するということになる．

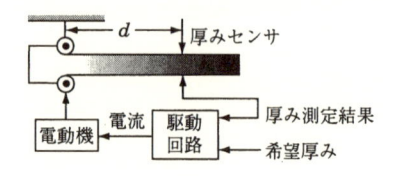

図 8-20 鋼板圧延装置の制御システム

また，マイクロプロセッサ技術の発展により近年はアナログ計算機に置き換わって図8-21(a)に示すようにディジタル計算機が制御装置として使用されるようになってきた．このとき**制御則**(control law)と呼ばれる制御アルゴリズムの計算時間と，AD・DA 変換器の変換に時間を必要とすることから，アナログ計算機にはなかった遅れ時間を考慮する必要が生じてきた．

このような時間遅れを含むループ（一巡）伝達関数は次の形になる．

$$GH(s) = G(s) G_c(s) e^{-Ts} \tag{8-64}$$

このシステムの周波数応答は

$$GH(j\omega) = GG_c(j\omega) e^{-j\omega T} \tag{8-65}$$

で与えられる．次にループ伝達関数を $GH(j\omega)$ 面上にナイキスト線図としてプロットし，安定性を -1 点周りの回転数から確かめればよい．あるいは時間遅れを含めたボード線図を描き，0 dB, $-180°$ に関してゲイン余有，位相余有を調べてもよい．このとき，遅れ要素 $e^{-j\omega T}$ による位相移動は

$$\phi(\omega) = -\omega T \tag{8-66}$$

であるから，$GG_c(j\omega)$ の位相にこれを付加することで簡単に $GH(j\omega)$ の位相を求めることができる．

例題 8-9 図8-21は例題8-7の姿勢制御システムにディジタル計算機を導入した例である．サンプリング時間を 0.1 秒間隔としたときの時間遅れの影響を調べよ．

ループ一巡伝達関数は次のようになる．そのときのボード線図を図8-22に示

す．
$$GH(s) = G_c(s)G(s)e^{-Ts} = K\frac{s+3.1}{s(s+12.5)(s^2+2.8s+3.24)}e^{-Ts} \quad (8\text{-}67)$$

位相曲線は時間遅れのない場合と，時間遅れによる位相遅れがある場合の両方を示してある．

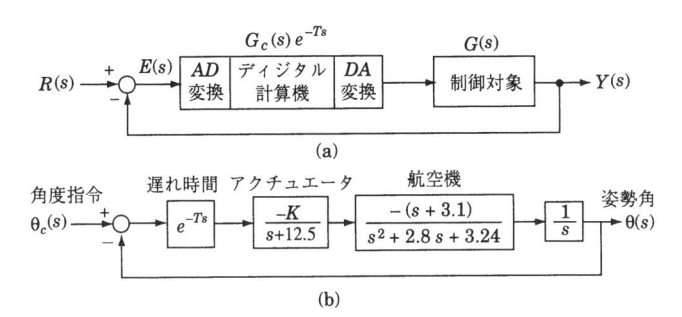

図8-21 ディジタル飛行制御システムの遅れ時間の影響

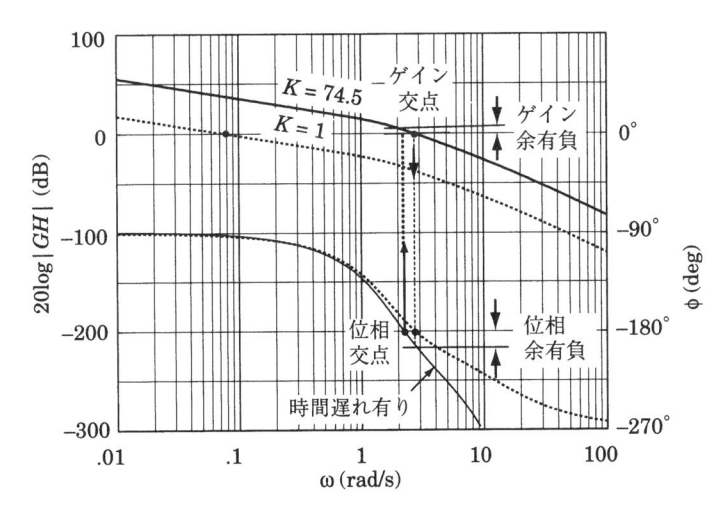

図 8-22 ディジタル飛行制御システムのボード線図

例題8-7での臨界安定時の対数ゲイン曲線（実線）が 0 dB の線を切るときの位相は −195° であるから位相余有は −15° となってシステムは不安定となる．ま

た，位相曲線が0dBを切るときのゲイン余有も−4.45dBとなりこれも負のゲイン余有となっている．したがって十分な位相余有とゲイン余有を与えるためにはシステムゲインを下げなければならない．例えば，$K=1$では位相余有もゲイン余有もまだ十分ある．

このように，**時間遅れ要素はフィードバックシステムの安定性を低下させる要因となり望ましいことではない**．しかし時間遅れは一般に避けられないものであるから，そのときはループゲインを下げても安定性を得るようにしなければならないが，その代償として，**システムの定常誤差が**（ループゲインの減少によって）**増すことは避けられない**．

8-7 閉ループ周波数応答とニコルス線図

フィードバックシステムの過渡応答は閉ループ周波数応答から推定することができる．まず，単一ループシステムに対する開ループシステム $T(s)$ と閉ループシステム $G(s)$ の周波数応答は次のように結びついていることを既に学んでいる．

$$T(j\omega) = \frac{G(j\omega)}{1+GH(j\omega)} \tag{8-68}$$

以下では，特に $H(j\omega)=1$ のときを考える．もし実際のシステムが単位フィードバックシステムでないときは，システム出力を $H(j\omega)$ の出力と変更し，$G(s)H(s)$ をあらためて，$G(s)$ とおく．そのとき(8-68)式は，

$$T(j\omega) = M(j\omega)e^{j\phi(j\omega)} = \frac{G(j\omega)}{1+G(j\omega)} \tag{8-69}$$

となる．今

$$G(j\omega) = u + jv \tag{8-70}$$

とおけば，閉ループ応答のゲイン $M(\omega)$ は

$$M = \left|\frac{G(j\omega)}{1+G(j\omega)}\right| = \left|\frac{u+jv}{1+u+jv}\right| = \frac{(u^2+v^2)^{1/2}}{[(1+u)^2+v^2]^{1/2}} \tag{8-71}$$

である．両辺を2乗して整理すれば

$$(1-M^2)u^2 + (1-M^2)v^2 - 2M^2 u = M^2 \tag{8-72}$$

さらに，次のように整理する．

8-7 閉ループ周波数応答とニコルス線図

$$\left(u - \frac{M^2}{1-M^2}\right)^2 + v^2 = \left(\frac{M}{1-M^2}\right)^2 \tag{8-73}$$

これは円の式であり，中心は，

$$(u,v) = \left(M^2/(1-M^2), 0\right) \tag{8-74}$$

で，半径は $M/(1-M^2)$ である．等ゲイン値 M についての円群を $G(j\omega)$ 面上に描くと図8-23のようになり，**ホール線図**と呼ばれる．$u = -0.5$ の線の左側にある円は $M > 1$ の場合，右側は $M < 1$ の場合である．$M = 1$ のときは(8-72)式から，$u = -0.5$ の直線になる．

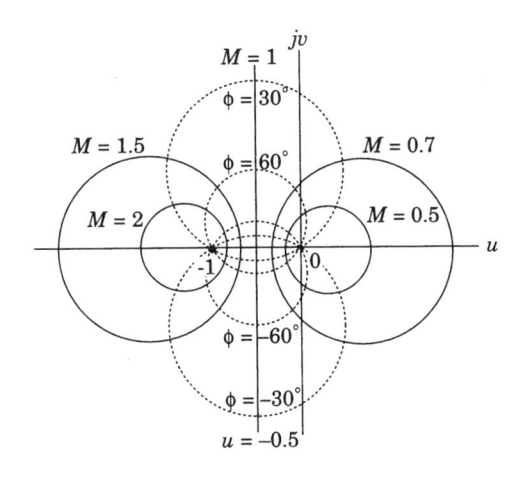

図 8-23 ホール線図（閉ループシステムの等ゲイン・等位相の円群）

同様にして，閉ループ位相角が一定の円を求めることができる．再び，(8-69)式から位相関係は

$$\phi = \angle(T(j\omega)) = \angle \frac{u + jv}{1 + u + jv} = \tan^{-1}\left(\frac{v}{u}\right) - \tan^{-1}\left(\frac{v}{1+u}\right) \tag{8-75}$$

両辺の $\tan$ をとって $\tan(A - B) = (\tan A - \tan B)/(1 + \tan A \tan B)$ を利用し

$$N = \tan\phi = \frac{\dfrac{v}{u} - \dfrac{v}{1+u}}{1 + \dfrac{v}{u}\dfrac{v}{1+u}} = \frac{v}{u^2 + u + v^2} \tag{8-76}$$

分母を払って整理すると円の式が得られる．

$$\left(u+\frac{1}{2}\right)^2+\left(v-\frac{1}{2N}\right)^2=\left(\frac{1}{2N}\sqrt{1+N^2}\right)^2 \tag{8-77}$$

この円は，$(-0.5, 1/2N)$ に中心があり，半径が $\sqrt{1+N^2}/2N$ で原点および $(-1+j0)$ 点を通る．したがって，等位相角の曲線をいろいろな ϕ の値に対して描くことができる（図8-23の点線の円群）．

こうして開ループ平面 $u-v$ に閉ループシステムのゲイン一定，位相一定の円群を描けば開ループシステムと閉ループシステムの関係が一目瞭然となり，開ループ周波数特性から閉ループシステムの周波数特性を読み取ることができるようになる．

次の図8-24(a)は，ある開ループシステムの周波数応答をあるゲイン値 K についてホール線図上にプロットしたものである．同図には既に閉ループゲイン M に関する円群も記入されている．

(a) 開ループ平面   (b) 閉ループゲイン曲線

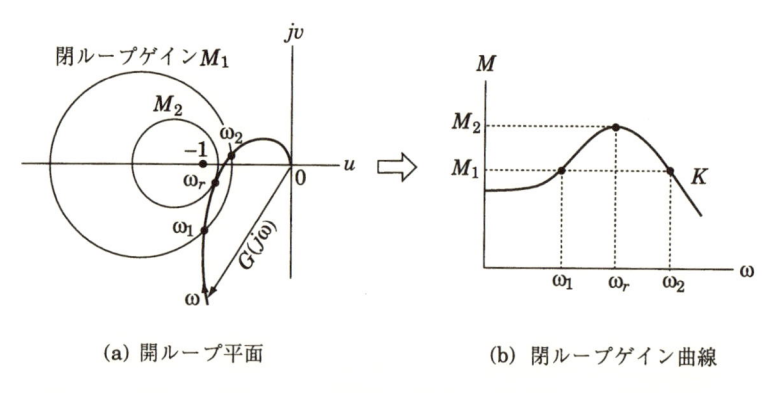

図8-24 開ループベクトル軌跡から閉ループゲイン M を読み取る

開ループ周波数応答曲線は周波数 ω_1 と ω_2 で閉ループゲイン M_1 の円を横切り，ゲイン円 M_2 に共振周波数 ω_r で接している．したがってこの M_2 が共振ゲイン値 M_{pw} となる．このように等 M 円群を横切るときの M の値とそのときの ω を読み取ってボード線図としてプロットすれば，閉ループの周波数応答ゲイン曲線を同図(b)のように推定することができる．

N.B.Nichols（ニコルス）は図8-23のホール線図を図8-25に見るようにニコルス線図と呼ばれる対数ゲイン-位相線図に変換し直した．ニコルス線図の横軸

と縦軸はそれぞれ開ループシステムの対数ゲインと位相角で，これに閉ループシステムの等 M, ϕ 線図が重ねて描いてある．ゲインと位相角の単位は各システムとも dB と度 (deg) である．

例題 8-10 例題8-8に示した開ループ伝達関数をニコルス線図上にプロットし，その閉ループ周波数応答を解析する．

$$G_1'(j\omega) = GH_1(j\omega) = K \frac{1}{(j\omega)(j\omega+1)(0.2j\omega+1)} \tag{8-78}$$

$$G_2'(j\omega) = GH_2(j\omega) = K \frac{1}{(j\omega)^2(j\omega+1)} \tag{8-79}$$

$$G_3'(j\omega) = GH_3(j\omega) = K \frac{10(j\omega/0.2+1)}{(j\omega)\{(j\omega/20)^2 + 2 \times 0.3 \times (j\omega/20) + 1\}} \tag{8-80}$$

$K=1$ を選択したときの $G_1'(j\omega), G_2'(j\omega), G_3'(j\omega)$ の軌跡を図8-25に示す．$G_1'(j\omega)$ の軌跡が接する等 M 曲線より，閉ループの最大ゲイン $M_{p\omega}$ は + 2.7dB で，共振周波数 $\omega_r = 0.81$ で生じている．このときの閉ループ位相角は $-73°$ である．-3dB（閉ループ帯域幅）の等 M 円とは $\omega_B = 1.33$ で交差しており，そのときの閉ループ位相角は $-143°$ と読み取る．$G_2'(j\omega), G_3'(j\omega)$ についても同様に図より共振周波数 ω_r 並びに帯域幅 ω_B におけるゲインと位相を読み取ることができる．

このように，ニコルス線図上に開ループ周波数応答をプロットすると閉ループ周波数応答の大略が容易に読み取ることができ，読み取った $M_{p\omega}$ 値が大き過ぎて閉ループシステムの減衰 ζ が低ければ，別のゲイン値 K を選択するということを繰り返すことで閉ループシステムが設計できることになる．

8-8 まとめ

フィードバック制御システムの安定性が周波数領域においてナイキスト安定判別法を使って決定できることを学んだ．ナイキストの安定基準は，ゲイン余有，位相余有という2つの指標を与え，純粋な時間遅れ要素をもつ制御システムの安定性がこの2つの指標を用いて調べることができることもわかった．

第8章 周波数領域における安定判別法

閉ループシステムのゲインと位相は，ニコルス線図上に開ループシステムの対数ゲイン－位相線図を描くことによって求めることができ，等M線図との接点から閉ループシステムの**共振ゲイン値** $M_{p\omega}$ を求めることが示された．この $M_{p\omega}$ は閉ループ過渡応答の減衰率と強く関連しており設計上の有効な指標である．

最後に，ナイキスト線図，ボード線図，対数ゲイン－位相線図，根軌跡の一覧表を表8-2に示す．

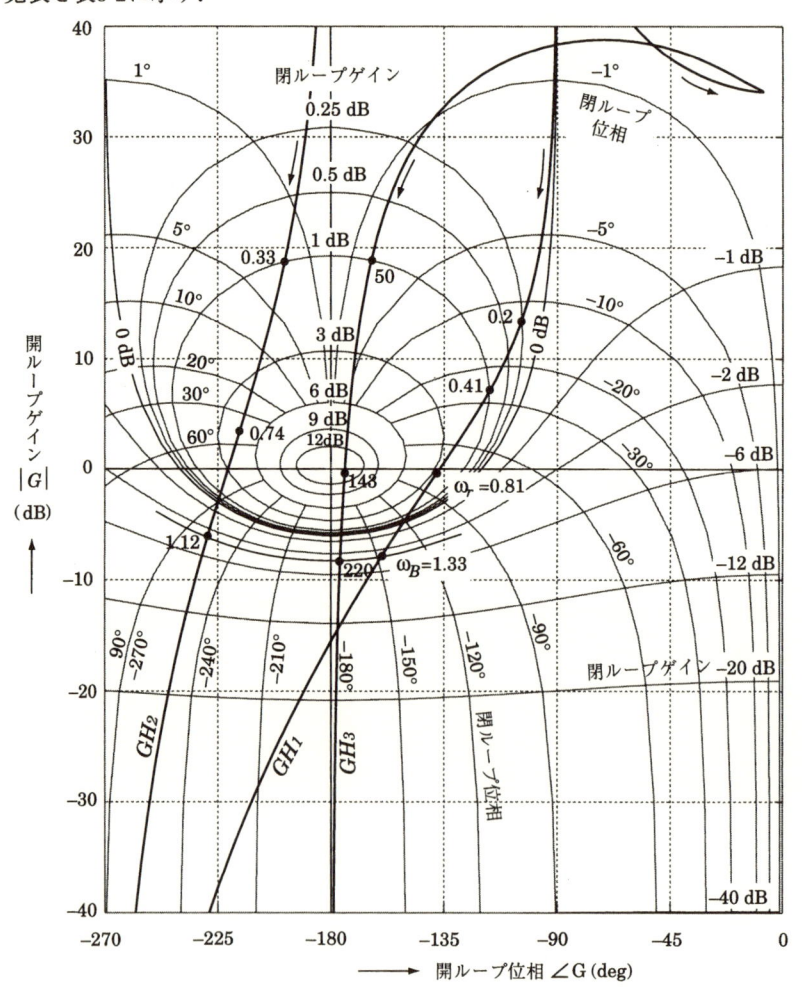

図 8-25 ニコルス線図

8-8 まとめ

表 8-2

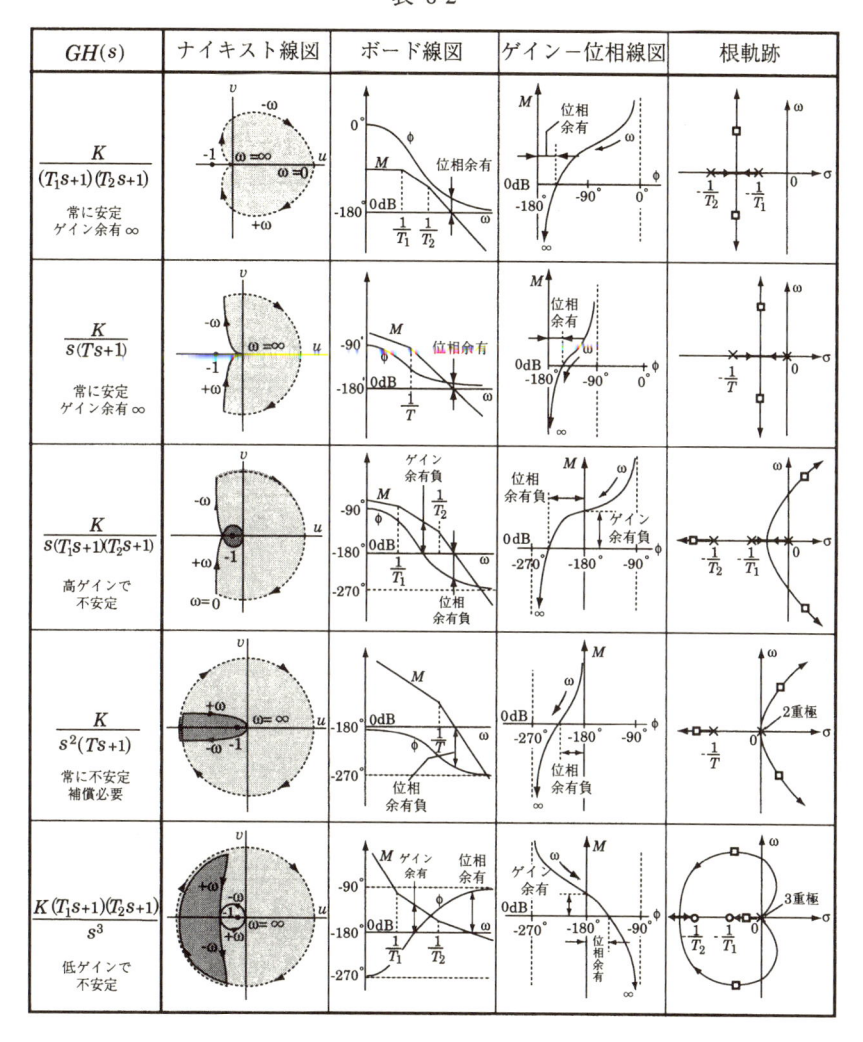

$GH(s)$	ナイキスト線図	ボード線図	ゲイン-位相線図	根軌跡
$\dfrac{K}{(T_1s+1)(T_2s+1)}$ 常に安定 ゲイン余有 ∞				
$\dfrac{K}{s(Ts+1)}$ 常に安定 ゲイン余有 ∞				
$\dfrac{K}{s(T_1s+1)(T_2s+1)}$ 高ゲインで不安定				
$\dfrac{K}{s^2(Ts+1)}$ 常に不安定 補償必要				2重極
$\dfrac{K(T_1s+1)(T_2s+1)}{s^3}$ 低ゲインで不安定				3重極

問題

8-1 (8-26)式の $GH(-j\omega) = \overline{GH(j\omega)}$ の関係を次の $GH(s)$ について示せ．

$$GH(s) = \frac{s+z}{(s+\sigma)^2 + \omega_1^2}$$

8-2 次の一巡伝達関数に対して，ナイキスト基準を使って各システムの安定を

確認せよ．いずれの場合にも N, P, Z を列挙せよ．

$$GH_1(s) = \frac{s+2}{s+1}, \qquad GH_2(s) = \frac{s+1}{s+2}$$

$$GH_3(s) = \frac{s+2}{s-1}, \qquad GH_4(s) = \frac{1}{4}\frac{s+2}{s-1}$$

8-3 次のループ伝達関数の極プロットを描き，ナイキスト基準を使って安定か否かを決定せよ．また，根軌跡を描いて確認せよ．

(a) $GH(s) = \dfrac{K}{s(s^2+s+4)}$ 　　(b) $GH(s) = \dfrac{K(s+1)}{s^2(s+2)}$

8-4 ハリアーのような垂直離着陸機 (VTOL) の運動はヘリコプターと同様に本質的に不安定であり，自動安定増加装置 (SAS) を必要とする．VTOL機の姿勢安定システムを図8-26に示す．$G_c(s), G(s), H(s)$ はそれぞれ作動器＋補償器，機体，レートジャイロの伝達関数を表す．

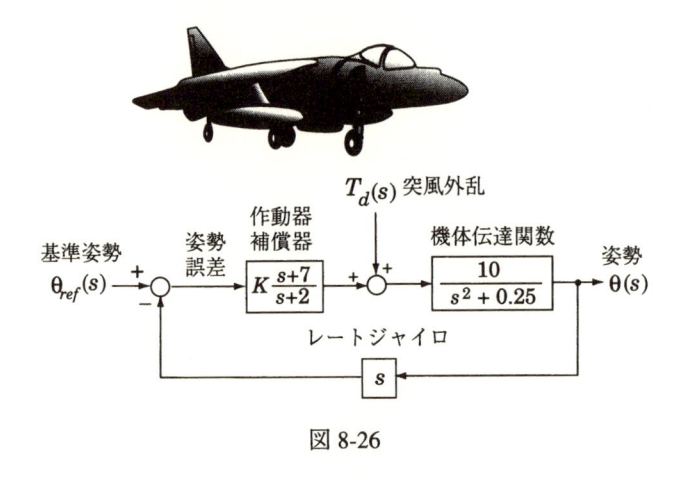

図 8-26

(a) ゲイン $K = 6$ のとき，ループ伝達関数 $G_c(s)G(s)H(s)$ のボード線図とナイキスト線図を描け．
(b) このシステムのゲインおよび位相余有を求めよ．
(c) 定常突風外乱 $T(s) = 1/s$ に対する定常偏差を求めよ．
(d) 閉ループ周波数応答の共振ゲイン値 $M_{p\omega}$ と共振周波数 ω_r を求めよ．
(e) $M_{p\omega}$ および位相余有からシステムの減衰比を求めよ．

8-5 スペースシャトルのような有翼再突入飛行体は周回軌道から地上大気へ再突入するときに使用される．日本では宇宙往還機構想の一環として自動着陸実験(ALFLEX)が実施されている．図8-27にピッチレート（姿勢角速度）制御システムのブロック線図を示す．$G_c(s)$ は自動操縦装置の伝達関数である．

(a) $G_c(s) = 2$ のとき，システムのボード線図を描き安定限界を定めよ．

(b) $G_c(s)$ が次のときボード線図を描け．K_P を変えると位相余有はどのように変わるか調べよ．

$$G_c(s) = K_P + K_I/s = (K_P s + K_I)/s, \quad K_I = 0.5 K_P$$

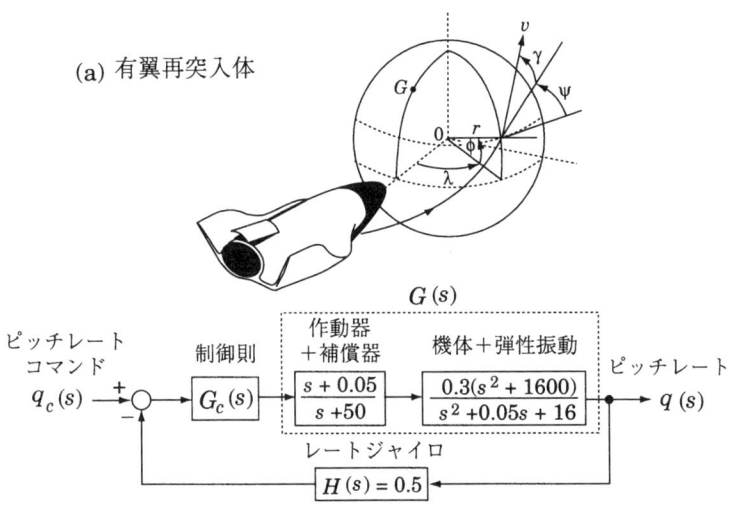

(a) 有翼再突入体

(b) 姿勢角速度制御システム（ピッチダンパ回路）

図 8-27

（問題の解答とヒント）

8-1)

$\overline{f(s)/g(s)} = \overline{f(s)}/\overline{g(s)}$ より，分子と分母を別々に証明してよい．

$f(-j\omega) = -j\omega + z = \overline{j\omega + z} = \overline{f(j\omega)}$

$g(j\omega) = (j\omega + \sigma + j\omega_1)(j\omega + \sigma - j\omega_1),$

$$\overline{g(j\omega)} = (-j\omega + \sigma - j\omega_1)(-j\omega + \sigma + j\omega_1),$$

$$g(-j\omega) = (-j\omega + \sigma + j\omega_1)(-j\omega + \sigma - j\omega_1)$$

これより $g(-j\omega) = \overline{g(j\omega)}$ （図8-28参照のこと）．

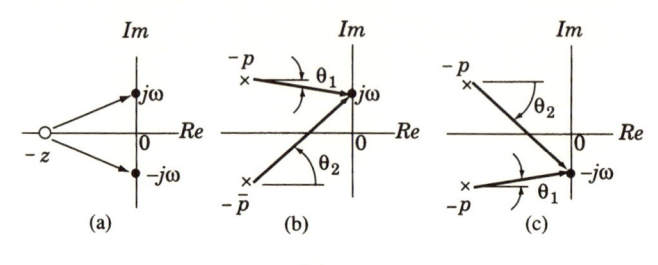

図 8-28

8-2)
(1) GH_1 の場合 $Z = N + P = 0 + 0 = 0$ で安定
(2) GH_2 の場合 $Z = N + P = 0 + 0 = 0$ で安定
(3) GH_3 の場合 $Z = N + P = -1 + 1 = 0$ で安定
(4) GH_4 の場合 $Z = N + P = 0 + 1 = 1$ で不安定

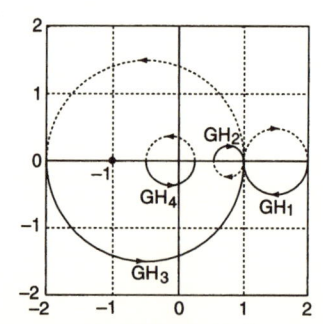

図 8-29 Nyquist Plots/Diagrams （ナイキスト線図）

8-3)
(a)

$\text{Im}\{GH(j\omega)\} = 0 \to \omega_\pi = 2, GH(j\omega_\pi) = -K/4 \to K_c = 4$
$K < 4 \to Z = N + P = 0 + 0 = 0 \to$ 安定
$K > 4 \to Z = N + P = 2 + 0 = 2 \to$ 不安定

(b) $Z = N + P = 0 + 0 = 0 \rightarrow$ 安定

(a) Nyquist Diagram / Root Locus

(b) Nyquist Diagram / Root Locus

図 8-30

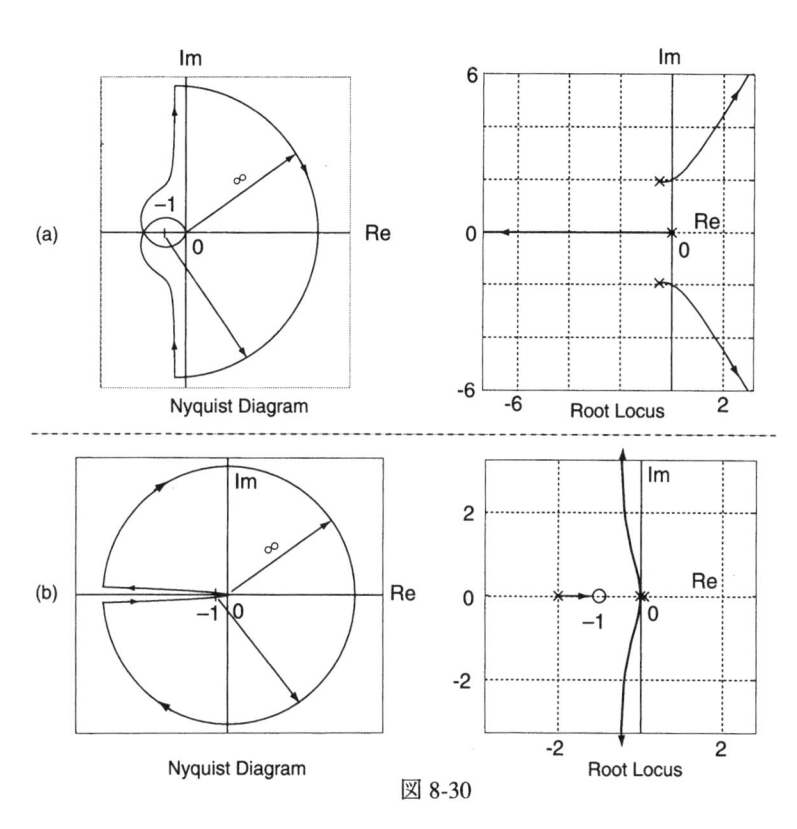

8-4)

(a)は次図の通り． (b) $G_m = \infty$, $\phi_m \approx 90°$． (c)

$$E(\infty) = 0 - \theta(\infty) = -\lim_{s \to 0}\left\{ s \cdot \frac{G(s)}{1+G_cGH(s)} \cdot \frac{1}{s} \right\} = \frac{-G(0)}{1+G_c(0)G(0)H(0)}$$

$$= \frac{-10/0.25}{1+(7K/2)(10/0.25)\cdot 0} = -40$$

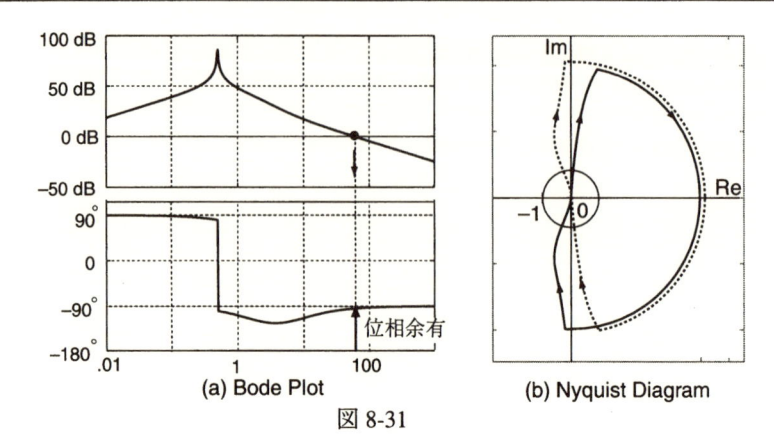

(a) Bode Plot (b) Nyquist Diagram

図 8-31

(d), (e)（ヒント）ニコルス線図に(a)で求めた周波数応答をプロットし，共振ゲイン値 $M_{p\omega}$ と ω_r を読み取る．また 0 dB の水平線を横切る点より位相余有を読み取る．最後に，図4-6より ζ を読み取る．

8-5)

(a) $GH(s) = \dfrac{0.3(s+0.05)(s^2+1600)}{(s+50)(s^2+0.05s+16)}$，図 8-32 より $\phi_m = -100° - (-180°) = 80°$

(b) $GH(s) = K_p \dfrac{0.15(s+0.5)(s^2+0.05)(s^2+1600)}{s(s+50)(s^2+0.05s+16)}$，図 8-32 より

$\phi_m = -125° - (-180°) = 55°$

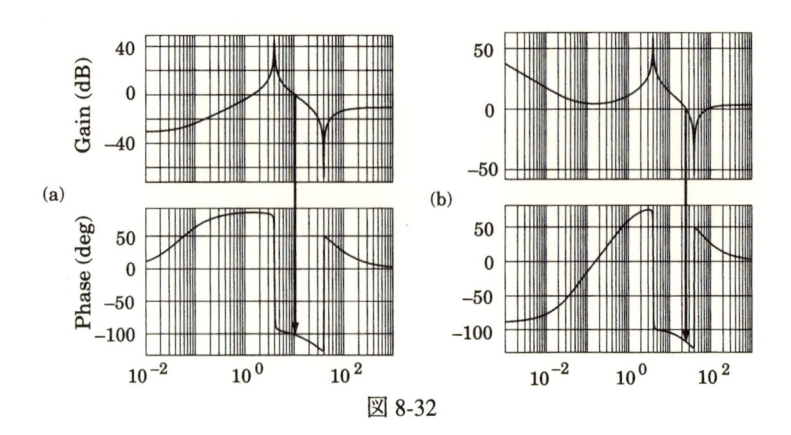

図 8-32

第9章 制御システムの時間領域解析

8章までの古典制御理論では，システムの入出力関係をラプラス変換によって変換された複素変数間の代数関係としてとらえ，システムの安定性や性能をこの複素周波数領域で考えてきた．これに対し現代制御理論と呼ばれる新しい考え方では，システムを時間領域（微分方程式）のままで取り扱おうとしている．このとき，状態空間と呼ばれるあるn次元のベクトル空間を考え，その中でシステムの振る舞いを解析し，制御システムを設計しようとするものである．

9-1 状態空間表示 (state-space representation)

まず状態空間表示（表現）の一般的な形式を以下に示す．

$$\begin{bmatrix} \dot{x}_1(t) \\ \dot{x}_2(t) \\ \vdots \\ \dot{x}_n(t) \end{bmatrix} = \begin{bmatrix} a_{11} & a_{12} & \cdots & a_{1n} \\ a_{21} & a_{22} & \cdots & a_{2n} \\ \vdots & & \ddots & \vdots \\ a_{n1} & \cdots & & a_{nn} \end{bmatrix} \begin{bmatrix} x_1(t) \\ x_2(t) \\ \vdots \\ x_n(t) \end{bmatrix} + \begin{bmatrix} b_{11} & b_{12} & \cdots & b_{1m} \\ b_{21} & b_{22} & \cdots & b_{2m} \\ \vdots & & \ddots & \vdots \\ b_{n1} & \cdots & & b_{nm} \end{bmatrix} \begin{bmatrix} u_1(t) \\ u_2(t) \\ \vdots \\ u_m(t) \end{bmatrix} \quad (9\text{-}1)$$

$$\begin{bmatrix} y_1(t) \\ y_2(t) \\ \vdots \\ y_l(t) \end{bmatrix} = \begin{bmatrix} c_{11} & c_{12} & \cdots & c_{1n} \\ c_{21} & c_{22} & \cdots & c_{2n} \\ \vdots & & \ddots & \vdots \\ c_{l1} & \cdots & \cdots & c_{ln} \end{bmatrix} \begin{bmatrix} x_1(t) \\ x_2(t) \\ \vdots \\ x_n(t) \end{bmatrix} + \begin{bmatrix} d_{11} & d_{12} & \cdots & d_{1m} \\ d_{21} & d_{22} & \cdots & d_{2m} \\ \vdots & & \ddots & \vdots \\ d_{l1} & \cdots & \cdots & d_{lm} \end{bmatrix} \begin{bmatrix} u_1(t) \\ u_2(t) \\ \vdots \\ u_m(t) \end{bmatrix} \quad (9\text{-}2)$$

上式において，(9-1)式は**状態微分方程式**(state differential equation)，(9-2)式は**出力程式**(output equation)と呼ばれ，しばしば次のように簡単に記述される．

$$\dot{\boldsymbol{x}}(t) = \boldsymbol{A}\boldsymbol{x}(t) + \boldsymbol{B}\boldsymbol{u}(t), \quad \boldsymbol{x}(t_0) = \boldsymbol{x}_0 \quad (9\text{-}3\text{a})$$

$$\boldsymbol{y}(t) = \boldsymbol{C}\boldsymbol{x}(t) + \boldsymbol{D}\boldsymbol{u}(t) \quad (9\text{-}3\text{b})$$

(9-3a),(9-3b)式はさらに簡単のために，システム $(\boldsymbol{A},\boldsymbol{B},\boldsymbol{C},\boldsymbol{D})$ と略記されることもある．また，上式の各変数と係数は

- x_i …… 状態変数（状態量）(state variable)
- $\boldsymbol{x}$ …… 状態変数ベクトル (state variable vector)
- $\boldsymbol{u}$ …… 入力変数ベクトル (input variable vector / control vector)
- $\boldsymbol{y}$ …… 出力ベクトル (output measurement vector)
- $\boldsymbol{A}$ …… システム状態行列 (system state matrix / system matrix)
- $\boldsymbol{B}$ …… 入力行列 (control input influence matrix / input matrix)
- $\boldsymbol{C}$ …… 出力行列 (output influence matrix / output matrix)
- $\boldsymbol{D}$ …… 直接伝達行列 (direct transmission matrix)

と呼ばれている．図9-1に状態空間表示されたブロック線図を示す．なお，(9-3)式は，より一般的には次の表9-1のように分類される中で線形で定常なシステムに相当し，**線形固定（係数）系**あるいは**線形時不変系／LTI系**(Linear Time-Invariant System)と呼ばれる．

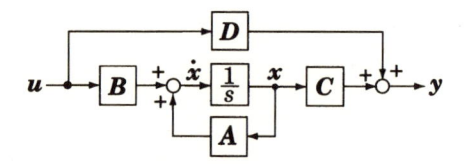

図 9-1　状態空間表現のブロック線図

表 9-1　制御システムの分類

		状態方程式	出力方程式
線形	定常	$\dot{\boldsymbol{x}}(t) = \boldsymbol{A}\boldsymbol{x}(t) + \boldsymbol{B}\boldsymbol{u}(t)$	$\boldsymbol{y}(t) = \boldsymbol{C}\boldsymbol{x}(t) + \boldsymbol{D}\boldsymbol{u}(t)$
	非定常	$\dot{\boldsymbol{x}}(t) = \boldsymbol{A}(t)\boldsymbol{x}(t) + \boldsymbol{B}(t)\boldsymbol{u}(t)$	$\boldsymbol{y}(t) = \boldsymbol{C}(t)\boldsymbol{x}(t) + \boldsymbol{D}(t)\boldsymbol{u}(t)$
非線形	定常	$\dot{\boldsymbol{x}}(t) = \boldsymbol{f}(\boldsymbol{x}(t), \boldsymbol{u}(t))$	$\boldsymbol{y}(t) = \boldsymbol{h}(\boldsymbol{x}(t), \boldsymbol{u}(t))$
	非定常	$\dot{\boldsymbol{x}}(t) = \boldsymbol{f}(\boldsymbol{x}(t), \boldsymbol{u}(t), t)$	$\boldsymbol{y}(t) = \boldsymbol{h}(\boldsymbol{x}(t), \boldsymbol{u}(t), t)$

状態空間表示の一例として，航空機の縦と横の運動方程式を状態方程式で表現したものを(9-4), (9-5)式に示す．$\delta_e, \delta_a, \delta_r$ はエレベータ，エイルロン，ラダーの各操舵角，δ_t はスロットルの設定値，$(u, v, w), (p, q, r)$ は X, Y, Z 軸方向の速度と各軸まわりの角速度である．また，$(u_g, v_g, w_g), (p_g, q_g, r_g)$ は対応する大気

9-1 状態空間表示

擾乱による外乱である.各行列の要素は**安定微係数** (stability derivatives)と呼ばれるもので**空力微係数** (aerodynamic derivatives)から算出される量である.図9-1に関連する変数の正方向の定義を示す.

縦運動方程式 (longitudinal eqations)

$$\begin{bmatrix} \dot{u} \\ \dot{w} \\ \dot{q} \\ \dot{\theta} \end{bmatrix} = \begin{bmatrix} X_u & X_w & 0 & -g \\ Z_u & Z_w & U_0 & 0 \\ M_u & M_w & M_q & 0 \\ 0 & 0 & 1 & 0 \end{bmatrix} \begin{bmatrix} u \\ w \\ q \\ \theta \end{bmatrix} + \begin{bmatrix} X_{\delta e} & X_{\delta t} \\ Z_{\delta e} & Z_{\delta t} \\ M_{\delta e} & M_{\delta t} \\ 0 & 0 \end{bmatrix} \begin{bmatrix} \delta_e \\ \delta_t \end{bmatrix} + \begin{bmatrix} -X_u & -X_w & 0 \\ -Z_u & -Z_w & 0 \\ -M_u & -M_w & -M_q \\ 0 & 0 & 0 \end{bmatrix} \begin{bmatrix} u_g \\ w_g \\ q_g \end{bmatrix}$$

(9-4)

横運動方程式 (lateral equations)

$$\begin{bmatrix} \dot{v} \\ \dot{p} \\ \dot{r} \\ \dot{\phi} \end{bmatrix} = \begin{bmatrix} Y_v & 0 & Y_r - U_0 & g \\ L_v & L_p & L_r & 0 \\ N_v & N_p & N_r & 0 \\ 0 & 1 & 0 & 0 \end{bmatrix} \begin{bmatrix} v \\ p \\ r \\ \phi \end{bmatrix} + \begin{bmatrix} Y_{\delta a} & Y_{\delta r} \\ L_{\delta a} & L_{\delta r} \\ N_{\delta a} & N_{\delta r} \\ 0 & 0 \end{bmatrix} \begin{bmatrix} \delta_a \\ \delta_r \end{bmatrix} + \begin{bmatrix} -Y_v & 0 & 0 \\ -L_v & -L_p & L_r \\ -N_v & -N_p & -N_r \\ 0 & 0 & 0 \end{bmatrix} \begin{bmatrix} v_g \\ p_g \\ r_g \end{bmatrix}$$

(9-5)

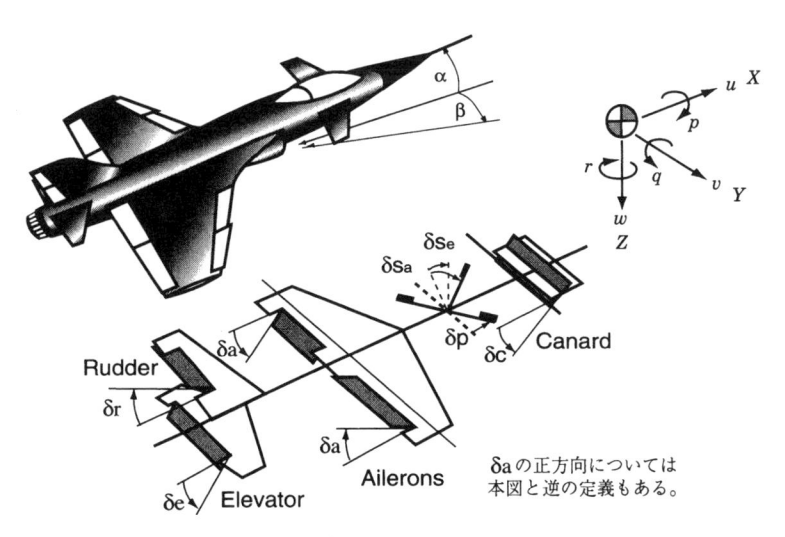

Positive stick and control angle displacements

δaの正方向については本図と逆の定義もある。

図 9-2 操縦桿と操舵面の偏位の正方向

(9-4), (9-5)のように外乱項のある場合は次の一般形に書くことができる．

$$\dot{x}(t) = Ax(t) + Bu(t) + Gw(t) \tag{9-6}$$

9-2 実現問題

伝達関数あるいは運動方程式などから状態微分方程式と出力方程式の表現を求めることをシステムの**実現問題** (realization) という．はじめに，航空機の運動方程式から直接状態微分方程式を得る例を考える．なお，本章では記号の関係上ラプラス変換された変数を大文字に変えないで小文字のまま用い，(　)内の独立変数で区別する場合がある．

例題 9-1 次式はあるジェット輸送機の縦の運動方程式である．状態微分方程式を求めよ．

$$\begin{cases} (0.02297s + 0.0001467)u(s) - 0.392\alpha(s) + 0.74\theta(s) = 0 \\ 0.002467u(s) + (13.78s + 4.46)\alpha(s) - 13.78s\theta(s) = -0.246\delta_e(s) \\ (0.0552s + 0.619)\alpha(s) + s(0.514s + 0.192)\theta(s) = -0.710\delta_e(s) \end{cases} \tag{9-7}$$

本式は2章の(2-86)式に相当する．(9-7)式には s^2 の項があるのでこれをすべて1次以下の項にするため，$q(t) = \dot{\theta}(t)$ の関係を第4式として連立させる．

$$\begin{cases} (0.02297s + 0.0001467)u(s) - 0.392\alpha(s) + 0.74\theta(s) = 0 \\ 0.002467u(s) + (13.78s + 4.46)\alpha(s) - 13.78q(s) = -0.246\delta_e(s) \\ (0.0552s + 0.619)\alpha(s) + (0.514s + 0.192)q(s) = -0.710\delta_e(s) \\ -q(s) + s\theta(s) = 0 \end{cases} \tag{9-8}$$

上式左辺を s の1乗の項とそれ以外の項に分けて整理する．

$$\begin{bmatrix} 0.02297 & 0 & 0 & 0 \\ 0 & 13.78 & 0 & 0 \\ 0 & 0.0552 & 0.514 & 0 \\ 0 & 0 & 0 & 1 \end{bmatrix} \begin{bmatrix} su(s) \\ s\alpha(s) \\ sq(s) \\ s\theta(s) \end{bmatrix} + \begin{bmatrix} 0.0001467 & -0.392 & 0 & 0.74 \\ 0.002467 & 4.46 & -13.78 & 0 \\ 0 & 0.619 & 0.192 & 0 \\ 0 & 0 & -1 & 0 \end{bmatrix} \begin{bmatrix} u(s) \\ \alpha(s) \\ q(s) \\ \theta(s) \end{bmatrix} = \begin{bmatrix} 0 \\ -0.246 \\ -0.710 \\ 0 \end{bmatrix} \delta_e(s) \tag{9-9}$$

(9-9)式を逆ラプラス変換し，簡単のため次のように書く．

$$M\dot{x}(t) + Kx(t) = fu(t) \tag{9-10}$$

ただし，$u(t) = \delta_e(t)$ で，M, K, f, x は(9-9)式の対応する行列とベクトルとする．(9-10)式両辺に M の逆行列を掛け，移項すると

$$\dot{x}(t) = -M^{-1}Kx(t) + M^{-1}fu(t) = Ax(t) + bu(t) \tag{9-11}$$

ここで $A = -M^{-1}K, b = M^{-1}f$ と置いている．M^{-1} を計算すると

$$M^{-1} = \begin{bmatrix} 43.535 & 0 & 0 & 0 \\ 0 & 0.0726 & 0 & 0 \\ 0 & -0.0078 & 1.9455 & 0 \\ 0 & 0 & 0 & 1 \end{bmatrix} \tag{9-12}$$

これより A, b を求めると次の状態方程式を得る．

$$\begin{bmatrix} \dot{u}(t) \\ \dot{\alpha}(t) \\ \dot{q}(t) \\ \dot{\theta}(t) \end{bmatrix} = \begin{bmatrix} -0.0064 & 17.0657 & 0 & -32.2159 \\ -0.0002 & -0.3237 & 1 & 0 \\ 0.0 & -1.1695 & -0.4809 & 0 \\ 0 & 0 & 1 & 0 \end{bmatrix} \begin{bmatrix} u(t) \\ \alpha(t) \\ q(t) \\ \theta(t) \end{bmatrix} + \begin{bmatrix} 0 \\ -0.0179 \\ -1.3794 \\ 0 \end{bmatrix} \delta_e(t) \tag{9-13}$$

次に，SISOシステムの場合の実現問題は，単純にいえば

n 次の伝達関数／n 階線形微分方程式 → n 個の1階連立微分方程式

ということになる．状態変数の決め方，言い換えれば状態方程式の係数行列 (A, B, C, D) の表現法は無数に存在する．しかし応用上は後に示す可制御標準形，可観測標準形，ジョルダン標準形（対角標準形）が最もよく利用される．また弾性体の制振問題（振動制御）では，モード座標系による表示がよく用いられる．これらを例をもって説明する．なお標準形のことを**正準形**ともいう．

(1) **可制御標準形** (controllable canonical form)，**同伴形式**(companion form)

例題 9-2 次の零点のない伝達関数から状態空間表現を得よ．

$$\frac{y(s)}{u(s)} = \frac{b_0}{s^3 + a_2 s^2 + a_1 s + a_0} \tag{9-14}$$

分母多項式を払って次の形にする．

$$(s^3 + a_2 s^2 + a_1 s + a_0)(y(s)/b_0) = u(s) \tag{9-15}$$

これをラプラス逆変換して微分方程式の形にする．

$$\frac{y^{(3)}(t)}{b_0} + a_2 \frac{y^{(2)}(t)}{b_0} + a_1 \frac{y^{(1)}(t)}{b_0} + a_0 \frac{y(t)}{b_0} = u(t) \tag{9-16}$$

ここで，左辺の各項に対して

$$y(t)/b_0 \equiv x_1(t) \tag{9-17a}$$

$$y^{(1)}(t)/b_0 \equiv x_2(t) = \dot{x}_1(t) \tag{9-17b}$$

$$y^{(2)}(t)/b_0 \equiv x_3(t) = \dot{x}_2(t) \tag{9-17c}$$

と状態変数を定義すると，(9-16)式は次のように表される．

$$\dot{x}_3(t) + a_2 x_3(t) + a_1 x_2(t) + a_0 x_1(t) = u(t) \tag{9-18}$$

(9-17b, 17c, 18)の3式を連立させ行列表示すると，状態方程式は

$$\begin{bmatrix} \dot{x}_1(t) \\ \dot{x}_2(t) \\ \dot{x}_3(t) \end{bmatrix} = \begin{bmatrix} 0 & 1 & 0 \\ 0 & 0 & 1 \\ -a_0 & -a_1 & -a_2 \end{bmatrix} \begin{bmatrix} x_1(t) \\ x_2(t) \\ x_3(t) \end{bmatrix} + \begin{bmatrix} 0 \\ 0 \\ 1 \end{bmatrix} u(t) \tag{9-19a}$$

となる．また(9-17a)式より出力方程式は

$$y(t) = \begin{bmatrix} b_0 & 0 & 0 \end{bmatrix} \begin{bmatrix} x_1(t) \\ x_2(t) \\ x_3(t) \end{bmatrix} \tag{9-19b}$$

と表される．このとき，(9-19a)式の形のシステム行列を**同伴行列**(companion matrix)という．図9-3は(9-17b,17c), (9-18)あるいは(9-19)式をブロック線図に表したものである．

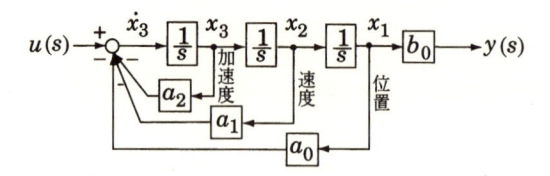

図 9-3　システム(9-19)のブロック線図

このブロック線図で表されるシステムにメイソンの公式を適用すると

$$\frac{y(s)}{u(s)} = \frac{\dfrac{b_0}{s^3}}{1 + \dfrac{a_2}{s} + \dfrac{a_1}{s^2} + \dfrac{a_0}{s^3}} = \frac{b_0}{s^3 + a_2 s^2 + a_1 s + a_0} \tag{9-20}$$

となり，元の伝達関数(9-14)式が復元される．

例題 9-3 零点のある伝達関数を状態空間表示せよ．

分子が分母と同次数の場合，分子多項式を分母多項式で割って

$$\frac{y(s)}{u(s)} = \frac{b_2 s^2 + b_1 s + b_0}{s^3 + a_2 s^2 + a_1 s + a_0} + d \tag{9-21}$$

の形にする．両辺に $u(s)$ を掛けて

$$y(s) = b_2 \frac{s^2 u(s)}{\Delta(s)} + b_1 \frac{s u(s)}{\Delta(s)} + b_0 \frac{u(s)}{\Delta(s)} + du(s) \tag{9-22}$$

$$\Delta(s) \equiv s^3 + a_2 s^2 + a_1 s + a_0 \tag{9-23}$$

ここで，新たに状態変数 x_1, x_2, x_3 を次のように定義する．

$$x_1(s) \equiv \frac{u(s)}{\Delta(s)} = \frac{1}{s^3 + a_2 s^2 + a_1 s + a_0} u(s) \tag{9-24a}$$

$$x_2(s) \equiv \frac{s u(s)}{\Delta(s)} = s x_1(s) \quad \rightarrow \quad \dot{x}_1(t) = x_2(t) \tag{9-24b}$$

$$x_3(s) \equiv \frac{s^2 u(s)}{\Delta(s)} = s x_2(s) \quad \rightarrow \quad \dot{x}_2(t) = x_3(t) \tag{9-24c}$$

(9-24a)式の分母を払って逆変換し，微分方程式に戻すと

$$x_1^{(3)}(t) + a_2 x_1^{(2)}(t) + a_1 x_1^{(1)}(t) + a_0 x_1(t) = u(t) \tag{9-25}$$

これに (9-24b), (9-24c)式で定義した変数を代入し移行すれば

$$\dot{x}_3(t) = -a_0 x_1(t) - a_1 x_2(t) - a_2 x_3(t) + u(t) \tag{9-26}$$

となる．以上の関係式(9-24b), (9-24c), (9-26)式を連立すると

$$\begin{cases} \dot{x}_1(t) = x_2(t) \\ \dot{x}_2(t) = x_3(t) \\ \dot{x}_3(t) = -a_0 x_1(t) - a_1 x_2(t) - a_2 x_3(t) + u(t) \end{cases} \tag{9-27}$$

また，(9-22)式に再度 (9-24)式を代入し，ラプラス逆変換すると

$$y(t) = b_0 x_1(t) + b_1 x_2(t) + b_2 x_3(t) + du(t) \tag{9-28}$$

を得る．(9-27), (9-28)式を行列表示すると，状態方程式と出力方程式は

$$\begin{bmatrix} \dot{x}_1(t) \\ \dot{x}_2(t) \\ \dot{x}_3(t) \end{bmatrix} = \begin{bmatrix} 0 & 1 & 0 \\ 0 & 0 & 1 \\ -a_0 & -a_1 & -a_2 \end{bmatrix} \begin{bmatrix} x_1(t) \\ x_2(t) \\ x_3(t) \end{bmatrix} + \begin{bmatrix} 0 \\ 0 \\ 1 \end{bmatrix} u(t) \quad \text{(9-29a)}$$

$$y(t) = \begin{bmatrix} b_0 & b_1 & b_2 \end{bmatrix} \begin{bmatrix} x_1(t) \\ x_2(t) \\ x_3(t) \end{bmatrix} + du(t) \quad \text{(9-29b)}$$

と表される．(9-29)式は，また次のように簡潔に表現される．

$$\begin{cases} \dot{\boldsymbol{x}}(t) = \boldsymbol{A}_c \boldsymbol{x}(t) + \boldsymbol{b}_c u(t) \\ y(t) = \boldsymbol{c}_c^T \boldsymbol{x}(t) + du(t) \end{cases} \quad \text{(9-30)}$$

(9-27), (9-28)式あるいは(9-29)式を表すブロック線図を図9-4に示す．

最後に，このブロック線図にメイソンの公式を適用して伝達関数を求める．

$$\frac{y(s)}{u(s)} = \frac{P_1 \Delta_1 + P_2 \Delta_2 + P_3 \Delta_3 + P_4 \Delta}{1 - (L_1 + L_2 + L_3)} \quad \text{(9-31)}$$

ここで

$$\begin{aligned} &\Delta = 1 - (L_1 + L_2 + L_3) \\ &\Delta_1 = \Delta_2 = \Delta_3 = \Delta \big|_{L_1 = L_2 = L_3 = 0} = 1 \\ &L_1 = -\frac{a_2}{s},\ L_2 = -\frac{a_1}{s^2},\ L_3 = -\frac{a_0}{s^3} \end{aligned} \quad \text{(9-32)}$$

であるから

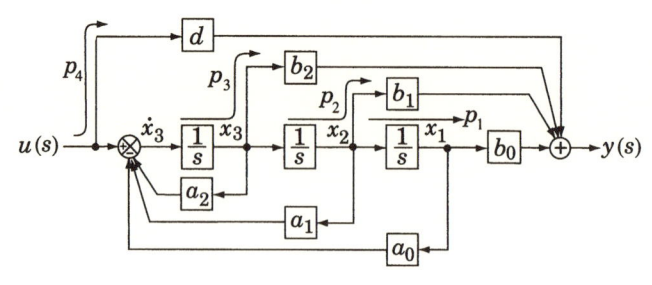

図9-4　システム(9-29)のブロック線図

$$\frac{y(s)}{u(s)} = \frac{\dfrac{b_2}{s} + \dfrac{b_1}{s^2} + \dfrac{b_0}{s^3}}{1 + \dfrac{a_2}{s} + \dfrac{a_1}{s^2} + \dfrac{a_0}{s^3}} + d = \frac{b_2 s^2 + b_1 s + b_0}{s^3 + a_2 s^2 + a_1 s + a_0} + d \qquad (9\text{-}33)$$

となり，元の伝達関数(9-21)式が得られる．

(2) 可観測標準形 (observable canonical form)

例題 9-4 例題9-3と同形の伝達関数を状態空間表示せよ．

$$\frac{y(s)}{u(s)} = \frac{b_2 s^2 + b_1 s + b_0}{s^3 + a_2 s^2 + a_1 s + a_0} + d \qquad (9\text{-}34)$$

d を左辺に移項して

$$\frac{y(s) - du(s)}{u(s)} = \frac{b_2 s^2 + b_1 s + b_0}{s^3 + a_2 s^2 + a_1 s + a_0} \qquad (9\text{-}35)$$

ここで，左辺の分子を

$$y(s) - du(s) = x_3(s) \qquad (9\text{-}36)$$

とおいて，(9-35)式の関係を微分方程式に戻すと

$$\begin{aligned} x_3^{(3)}(t) + a_2 x_3^{(2)}(t) + a_1 x_3^{(1)}(t) + a_0 x_3(t) \\ = b_2 u^{(2)}(t) + b_1 u^{(1)}(t) + b_0 u(t) \end{aligned} \qquad (9\text{-}37)$$

右辺の各項を次のように左辺の適切な箇所に移項し，順次変数変換する．

$$\left\{ \underbrace{\left[x_3^{(3)}(t) + a_2 x_3^{(2)}(t) - b_2 u^{(2)}(t) \right]}_{x_2^{(2)}} + a_1 x_3^{(1)}(t) - b_1 u^{(1)}(t) \right\} + a_0 x_3(t) - b_0 u(t) = 0$$
$$(9\text{-}38)$$

$$\underbrace{\left\{ x_2^{(2)}(t) + a_1 x_3^{(1)}(t) - b_1 u^{(1)}(t) \right\}}_{x_1^{(1)}} + a_0 x_3(t) - b_0 u(t) = 0 \qquad (9\text{-}39)$$

$$x_1^{(1)}(t) + a_0 x_3(t) - b_0 u(t) = 0 \qquad (9\text{-}40)$$

(9-38)～(9-40)式の過程で次のように新しい状態変数 x_1, x_2 を定義した．

$$x_3^{(3)}(t) + a_2 x_3^{(2)}(t) - b_2 u^{(2)}(t) \equiv x_2^{(2)}(t) \qquad (9\text{-}41)$$

$$x_2^{(2)}(t) + a_1 x_3^{(1)}(t) - b_1 u^{(1)}(t) \equiv x_1^{(1)}(t) \qquad (9\text{-}42)$$

(9-41)式を2回，(9-42)式を1回積分し，(9-40)式と連立させて次の1階微分方程式を得る．

$$\begin{cases} \dot{x}_1(t) = -a_0 x_3(t) + b_0 u(t) \\ \dot{x}_2(t) = -a_1 x_3(t) + x_1(t) + b_1 u(t) \\ \dot{x}_3(t) = -a_2 x_3(t) + x_2(t) + b_2 u(t) \end{cases} \qquad (9\text{-}43)$$

(9-43)式を行列表示すると状態微分方程式は次のように表される．

$$\begin{bmatrix} \dot{x}_1(t) \\ \dot{x}_2(t) \\ \dot{x}_3(t) \end{bmatrix} = \begin{bmatrix} 0 & 0 & -a_0 \\ 1 & 0 & -a_1 \\ 0 & 1 & -a_2 \end{bmatrix} \begin{bmatrix} x_1(t) \\ x_2(t) \\ x_3(t) \end{bmatrix} + \begin{bmatrix} b_0 \\ b_1 \\ b_2 \end{bmatrix} u(t) \qquad (9\text{-}44\text{a})$$

(9-36)式を時間領域に戻して行列表示すると，出力方程式を得る．

$$y(t) = \begin{bmatrix} 0 & 0 & 1 \end{bmatrix} \begin{bmatrix} x_1(t) \\ x_2(t) \\ x_3(t) \end{bmatrix} + du(t) \qquad (9\text{-}44\text{b})$$

(9-44)式を満たすブロック線図は図9-5のようになる．

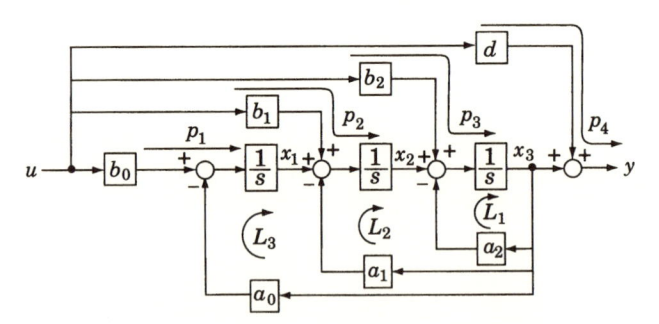

図 9-5　システム(9-44)のブロック線図

図9-5のブロック線図にメイソンの公式を適用すると

$$\frac{y(s)}{u(s)} = \frac{p_1(1-0) + p_2(1-0) + p_3(1-0) + p_4\{1 - (L_1 + L_2 + L_3)\}}{1 - (L_1 + L_2 + L_3)} \qquad (9\text{-}45)$$

各経路とループの値を代入して整理すると元の伝達関数を得る．

$$\frac{y(s)}{u(s)} = \frac{\dfrac{b_0}{s^3}+\dfrac{b_1}{s^2}+\dfrac{b_2}{s}}{1+\dfrac{a_2}{s}+\dfrac{a_1}{s^2}+\dfrac{a_0}{s^3}} + d = \frac{b_2 s^2 + b_1 s + b_0}{s^3 + a_2 s^2 + a_1 s + a_0} + d \qquad (9\text{-}46)$$

また(9-44)式は次のように簡潔に表現される．

$$\begin{cases} \dot{\boldsymbol{x}}(t) = \boldsymbol{A}_o \boldsymbol{x}(t) + \boldsymbol{b}_o u(t) \\ y(t) = \boldsymbol{c}_o^T \boldsymbol{x}(t) + d u(t) \end{cases} \qquad (9\text{-}47)$$

ところで(9-44)式と(9-29)式を比較すると，可観測標準形式のシステム行列 $\boldsymbol{A}_o$ と入出力行列 $\boldsymbol{b}_o, \boldsymbol{c}_o$ は，可制御標準形式のシステム行列 $\boldsymbol{A}_c$ と入出力行列 $\boldsymbol{b}_c, \boldsymbol{c}_c$ との間で次の関係にあることを知る．

$$\boldsymbol{A}_o = \boldsymbol{A}_c^T, \quad \boldsymbol{b}_o = \boldsymbol{c}_c, \quad \boldsymbol{c}_o = \boldsymbol{b}_c \qquad (9\text{-}48)$$

この関係は d も含めて次のように転置の関係に書くこともできる．

$$\begin{bmatrix} \boldsymbol{A}_o & \boldsymbol{b}_o \\ \boldsymbol{c}_o^T & d \end{bmatrix} = \begin{bmatrix} \boldsymbol{A}_c & \boldsymbol{b}_c \\ \boldsymbol{c}_c^T & d \end{bmatrix}^T \qquad (9\text{-}49)$$

このような(9-48)あるいは(9-49)式の関係を，システム $(\boldsymbol{A}_o, \boldsymbol{b}_o, \boldsymbol{c}_o^T, d)$ とシステム $(\boldsymbol{A}_c, \boldsymbol{b}_c, \boldsymbol{c}_c^T, d)$ は双対の関係にあるという．

(3) 対角標準形／ジョルダン標準形 (Jordan canonical form)

例題 9-5 相異なる根を有する伝達関数から対角標準形を求めよ．
伝達関数を次のように部分分数に分ける．

$$\frac{y(s)}{u(s)} = \frac{b_2 s^2 + b_1 s + b_0}{(s+\lambda_1)(s+\lambda_2)(s+\lambda_3)} + d = \alpha_1 \frac{1}{s+\lambda_1} + \alpha_2 \frac{1}{s+\lambda_2} + \alpha_3 \frac{1}{s+\lambda_3} + d \qquad (9\text{-}50)$$

ここで状態変数 x_1, x_2, x_3 を

$$x_1(s) \equiv \frac{1}{s+\lambda_1} u(s),\; x_2(s) \equiv \frac{1}{s+\lambda_2} u(s),\; x_3(s) \equiv \frac{1}{s+\lambda_3} u(s) \quad (9\text{-}51)$$

と定義すれば，(9-50)式は

$$y(s) = \alpha_1 x_1(s) + \alpha_2 x_2(s) + \alpha_3 x_3(s) + d u(s) \qquad (9\text{-}52)$$

となる．また，(9-51)の3式の各分母を払い逆ラプラス変換して連立すると

$$\begin{bmatrix}\dot{x}_1(t)\\ \dot{x}_2(t)\\ \dot{x}_3(t)\end{bmatrix}=\begin{bmatrix}-\lambda_1 & 0 & 0\\ 0 & -\lambda_2 & 0\\ 0 & 0 & -\lambda_3\end{bmatrix}\begin{bmatrix}x_1(t)\\ x_2(t)\\ x_3(t)\end{bmatrix}+\begin{bmatrix}1\\ 1\\ 1\end{bmatrix}u(t) \qquad (9\text{-}53\text{a})$$

の形の独立な方程式群を得る．出力方程式は(9-52)式を時間領域に戻して

$$y(t)=\begin{bmatrix}\alpha_1 & \alpha_2 & \alpha_3\end{bmatrix}\begin{bmatrix}x_1(t)\\ x_2(t)\\ x_3(t)\end{bmatrix}+du(t) \qquad (9\text{-}53\text{b})$$

となる．(9-51),(9-52)式あるいは(9-53)式を表すブロック線図は図9-6となる．なお，$\alpha_1,\alpha_2,\alpha_3$ のブロックは入力側に移動した形でもよい．その場合は(9-53)式の入力行列が $\boldsymbol{b}^T=[\alpha_1,\alpha_2,\alpha_3]$ に，出力行列が $\boldsymbol{c}^T=[1,1,1]$ の形になる．

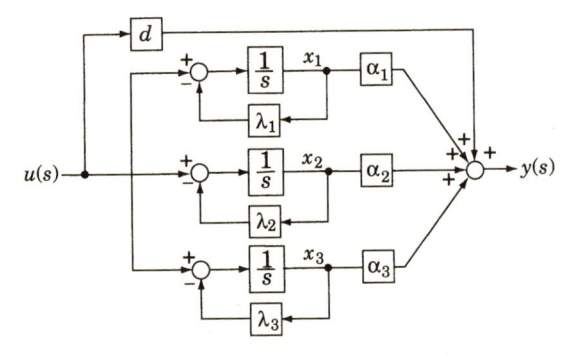

図 9-6　システム(9-53)のブロック線図

例題 9-6　多重根がある場合のジョルダン標準形を求めよ．

次のような部分分数に展開する．ただし，λ_1 は単根，λ_2 は2重根，λ_3 は3重根とする．

$$\frac{y(s)}{u(s)}=\frac{N(s)}{(s-\lambda_1)(s-\lambda_2)^2(s-\lambda_3)^3}$$

$$=\frac{c_1}{s-\lambda_1}+\frac{c_2}{(s-\lambda_2)^2}+\frac{c_3}{s-\lambda_2}+\frac{c_4}{(s-\lambda_3)^3}+\frac{c_5}{(s-\lambda_3)^2}+\frac{c_6}{s-\lambda_3} \qquad (9\text{-}54)$$

図9-7に示すように状態変数を定義し，状態空間表示すると，システム状態行列に先ほどの(9-53a)式の対角行列と異なって非対角要素に1が現れる．

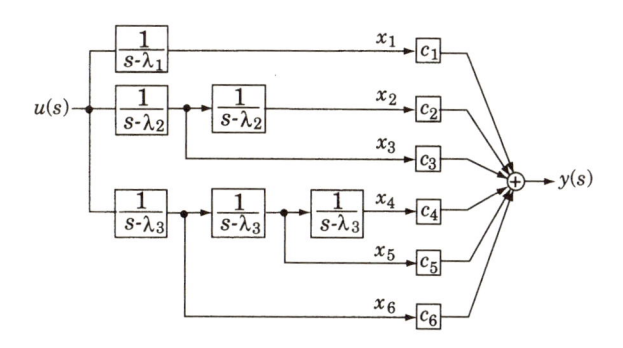

図 9-7 重根のあるシステム(9-55)のブロック線図

$$\dot{x} = \begin{bmatrix} \lambda_1 & \vdots & 0 & 0 & \vdots & 0 & 0 & 0 \\ \cdots & \vdots & \cdots & \cdots & \vdots & \cdots & \cdots & \cdots \\ 0 & \vdots & \lambda_2 & 1 & \vdots & 0 & 0 & 0 \\ 0 & \vdots & 0 & \lambda_2 & \vdots & 0 & 0 & 0 \\ \cdots & \vdots & \cdots & \cdots & \vdots & \cdots & \cdots & \cdots \\ 0 & \vdots & 0 & 0 & \vdots & \lambda_3 & 1 & 0 \\ 0 & \vdots & 0 & 0 & \vdots & 0 & \lambda_3 & 1 \\ 0 & \vdots & 0 & 0 & \vdots & 0 & 0 & \lambda_3 \end{bmatrix} x + \begin{bmatrix} 1 \\ \cdots \\ 0 \\ 1 \\ \cdots \\ 0 \\ 0 \\ 1 \end{bmatrix} u \qquad (9\text{-}55\text{a})$$

$$y = \begin{bmatrix} c_1 & \vdots & c_2 & c_3 & \vdots & c_4 & c_5 & c_6 \end{bmatrix} x \qquad (9\text{-}55\text{b})$$

(4) モード座標系（分布常数系）

多質点系の運動方程式は一般に次の形のベクトル微分方程式で表される．

$$M\ddot{q}(t) + D\dot{q}(t) + Kq(t) = Fu(t) \qquad (9\text{-}56)$$

$$D = \alpha M + \beta K \qquad (9\text{-}57)$$

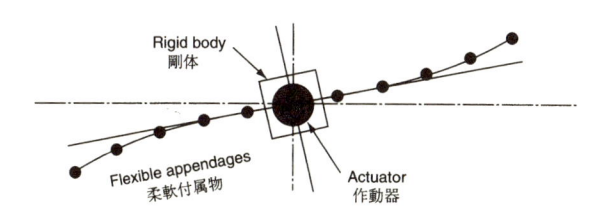

図 9-8 多質点系の例

ここで次のモード行列(modal matrix) T を用いて物理座標からモード座標（空間）に座標変換する．

$$q = T\eta \qquad (9\text{-}58)$$

このときの η はモード座標で表された変位ベクトルである．(9-58)式を(9-56)式に代入して

$$MT\ddot{\eta} + DT\dot{\eta} + KT\eta = Fu \qquad (9\text{-}59)$$

左からモード行列の転置を両辺に掛けて

$$(T^T MT)\ddot{\eta} + (T^T DT)\dot{\eta} + (T^T KT)\eta = (T^T F)u \qquad (9\text{-}60)$$

ここで，次の同時対角化が成立する．これは一般的な固有値問題 $(Kx = \lambda Mx)$ に関連している．

$$T^T MT = I , T^T KT = \Omega^2 = \begin{bmatrix} \omega_1^2 & \cdots & 0 \\ \vdots & \ddots & \\ 0 & & \omega_n^2 \end{bmatrix} \qquad (9\text{-}61)$$

このとき，行列 D も(9-57)式の仮定より対角化される．

$$T^T DT = \alpha T^T MT + \beta T^T KT = \alpha I + \beta \Omega^2 \qquad (9\text{-}62)$$

この対角化された右辺を次のように表すこととする．

$$T^T DT = 2Z\Omega = \begin{bmatrix} 2\zeta_1\omega_1 & \cdots & 0 \\ \vdots & \ddots & \\ 0 & & 2\zeta_n\omega_n \end{bmatrix} \qquad (9\text{-}63)$$

ただし，$2\zeta_i\omega_i = \alpha + \beta\omega_i^2 \ (i = 1, 2, \cdots, n)$ とおいている．また，Z は各モードの減衰係数 $\zeta_i (i = 1, 2, \cdots, n)$ を対角要素にもつ行列である．

$$Z = \begin{bmatrix} \zeta_1 & \cdots & 0 \\ \vdots & \ddots & \vdots \\ 0 & \cdots & \zeta_n \end{bmatrix} \qquad (9\text{-}64)$$

こうして(9-60)式は次のモード座標空間に変換される．

$$\ddot{\eta}(t) + 2Z\Omega\dot{\eta}(t) + \Omega^2\eta(t) = T^T Fu(t) \qquad (9\text{-}65)$$

ここで，次の状態空間ベクトル x_1, x_2 を新たに導入する．

$$\begin{cases} \boldsymbol{\eta} \equiv \boldsymbol{x}_1 & \text{(9-66a)} \\ \dot{\boldsymbol{\eta}} \equiv \dot{\boldsymbol{x}}_1 \equiv \boldsymbol{x}_2 & \text{(9-66b)} \end{cases}$$

これらを(9-65)式に代入し，(9-66b)式と並記すると$2n$次元の状態方程式を得る．

$$\begin{bmatrix} \dot{\boldsymbol{x}}_1 \\ \dot{\boldsymbol{x}}_2 \end{bmatrix} = \begin{bmatrix} \boldsymbol{0}_n & \boldsymbol{I}_n \\ -\boldsymbol{\Omega}^2 & -2\boldsymbol{Z}\boldsymbol{\Omega} \end{bmatrix} \begin{bmatrix} \boldsymbol{x}_1 \\ \boldsymbol{x}_2 \end{bmatrix} + \begin{bmatrix} \boldsymbol{0} \\ \boldsymbol{T}^T \boldsymbol{F} \end{bmatrix} \boldsymbol{u} \qquad (9\text{-}67)$$

9-3 状態ベクトル微分方程式の解
(1) ラプラス変換による解法

次の状態微分方程式の解を導く．

$$\dot{\boldsymbol{x}}(t) = \boldsymbol{A}\boldsymbol{x}(t) + \boldsymbol{B}\boldsymbol{u}(t) \qquad (9\text{-}68)$$

(9-68)式の両辺をラプラス変換すると

$$s\boldsymbol{X}(s) - \boldsymbol{x}(0) = \boldsymbol{A}\boldsymbol{X}(s) + \boldsymbol{B}\boldsymbol{U}(s) \qquad (9\text{-}69)$$

ここで$s\boldsymbol{X}(s) = (s\boldsymbol{I})\boldsymbol{X}(s)$に注意して$\boldsymbol{X}(s)$を求めると

$$\begin{aligned}(s\boldsymbol{I} - \boldsymbol{A})\boldsymbol{X}(s) &= \boldsymbol{x}(0) + \boldsymbol{B}\boldsymbol{U}(s) \\ \boldsymbol{X}(s) &= (s\boldsymbol{I} - \boldsymbol{A})^{-1}\boldsymbol{x}(0) + (s\boldsymbol{I} - \boldsymbol{A})^{-1}\boldsymbol{B}\boldsymbol{U}(s)\end{aligned} \qquad (9\text{-}70)$$

さらにここで，行列$(s\boldsymbol{I}-\boldsymbol{A})^{-1}$を新たに次の記号で表す．

$$\boldsymbol{\Phi}(s) \equiv (s\boldsymbol{I} - \boldsymbol{A})^{-1} \qquad (9\text{-}71)$$

この記号を代入して

$$\boldsymbol{X}(s) = \boldsymbol{\Phi}(s)\boldsymbol{x}(0) + \boldsymbol{\Phi}(s)\boldsymbol{B}\boldsymbol{U}(s) \qquad (9\text{-}72)$$

最後に逆ラプラス変換すると

$$\boldsymbol{x}(t) = \boldsymbol{\Phi}(t)\boldsymbol{x}(0) + \mathcal{L}^{-1}\left[\boldsymbol{\Phi}(s)\boldsymbol{B}\boldsymbol{U}(s)\right] \qquad (9\text{-}73)$$

第2項については相乗定理（第1章）が成立するから次式を得る．

$$\boldsymbol{x}(t) = \boldsymbol{\Phi}(t)\boldsymbol{x}(0) + \int_0^t \boldsymbol{\Phi}(t-\tau)\boldsymbol{B}\boldsymbol{U}(\tau)d\tau \qquad (9\text{-}74)$$

ここで，(9-71)式で定義した行列$\boldsymbol{\Phi}(t)$を求める必要がある．この行列は**状態遷移行列**あるいは**推移行列**(state transition matrix)などと呼ばれている．遷移行列は$(s\boldsymbol{I} - \boldsymbol{A})$の逆行列として求めることができるが，次の**行列指数関数**としても定義されている．この関連性を以下に示す．なお，この形はスカラー指数関数の級数展開(power series)を行列にまで拡張したものになっていることに注目し

よう.

$$e^{At} \equiv I + \frac{At}{1!} + \frac{A^2 t^2}{2!} + \frac{A^3 t^3}{3!} \cdots + \frac{A^k t^k}{k!} + \cdots \quad (9\text{-}75)$$

(9-75)式を $\mathcal{L}[t^k/k!] = 1/s^{(k+1)}$ を考慮してラプラス変換する.

$$\mathcal{L}[e^{At}] = \frac{I}{s} + \frac{A}{s^2} + \frac{A^2}{s^3} + \frac{A^3}{s^4} + \cdots + \frac{A^k}{s^{k+1}} + \cdots \quad (9\text{-}76)$$

両辺に $(sI - A)$ を掛けると

$$(sI - A) \cdot \mathcal{L}[e^{At}] = I + \frac{A}{s} + \frac{A^2}{s^2} + \frac{A^3}{s^3} + \cdots + \frac{A^k}{s^k} + \cdots$$
$$- \frac{A}{s} - \frac{A^2}{s^2} - \frac{A^3}{s^3} - \cdots - \frac{A^k}{s^k} - \frac{A^{k+1}}{s^{k+1}} \cdots \quad (9\text{-}77)$$

となって，右辺は単位行列になる.

$$(sI - A) \cdot \mathcal{L}[e^{At}] = I \quad (9\text{-}78)$$

これより行列指数関数のラプラス変換は $(sI - A)$ の逆行列であり，(9-71)式と合わせて次の関係を得る.

$$\Phi(s) = (sI - A)^{-1} = \mathcal{L}[e^{At}] \quad (9\text{-}79)$$

あるいは時間領域に直せば遷移行列と行列指数関数との関係が

$$\Phi(t) = \mathcal{L}^{-1}\left[(sI - A)^{-1}\right] = e^{At} \quad (9\text{-}80)$$

であることを知る．この関係を(9-74)式に代入して次式を得る.

$$\therefore x(t) = e^{At} x(0) + \int_0^t e^{A(t-\tau)} Bu(\tau) d\tau \quad (9\text{-}81)$$

この式は(9-68)式の解析解であるが，これを求めるためには遷移行列 $\Phi(t)$ を具体的に求めなければならない． $\Phi(t)$ を求める一つの方法は，(9-75)式の定義に従って行列の成分を直接数値的に求めることであり，計算機向きである.

例題 9-7 A が次の対角行列 Λ のとき，定義に従って e^{At} を求めよ.

$$\Lambda = \begin{bmatrix} \lambda_1 & 0 \\ 0 & \lambda_2 \end{bmatrix}, \Lambda^2 = \begin{bmatrix} \lambda_1^2 & 0 \\ 0 & \lambda_2^2 \end{bmatrix}, \cdots \Lambda^n = \begin{bmatrix} \lambda_1^n & 0 \\ 0 & \lambda_2^n \end{bmatrix} \quad (9\text{-}82)$$

これより

$$e^{\boldsymbol{\Lambda} t} = \begin{bmatrix} 1 & 0 \\ 0 & 1 \end{bmatrix} + \begin{bmatrix} \lambda_1 t/1! & 0 \\ 0 & \lambda_2 t/1! \end{bmatrix} + \begin{bmatrix} \lambda_1^2 t^2/2! & 0 \\ 0 & \lambda_2^2 t^2/2! \end{bmatrix} + \begin{bmatrix} \lambda_1^3 t^3/3! & 0 \\ 0 & \lambda_2^3 t^3/3! \end{bmatrix} + \cdots$$

$$= \begin{bmatrix} 1 + \dfrac{\lambda_1 t}{1!} + \dfrac{\lambda_1^2 t^2}{2!} + \dfrac{\lambda_1^3 t^3}{3!} + \cdots & 0 \\ 0 & 1 + \dfrac{\lambda_2 t}{1!} + \dfrac{\lambda_2^2 t^2}{2!} + \dfrac{\lambda_2^3 t^3}{3!} + \cdots \end{bmatrix}$$

(9-83)

したがって

$$\therefore \quad e^{\boldsymbol{A} t} = e^{\boldsymbol{\Lambda} t} = \begin{bmatrix} e^{\lambda_1 t} & 0 \\ 0 & e^{\lambda_2 t} \end{bmatrix} \tag{9-84}$$

　この例のように対角行列を考えると，行列指数関数はスカラー変数の指数関数を行列にまで拡張したものであることが容易に理解できよう．しかし，$\boldsymbol{A}$ 行列が一般的な非対角行列のとき，定義に従って $e^{\boldsymbol{A} t}$ を求めるのは大変困難なように思えるが，その場合は次に示す行列の対角化を考えればよい．

$$\boldsymbol{T}^{-1} \boldsymbol{A} \boldsymbol{T} = \boldsymbol{\Lambda} = \mathrm{diag}[\lambda_1, \cdots, \lambda_n] \tag{9-85}$$

あるいは左右から $\boldsymbol{T}$ と $\boldsymbol{T}^{-1}$ を掛ければ次の形にも表される．

$$\boldsymbol{A} = \boldsymbol{T} \boldsymbol{\Lambda} \boldsymbol{T}^{-1} \tag{9-86}$$

ここに，$\boldsymbol{T}$ は対角化のための座標変換行列であり，**対角変換行列**と呼ばれる．対角化の手順は9-4節で具体例を示す．ここでは一般論を示す．この関係を行列指数関数の定義式に代入すると

$$\begin{aligned} e^{\boldsymbol{A} t} &= \boldsymbol{I} + \frac{(\boldsymbol{T} \boldsymbol{\Lambda} \boldsymbol{T}^{-1})}{1} t + \frac{(\boldsymbol{T} \boldsymbol{\Lambda} \boldsymbol{T}^{-1})(\boldsymbol{T} \boldsymbol{\Lambda} \boldsymbol{T}^{-1})}{2!} t^2 + \cdots \\ &= \boldsymbol{T} \left(\boldsymbol{I} + \frac{\boldsymbol{\Lambda}}{1!} t + \frac{\boldsymbol{\Lambda}^2}{2!} t^2 + \frac{\boldsymbol{\Lambda}^3}{3!} t^3 \cdots \right) \boldsymbol{T}^{-1} = \boldsymbol{T} e^{\boldsymbol{\Lambda} t} \boldsymbol{T}^{-1} \end{aligned} \tag{9-87}$$

故に，遷移行列の一般形は次の形からなる．

$$e^{\boldsymbol{A} t} = \boldsymbol{T} \begin{bmatrix} e^{\lambda_1 t} & \cdots & 0 \\ \vdots & \ddots & \vdots \\ 0 & \cdots & e^{\lambda_n t} \end{bmatrix} \boldsymbol{T}^{-1} \tag{9-88}$$

このように行列指数関数はスカラーの指数関数に定数（対角変換行列の要素）

を掛けて足したものからなるから，行列の指数関数は，スカラー指数関数の拡張であることがわかる．しかし，高次の行列の場合 T, T^{-1} を解析的に求めるのは困難である．また，(9-79)式に従って $(sI - A)$ の逆行列を直接求める方法も次元が高次になると困難になってくる．これらの方法に対し，次に述べる **Faddeev**（ファディーブ）らが開発し，Morgan が実用化した方法によれば逆行列を求めることなく $\Phi(t)$ を解析的に求めることが可能である．

<Faddeevの方法>

まず，ラプラス変換された遷移行列 $\Phi(s)$ の分母，分子を次のように置く．

$$(sI - A)^{-1} = \frac{B(s)}{|sI - A|} = \frac{B_0 s^{n-1} + B_1 s^{n-2} + \cdots + B_{n-2} s + B_{n-1}}{s^n + a_1 s^{n-1} + a_2 s^{n-2} + \cdots + a_{n-1} s + a_n} \quad (9\text{-}89)$$

ここで，$B_i, a_i (i = 1, 2, \ldots)$ の添え字の順序は，後の公式の便宜上，通常とは逆順に書かれていることに注意しよう．

上式の両辺に $(sI - A)$ を左より掛け，さらに分母多項式を掛ければ

$$\begin{aligned}
(s^n + a_1 s^{n-1} + \cdots a_n)I &= (sI - A)(B_0 s^{n-1} + B_1 s^{n-2} + \cdots + B_{n-1}) \\
&= B_0 s^n + (B_1 - AB_0)s^{n-1} + \cdots + (B_{n-1} - AB_{n-2})s + (-AB_{n-1})
\end{aligned} \quad (9\text{-}90)$$

両辺の s の等ベキの係数行列を等置すると

$$\begin{aligned}
I &= B_0 & &\rightarrow & B_0 &= I \\
a_1 I &= B_1 - AB_0 & &\rightarrow & B_1 &= AB_0 + a_1 I = A + a_1 I \\
a_2 I &= B_2 - AB_1 & &\rightarrow & B_2 &= AB_1 + a_2 I = A^2 + a_1 A + a_2 I \\
&\vdots & &\vdots \\
a_{n-1} I &= B_{n-1} - AB_{n-2} & &\rightarrow & B_{n-1} &= AB_{n-2} + a_{n-1} I = A^{n-1} + a_1 A^{n-2} \cdots + a_{n-1} I \\
a_n I &= -AB_{n-1} & &\rightarrow & B_n &= AB_{n-1} + a_n I = 0
\end{aligned} \quad (9\text{-}91)$$

(9-91)式の最後の式の右辺は直前の B_{n-1} を代入すれば次のケーリー・ハミルトンの定理を表す式になっており，$B_n = 0$ は検算に利用される．

$$B_n = A^n + a_1 A^{n-1} + \cdots + a_{n-1} A + a_n I = 0 \quad (9\text{-}92)$$

また $a_1, a_2, \cdots, a_n$ は

$$a_k = -\frac{1}{k} tr(AB_{k-1}) \quad (9\text{-}93)$$

9-3 状態ベクトル微分方程式の解

であることが知られているので，次の計算アルゴリズムが得られる．

$$B_k = AB_{k-1} - \frac{tr(AB_{k-1})}{k}I, \quad k=1,2,\cdots,n, \quad B_0 = I \tag{9-94}$$

なお遷移行列は(9-89)式の分子行列多項式 $B(s)$ を利用して次のように求められることが知られている（問題9-6）．

$$\Phi(s) = \frac{B(s_1)}{trB(s_1)} \frac{1}{s-s_1} + \frac{B(s_2)}{trB(s_2)} \frac{1}{s-s_2} + \cdots + \frac{B(s_n)}{trB(s_n)} \frac{1}{s-s_n} \tag{9-95}$$

さらにこれをラプラス逆変換すれば遷移行列の解析解が得られる．

$$e^{At} = \Phi(t) = \frac{B(s_1)}{trB(s_1)}e^{s_1 t} + \frac{B(s_2)}{trB(s_2)}e^{s_2 t} \cdots + \frac{B(s_n)}{trB(s_n)}e^{s_n t} \tag{9-96}$$

ただし，s_i は特性方程式 $s^n + a_1 s^{n-1} + \cdots + a_{n-1}s + a_n = 0$ の異なる根である．

例題 9-8 ファディーブの方法に従って次のシステムの $\Phi(s)$ を求めよ．

$$\begin{bmatrix} \dot{x}_1(t) \\ \dot{x}_2(t) \end{bmatrix} = \begin{bmatrix} 0 & 1 \\ -a_0 & -a_1 \end{bmatrix} \begin{bmatrix} x_1(t) \\ x_2(t) \end{bmatrix} + \begin{bmatrix} 0 \\ a_0 \end{bmatrix} u(t) \tag{9-97}$$

分子の行列は

$$B_0 = I \tag{9-98}$$

$$B_1 = \begin{bmatrix} 0 & 1 \\ -a_0 & -a_1 \end{bmatrix} - tr\begin{bmatrix} 0 & 1 \\ -a_0 & -a_1 \end{bmatrix} I = \begin{bmatrix} a_1 & 1 \\ -a_0 & 0 \end{bmatrix} \tag{9-99}$$

$$B_2 = \begin{bmatrix} 0 & 1 \\ -a_0 & -a_1 \end{bmatrix}\begin{bmatrix} a_1 & 1 \\ -a_0 & 0 \end{bmatrix} - \frac{1}{2}tr\left(\begin{bmatrix} 0 & 1 \\ -a_0 & -a_1 \end{bmatrix}\begin{bmatrix} a_1 & 1 \\ -a_0 & 0 \end{bmatrix}\right)I = \begin{bmatrix} 0 & 0 \\ 0 & 0 \end{bmatrix} \tag{9-100}$$

特性多項式は

$$|sI - A| = \begin{vmatrix} s & -1 \\ a_0 & s+a_1 \end{vmatrix} = s^2 + a_1 s + a_0 \tag{9-101}$$

ここで係数 a_1, a_0 の並びは再び公式とは逆に従来の順序に戻してある．
(9-89)式分子に B_0, B_1 を代入すると

$$B(s) = \begin{bmatrix} 1 & 0 \\ 0 & 1 \end{bmatrix}s + \begin{bmatrix} a_1 & 1 \\ -a_0 & 0 \end{bmatrix} = \begin{bmatrix} s+a_1 & 1 \\ -a_0 & s \end{bmatrix} \tag{9-102}$$

これより

$$\boldsymbol{\Phi}(s) = \begin{bmatrix} \dfrac{s+a_1}{s^2+a_1s+a_0} & \dfrac{1}{s^2+a_1s+a_0} \\ \dfrac{-a_0}{s^2+a_1s+a_0} & \dfrac{s}{s^2+a_1s+a_0} \end{bmatrix} \quad (9\text{-}103)$$

例題 9-9 例題9-8において, $a_1 = 3, a_0 = 2$ としたとき, $\boldsymbol{\Phi}(t)$ を求めよ.

$s^2 + 3s + 2 = (s+1)(s+2)$ から $\boldsymbol{\Phi}(s)$ は次のように部分分数に展開できる.

$$\boldsymbol{\Phi}(s) = \begin{bmatrix} \dfrac{s+3}{(s+1)(s+2)} & \dfrac{1}{(s+1)(s+2)} \\ \dfrac{-2}{(s+1)(s+2)} & \dfrac{s}{(s+1)(s+2)} \end{bmatrix} = \begin{bmatrix} \dfrac{2}{s+1} - \dfrac{1}{s+2} & \dfrac{1}{s+1} - \dfrac{1}{s+2} \\ \dfrac{-2}{s+1} + \dfrac{2}{s+2} & \dfrac{-1}{s+1} + \dfrac{2}{s+2} \end{bmatrix}$$
$$(9\text{-}104)$$

同じことを(9-95)式に従って求めると

$$\boldsymbol{B}(-1) = \begin{bmatrix} 2 & 1 \\ -2 & -1 \end{bmatrix}, \ tr(\boldsymbol{B}(-1)) = 2 - 1 = 1 \quad (9\text{-}105)$$

$$\boldsymbol{B}(-2) = \begin{bmatrix} 1 & 1 \\ -2 & -2 \end{bmatrix}, \ tr(\boldsymbol{B}(-2)) = 1 - 2 = -1 \quad (9\text{-}106)$$

$$\boldsymbol{\Phi}(s) = \begin{bmatrix} 2 & 1 \\ -2 & -1 \end{bmatrix} \dfrac{1}{s+1} + \begin{bmatrix} -1 & -1 \\ 2 & 2 \end{bmatrix} \dfrac{1}{s+2} \quad (9\text{-}107)$$

となって(9-104)式と同一の行列が得られる. これをラプラス逆変換して次の遷移行列を得る.

$$\boldsymbol{\Phi}(t) = e^{\boldsymbol{A}t} = \begin{bmatrix} 2e^{-t} - e^{-2t} & e^{-t} - e^{-2t} \\ -2e^{-t} + 2e^{-2t} & -e^{-t} + 2e^{-2t} \end{bmatrix} \quad (9\text{-}108)$$

例題 9-10 次の $\dot{\boldsymbol{x}}(t) = \boldsymbol{A}\boldsymbol{x}(t) + \boldsymbol{b}u(t)$ の解を求めよ.

$$\dot{\boldsymbol{x}}(t) = \begin{bmatrix} 0 & 1 \\ -2 & -3 \end{bmatrix} \boldsymbol{x}(t) + \begin{bmatrix} 0 \\ 2 \end{bmatrix} u(t), \ \boldsymbol{x}_0 = \boldsymbol{0}, u(t) = 1 \quad (9\text{-}109)$$

例題9-9より遷移行列は既に(9-108)式で与えられている. これを(9-81)式に代入して

$$\boldsymbol{x}(t) = \int_0^t \boldsymbol{\Phi}(t-\tau)\boldsymbol{b}u(\tau)d\tau = \begin{bmatrix} 2\int_0^t \left\{ e^{-(t-\tau)} - e^{-2(t-\tau)} \right\} d\tau \\ 2\int_0^t \left\{ -e^{-(t-\tau)} + 2e^{-2(t-\tau)} \right\} d\tau \end{bmatrix} \quad (9\text{-}110)$$

ここで $t - \tau = \xi$, $-d\tau = d\xi$ と変数を置換する．

$$\boldsymbol{x}(t) = \begin{bmatrix} 2\int_t^0 \left\{ e^{-\xi} - e^{-2\xi} \right\}(-d\xi) \\ 2\int_t^0 \left\{ -e^{-\xi} + 2e^{-2\xi} \right\}(-d\xi) \end{bmatrix} = \begin{bmatrix} 2\left\{ -(e^{-t}-1) + 0.5(e^{-2t}-1) \right\} \\ 2\left\{ (e^{-t}-1) - (e^{-2t}-1) \right\} \end{bmatrix} \quad (9\text{-}111)$$

整理して解を得る．

$$\boldsymbol{x}(t) = \begin{bmatrix} 1 - 2e^{-t} + e^{-2t} \\ 2e^{-t} - 2e^{-2t} \end{bmatrix} \quad (9\text{-}112)$$

(2) 状態微分方程式の時間領域解法

同じ状態方程式の解をラプラス変換することなく求めてみよう．

$$\dot{\boldsymbol{x}}(t) = \boldsymbol{A}\boldsymbol{x}(t) + \boldsymbol{B}\boldsymbol{u}(t) \quad (9\text{-}113)$$

両辺に $e^{-\boldsymbol{A}t}$ を掛け，右辺第 1 項を左辺に移項する．

$$e^{-\boldsymbol{A}t}\dot{\boldsymbol{x}}(t) - e^{-\boldsymbol{A}t}\boldsymbol{A}\boldsymbol{x}(t) = e^{-\boldsymbol{A}t}\boldsymbol{B}\boldsymbol{u}(t) \quad (9\text{-}114)$$

ここで左辺第 2 項について考える．(9-75)式で与えられた遷移行列の定義より

$$e^{-\boldsymbol{A}t} = \boldsymbol{I} + \frac{(-\boldsymbol{A})t}{1!} + \frac{(-\boldsymbol{A})^2 t^2}{2!} + \frac{(-\boldsymbol{A})^3 t^3}{3!} + \cdots + \frac{(-\boldsymbol{A})^k t^k}{k!} + \cdots \quad (9\text{-}115)$$

これを微分すると

$$\begin{aligned}
\frac{d\left(e^{-\boldsymbol{A}t}\right)}{dt} &= -\boldsymbol{A} + \frac{(-\boldsymbol{A})^2 t}{1!} + \frac{(-\boldsymbol{A})^3 t^2}{2!} + \cdots + \frac{(-\boldsymbol{A})^k t^{k-1}}{(k-1)!} + \cdots \\
&= \left\{ \boldsymbol{I} + \frac{(-\boldsymbol{A})t}{1!} + \frac{(-\boldsymbol{A})^2 t^2}{2!} + \cdots + \frac{(-\boldsymbol{A})^{k-1} t^{k-1}}{(k-1)!} + \cdots \right\}(-\boldsymbol{A}) \\
&= -\boldsymbol{A}\left\{ \boldsymbol{I} + \frac{(-\boldsymbol{A})t}{1!} + \frac{(-\boldsymbol{A})^2 t^2}{2!} + \cdots + \frac{(-\boldsymbol{A})^{k-1} t^{k-1}}{(k-1)!} + \cdots \right\}
\end{aligned} \quad (9\text{-}116)$$

すなわち

$$\therefore \frac{d}{dt} e^{-\boldsymbol{A}t} = e^{-\boldsymbol{A}t} \cdot (-\boldsymbol{A}) = (-\boldsymbol{A}) \cdot e^{-\boldsymbol{A}t} \quad (9\text{-}117)$$

とスカラー関数の場合に似た関係を得る．したがって，(9-114)式左辺は

$$\frac{d}{dt}\left\{e^{-At}\cdot \boldsymbol{x}(t)\right\} = e^{-At}\boldsymbol{B}\boldsymbol{u}(t) \tag{9-118}$$

と表すことができる．両辺を積分すると

$$\left[e^{-At}\boldsymbol{x}(t)\right]_{t_0}^{t} = e^{-At}\boldsymbol{x}(t) - e^{-At_0}\boldsymbol{x}(t_0) = \int_{t_0}^{t} e^{-A\tau}\boldsymbol{B}\boldsymbol{u}(\tau)dt \tag{9-119}$$

ここで，証明は省略するがスカラー関数の場合と同様に

$$e^{At_1}e^{\pm At_2} = e^{A(t_1 \pm t_2)} \tag{9-120}$$

が成立する．特に $t=t_1=t_2$ の場合は次のようになる．

$$e^{At}e^{-At} = e^{0} = \boldsymbol{I} \tag{9-121}$$

これより，e^{-At} は e^{At} の逆行列であることを知る．

$$e^{-At} = (e^{At})^{-1} \tag{9-122}$$

(9-119)式の両辺に e^{At} を掛けて，(9-120),(9-121)式を用いれば次の解を得る．

$$\therefore \boldsymbol{x}(t) = e^{A(t-t_0)}\boldsymbol{x}(t_0) + \int_{t_0}^{t} e^{A(t-\tau)}\boldsymbol{B}\boldsymbol{u}(\tau)dt \tag{9-123}$$

ここで，$t_0 = 0$ と置けば(9-81)式と同一である．

9-4　2次形式と正定値行列の意味

近年の最適制御理論や9-5節のリアプノフの安定理論など，時間領域での解析や設計においてしばしば現れる2次形式について例を用いて考察する．

例題 9-11 次の2次形式(quadratic form)の幾何学的意味を考えよ．

$$V = \boldsymbol{x}^T \boldsymbol{P} \boldsymbol{x} = \begin{bmatrix} x_1 & x_2 \end{bmatrix} \begin{bmatrix} 3 & 1 \\ 1 & 3 \end{bmatrix} \begin{bmatrix} x_1 \\ x_2 \end{bmatrix} = 3x_1^2 + 2x_1 x_2 + 3x_2^2 \tag{9-124}$$

2次形式で応用上意味があるのは原点を除いて常に正（あるいは負）となるような場合である．この例の場合，第2項の存在によって第2象限と第4象限では V が負になる可能性がありそうに見える．しかし，次の形に整理することにより全領域において正であることがわかる（図9-9）．

$$V = 2\left(\frac{x_1 - x_2}{\sqrt{2}}\right)^2 + 4\left(\frac{x_1 + x_2}{\sqrt{2}}\right)^2 > 0, \quad \begin{bmatrix} x_1 \\ x_2 \end{bmatrix} \neq 0 \tag{9-125}$$

9-4 2次形式と正定値行列の意味

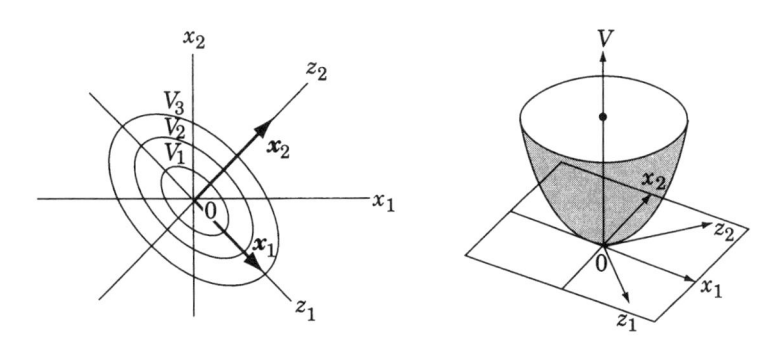

図 9-9 非対角要素のある 2 次形式と正定値性

しかし，$x_1, x_2, \cdots x_n$ の多次元空間の場合，(9-125)式のような関係をどのようにして求めたらよいであろうか？その答は座標変換により固有値と固有ベクトルを求めることである．以下に座標変換による対角化と固有値，固有ベクトルとの関係を本数値例で考えてみる．

まず，行列の固有値と固有ベクトルを求めるため固有方程式を作る．

$$|\lambda \boldsymbol{I} - \boldsymbol{P}| = \begin{vmatrix} \lambda - 3 & -1 \\ -1 & \lambda - 3 \end{vmatrix} = (\lambda - 2)(\lambda - 4) = 0 \tag{9-126}$$

これより固有値 $\lambda_1 = 2, \lambda_2 = 4$ を得る．そこで

(1) $\lambda_1 = 2$ の場合

$$(2\boldsymbol{I} - \boldsymbol{P})\boldsymbol{x}_1 = \begin{bmatrix} -1 & -1 \\ -1 & -1 \end{bmatrix} \begin{bmatrix} x_{11} \\ x_{21} \end{bmatrix} = \begin{bmatrix} 0 \\ 0 \end{bmatrix} \tag{9-127}$$

より $x_{21} = -x_{11}$ であるから，固有ベクトルとして単位ベクトルを選んで

$$\boldsymbol{x}_1 = \frac{1}{\sqrt{2}} \begin{bmatrix} 1 \\ -1 \end{bmatrix} \tag{9-128}$$

(2) $\lambda_2 = 4$ の場合

$$(4\boldsymbol{I} - \boldsymbol{P})\boldsymbol{x}_2 = \begin{bmatrix} 1 & -1 \\ -1 & 1 \end{bmatrix} \begin{bmatrix} x_{12} \\ x_{22} \end{bmatrix} = \begin{bmatrix} 0 \\ 0 \end{bmatrix} \tag{9-129}$$

より $x_{22} = x_{12}$ であるから，固有ベクトルとして同じく単位ベクトルを選んで

$$\boldsymbol{x}_2 = \frac{1}{\sqrt{2}} \begin{bmatrix} 1 \\ 1 \end{bmatrix} \tag{9-130}$$

ここで固有値と固有ベクトルの間には

$$P x_1 = \lambda_1 x_1, \quad P x_2 = \lambda_2 x_2 \tag{9-131}$$

が成立しているから，この2式を横に並べて正方行列をつくり整理すると

$$P[x_1, x_2] = [x_1, x_2]\begin{bmatrix} \lambda_1 & 0 \\ 0 & \lambda_2 \end{bmatrix} \tag{9-132}$$

となる（右辺の行列の順序に注意）．ここで

$$T \equiv [x_1, x_2], \quad \Lambda \equiv \begin{bmatrix} \lambda_1 & 0 \\ 0 & \lambda_2 \end{bmatrix} = \begin{bmatrix} 2 & 0 \\ 0 & 4 \end{bmatrix} \tag{9-133}$$

とおくと，(9-132)式は次の形をしている．

$$PT = T\Lambda \tag{9-134}$$

これに右から T の逆行列を掛けることで行列の**対角化問題**を表す次の一般形を得る．

$$P = T\Lambda T^{-1} \tag{9-135}$$

この関係を(9-124)式に代入すれば

$$V = x^T P x = x^T (T\Lambda T^{-1}) x = (T^T x)^T \Lambda (T^{-1} x) \tag{9-136}$$

ここで P が対称行列のとき，それを対角化する座標変換行列は $T^T = T^{-1}$（**直交行列**）になることが知られているから次のように書くことができる．

$$V = (T^{-1} x)^T \Lambda (T^{-1} x) = z^T \Lambda z \tag{9-137}$$

ただし

$$z = \begin{bmatrix} z_1 \\ z_2 \end{bmatrix} \equiv T^{-1} x = \frac{1}{\sqrt{2}} \begin{bmatrix} 1 & -1 \\ 1 & 1 \end{bmatrix} \begin{bmatrix} x_1 \\ x_2 \end{bmatrix} \tag{9-138}$$

とおいている．ここで(9-137)式に(9-138)式を代入すれば(9-125)式を得る．

例題 9-12 次の2次形式を座標変換によって対角化せよ．

$$V = x^T P x = \begin{bmatrix} x_1 & x_2 \end{bmatrix} \begin{bmatrix} 1 & -2 \\ -2 & 4 \end{bmatrix} \begin{bmatrix} x_1 \\ x_2 \end{bmatrix} \tag{9-139}$$

固有方程式を作り P の固有値と固有ベクトルを調べてみる．

$$|\lambda I - P| = \begin{vmatrix} \lambda - 1 & 2 \\ 2 & \lambda - 4 \end{vmatrix} = \lambda(\lambda - 5) = 0 \tag{9-140}$$

9-4 2次形式と正定値行列の意味

これより固有値は $\lambda_1 = 0, \lambda_2 = 5$ である．

(i) $\lambda_1 = 0$ に対応する固有ベクトル $\boldsymbol{x}_1$ は $(0\boldsymbol{I} - \boldsymbol{P})\boldsymbol{x}_1 = \boldsymbol{0}$ より

$$\boldsymbol{x}_1 = \frac{1}{\sqrt{5}} \begin{bmatrix} 2 \\ 1 \end{bmatrix} \tag{9-141}$$

(ii) $\lambda_2 = 5$ に対応する固有ベクトル $\boldsymbol{x}_2$ は，$(5\boldsymbol{I} - \boldsymbol{P})\boldsymbol{x}_2 = \boldsymbol{0}$ より

$$\boldsymbol{x}_2 = \frac{1}{\sqrt{5}} \begin{bmatrix} -1 \\ 2 \end{bmatrix} \tag{9-142}$$

と選ぶ[注]．以上の固有ベクトルを横に並べて正方行列をつくると

$$\boldsymbol{T} = [\boldsymbol{x}_1, \boldsymbol{x}_2] = \frac{1}{\sqrt{5}} \begin{bmatrix} 2 & -1 \\ 1 & 2 \end{bmatrix}, \quad \boldsymbol{T}^T = \frac{1}{\sqrt{5}} \begin{bmatrix} 2 & 1 \\ -1 & 2 \end{bmatrix} \tag{9-143}$$

(9-134)式あるいは(9-135)式より

$$\boldsymbol{\Lambda} = \boldsymbol{T}^{-1}\boldsymbol{P}\boldsymbol{T} = \boldsymbol{T}^T\boldsymbol{P}\boldsymbol{T} = \begin{bmatrix} 0 & 0 \\ 0 & 5 \end{bmatrix} \tag{9-144}$$

したがって，(9-139)式は座標変換

$$\boldsymbol{x} = \boldsymbol{T}\boldsymbol{z} \quad \rightarrow \quad \begin{bmatrix} x_1 \\ x_2 \end{bmatrix} = \frac{1}{\sqrt{5}} \begin{bmatrix} 2 & -1 \\ 1 & 2 \end{bmatrix} \begin{bmatrix} z_1 \\ z_2 \end{bmatrix} \tag{9-145}$$

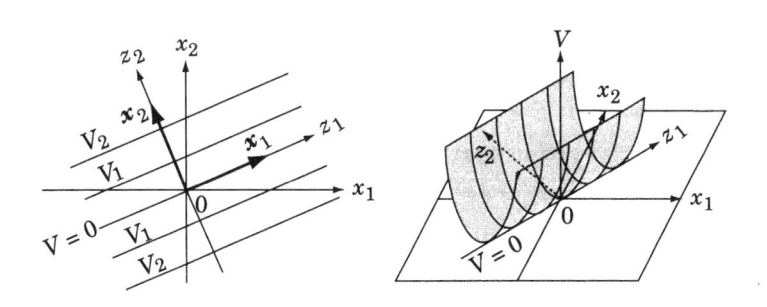

図 9-10 2次形式と準正定値

によって

$$V = \boldsymbol{z}^T(\boldsymbol{T}^T\boldsymbol{P}\boldsymbol{T})\boldsymbol{z} = \begin{bmatrix} z_1 & z_2 \end{bmatrix} \begin{bmatrix} 0 & 0 \\ 0 & 5 \end{bmatrix} \begin{bmatrix} z_1 \\ z_2 \end{bmatrix} = 5z_2^2 \geq 0, \quad \boldsymbol{z} \neq \boldsymbol{0} \tag{9-146}$$

と対角化される．図9-10に示すようにこの例は V が**準正定**の場合であり，原点

[注] $\boldsymbol{x}_2 = [1, -2]^T / \sqrt{5}$ と選ぶと $\boldsymbol{z}_1, \boldsymbol{z}_2$ は左手系になる．

以外でも0になるx_1, x_2の関係が存在することがわかる．

シルベスターの定理

上記2例で見たように，2次形式で意味のあるのはその値が原点を除いて正あるいは非負となるケースである．そのようになるときの行列Pをそれぞれ**正定値行列**(positive definite matrix)，**準（半）正定値行列**(positive semidefinite matrix)といい，それぞれ$P > 0, P \geq 0$の記号で表す．ただし，この記号は行列の各要素が正あるいは非負であることを意味するわけではないことに注意しよう．あくまでもPの固有値が正あるいは非負なのである．

ある行列の固有値を求めることなく（準）正定値行列を判定する条件としては次のシルベスターの定理と呼ばれる**判定条件**(Sylvester's criterion)がある．

＜シルベスターの定理＞

---

(1) 正定値性の判定

$P > 0$であるための必要十分条件は，**主座小行列式**(leading principal minor)がすべて正であることである．

$$p_{11} > 0, \begin{vmatrix} p_{11} & p_{12} \\ p_{21} & p_{22} \end{vmatrix} > 0, \cdots, \begin{vmatrix} p_{11} & p_{12} & \cdots & p_{1n} \\ p_{21} & p_{22} & \cdots & p_{2n} \\ \vdots & \vdots & \ddots & \vdots \\ p_{n1} & p_{n2} & \cdots & p_{nn} \end{vmatrix} > 0 \quad (9\text{-}147)$$

(2) 準正定値性の判定

$P \geq 0$であるための必要十分条件はすべての**主小行列式**が非負であることである．

（注意）準正定値の条件として(1)の正定値性の条件を > から ≥ 0 と修正するだけではいけない．すなわち，

$$p_{11} \geq 0, \begin{vmatrix} p_{11} & p_{12} \\ p_{21} & p_{22} \end{vmatrix} \geq 0, \cdots, \begin{vmatrix} p_{11} & p_{12} & \cdots & p_{1n} \\ p_{21} & p_{22} & \cdots & p_{2n} \\ \vdots & \vdots & \ddots & \vdots \\ p_{n1} & p_{n2} & \cdots & p_{nn} \end{vmatrix} \geq 0 \quad (9\text{-}148)$$

は準正定値の条件とはならないことに注意したい．(2)の条件はこれよりも増加しているのである．このことを次の具体例で示す．

例題 9-13 3行3列の行列が準正定値となる条件を示せ．

$p_{11} \geq 0, p_{22} \geq 0, p_{33} \geq 0,$

$\begin{vmatrix} p_{11} & p_{12} \\ p_{21} & p_{22} \end{vmatrix} \geq 0, \begin{vmatrix} p_{11} & p_{13} \\ p_{31} & p_{33} \end{vmatrix} \geq 0, \begin{vmatrix} p_{22} & p_{23} \\ p_{32} & p_{33} \end{vmatrix} \geq 0, \begin{vmatrix} p_{11} & p_{12} & p_{13} \\ p_{21} & p_{22} & p_{23} \\ p_{31} & p_{32} & p_{33} \end{vmatrix} \geq 0$ (9-149)

9-5 リアプノフの直接法（第2法）(Lyapunov's direct method)

最後に，近年の**適応制御**や**最適制御**の安定性の証明によく利用される**リアプノフ関数**について調べてみよう．リアプノフ関数とは、非線形システムの安定性を調べるのに有効な手段を提案した旧ソビエトの数学者にちなんでつけられた関数のことである．

＜リアプノフの安定定理＞

システム $\dot{x}(t) = f(x)$ において次の条件が成立するとき，システムは**大域的に漸近安定**(asymptotically stable in the large)である．

(1) $V(\mathbf{0}) = 0$ で，$V(x) > 0, x \neq \mathbf{0}$ なる連続関数が存在する．　(9-150)

(2) 解軌道に沿って $\dot{V}(x) \leq 0, x \neq \mathbf{0}$　(9-151)

(3) $\|x\| \to \infty$ のとき $V(x) \to \infty$　(9-152)
---

(2)の条件は，x で偏微分可能な連続関数 V が時間の経過と共に 0 にまで減少することを保証している．このとき，図9-11(c)のように極大，極小点のある関数では極小値に落ち込むことが考えられ適切ではない．(3)はあくまでも単調増

(a) 位相面
(b) リアプノフ関数
(c) リアプノフ関数に相応しくない形状

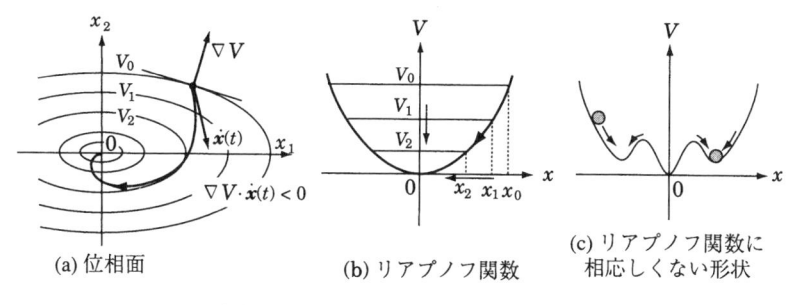

図 9-11　リアプノフ関数と安定性

加関数でなければならないことを主張している．

次に，リアプノフの第2法による線形系の安定解析の例として次の**自律系** (autonomous system)を考えてみる．

$$\dot{x}(t) = Ax(t), \quad x(0) = x_0 \quad (9\text{-}153)$$

リアプノフ関数の候補（$\dot{V} \leq 0$ がいえるまでは）と呼ばれる次の2次形式を考える．

$$V(x) = x^T(t)Px(t) > 0, x(t) \neq 0 \quad (9\text{-}154)$$

P は正定行列に選んであるものとする．これを時間微分して(9-153)式を代入すると

$$\dot{V}(x) = \dot{x}^T(t)Px(t) + x^T(t)P\dot{x}(t) = -x^T(t)Qx(t) \quad (9\text{-}155)$$

となり，再び2次形式を得る．ただし，右辺において

$$A^T P + PA = -Q \quad (9\text{-}156)$$

とおいている．この(9-156)式を**リアプノフ方程式**と呼ぶ．ここでもし，リアプノフ方程式を満たす $P > 0$ で $Q > 0$ あるいは $Q \geq 0$ なる対称行列 P, Q が存在するならば $V(x) > 0, \dot{V}(x) \leq 0$ がいえるから，V 関数は時間と共にその値が減少することになる．このようなときシステム(9-153)は**リアプノフの意味で安定**であるという．またそのときの関数 V をリアプノフ関数と呼ぶ．

上記の弱い条件として，$Q \geq 0$ と準正定のときは V 関数の減少が途中で停止する可能性も考えられるが（適応制御問題ではしばしば見かけられる），原点まで減少が保証される場合もある．その例を以下に2例示す．なお，リアプノフ方程式の解としては次式が知られている．

<リアプノフ方程式の解>

行列 A の固有値 λ_i が原点について対象な極配置をもたないとき

$$\lambda_i \neq -\lambda_j, \quad (i, j = 1, \cdots, n) \quad (9\text{-}157)$$

次の唯一解が存在する．

$$P = \int_0^\infty e^{A^T t} Q e^{At} dt \quad (9\text{-}158)$$

9-5 リアプノフの直接法(第2法)　　249

例題 9-14 次のマス・スプリング・ダンパ系のエネルギーの消散とリアプノフ関数の関係を考えよ．

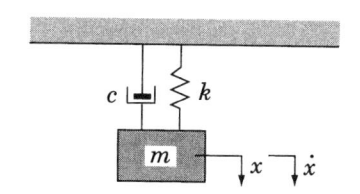

図 9-12　マス・スプリング・ダンパ系

図 9-12 のシステムの運動方程式

$$m\ddot{x}(t) + c\dot{x}(t) + kx(t) = 0 \tag{9-159}$$

において，$x = x_1, \dot{x} = x_2$ とおくと状態方程式は次式で与えられる．

$$\begin{bmatrix} \dot{x}_1(t) \\ \dot{x}_2(t) \end{bmatrix} = \begin{bmatrix} 0 & 1 \\ -k/m & -c/m \end{bmatrix} \begin{bmatrix} x_1(t) \\ x_2(t) \end{bmatrix} \tag{9-160}$$

ここでリアプノフ関数として次の形を考えてみる．

$$V = \frac{1}{2}kx^2 + \frac{1}{2}m\dot{x}^2 = \frac{1}{2}\begin{bmatrix} x_1 & x_2 \end{bmatrix} \begin{bmatrix} k & 0 \\ 0 & m \end{bmatrix} \begin{bmatrix} x_1 \\ x_2 \end{bmatrix} \tag{9-161}$$

第1項は位置(歪)エネルギー，第2項は運動エネルギーを表している．リアプノフ関数の $\boldsymbol{P}$ 行列は

$$\boldsymbol{P} = \frac{1}{2}\begin{bmatrix} k & 0 \\ 0 & m \end{bmatrix} \tag{9-162}$$

と置いたことになる．$\boldsymbol{Q}$ 行列は，(9-156)のリアプノフ方程式より

$$\begin{aligned} \boldsymbol{A}^T\boldsymbol{P} + \boldsymbol{P}\boldsymbol{A} &= \frac{1}{2}\begin{bmatrix} 0 & 1 \\ -k/m & -c/m \end{bmatrix}^T \begin{bmatrix} k & 0 \\ 0 & m \end{bmatrix} \\ &+ \frac{1}{2}\begin{bmatrix} k & 0 \\ 0 & m \end{bmatrix}\begin{bmatrix} 0 & 1 \\ -k/m & -c/m \end{bmatrix} = \begin{bmatrix} 0 & 0 \\ 0 & -c \end{bmatrix} = -\boldsymbol{Q} \end{aligned} \tag{9-163}$$

と与えられる．したがって全エネルギーの時間変化率は次式となる．

$$\dot{V} = \begin{bmatrix} x_1 & x_2 \end{bmatrix} \begin{bmatrix} 0 & 0 \\ 0 & -c \end{bmatrix} \begin{bmatrix} x_1 \\ x_2 \end{bmatrix} = -c\dot{x}^2 \le 0 \tag{9-164}$$

この式は，摩擦によってシステムのエネルギーが熱エネルギーとして失われ，時間の経過と共に減少してゆくことを示している．しかし，Q 行列は準正定であるから，V 関数の減少が途中で停止するおそれがあるのではという先ほどの疑問が生じる．この問いに対しては，$\dot{V} \equiv 0 \leftrightarrow \dot{x} \equiv 0$ の停止状態を考えると $\ddot{x} \equiv 0$ がいえ，さらに，$\dot{x} \equiv \ddot{x} \equiv 0$ ならば元の方程式(9-159)より $x \equiv 0$ がいえる．故に原点 $(x, \dot{x}) = 0$ が $\dot{V} \equiv 0$ の状態といえる．このように，Q 行列が準正定行列であっても，V 関数は原点に向かって減少しつづけることになる．

別の解析として，準正定行列 Q 行列を次のように出力行列に分解してみる．

$$Q = cc^T = \begin{bmatrix} 0 \\ \sqrt{c} \end{bmatrix} \begin{bmatrix} 0 & \sqrt{c} \end{bmatrix} \tag{9-165}$$

このとき出力変数は次のように選んだことになる．

$$y(t) = c^T x(t) = \begin{bmatrix} 0 & \sqrt{c} \end{bmatrix} \begin{bmatrix} x_1 \\ x_2 \end{bmatrix} = \sqrt{c} x_2 \tag{9-166}$$

これより(9-164)式は $\dot{V} = -y^2$ と表せるから，$\dot{V} \equiv 0 \leftrightarrow y \equiv 0$．このとき，出力の微分も 0 に落ち着いているはずであるから

$$\begin{bmatrix} y \\ \dot{y} \end{bmatrix} = \begin{bmatrix} c^T x \\ c^T \dot{x} \end{bmatrix} = \begin{bmatrix} c^T x \\ c^T (Ax) \end{bmatrix} = \begin{bmatrix} c^T \\ c^T A \end{bmatrix} x \equiv 0 \tag{9-167}$$

これより上式が $x = 0$ の解をもつためにはその係数行列の行列式が 0 であってはならないから

$$\begin{vmatrix} c^T \\ c^T A \end{vmatrix} = \begin{vmatrix} 0 & \sqrt{c} \\ -\sqrt{c}k/m & -\sqrt{c^3}/m \end{vmatrix} = \frac{ck}{m} \neq 0 \tag{9-168}$$

故に，減衰 c が 0 でなければ，原点への漸近安定が保証される．

リアプノフの安定定理の魅力は，ラウス／フルビッツ法や根軌跡法などの安定解析法が線形システムに対してのみ適用可能なのに対し，非線形システムの安定解析にも有効なことである（ナイキスト法も同様）．次に非線形システムの例を見てみよう．

例題 9-15 非線形運動する単振子の安定性を解析せよ．

図9-13は1-5節で述べた単振子の問題である．振子の角度 θ が大きく振れたとき，その運動方程式は次の非線形微分形方程式で表される．

9-5 リアプノフの直接法（第2法）

$$I\ddot{\theta}(t) + f\dot{\theta}(t) + lmg\sin\theta(t) = 0 \tag{9-169}$$

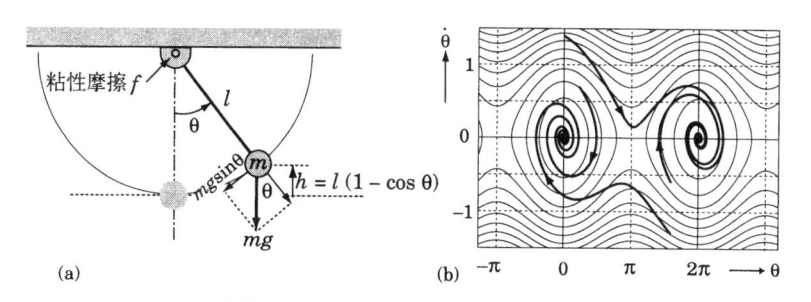

図9-13 摩擦が作用する単振子の減衰運動と位相曲面

この非線形運動の安定性を調べるために次のリアプノフ関数（の候補）を考える．第1項は位置エネルギー，第2項は回転運動の運動エネルギーである．

$$V = mgh + \frac{1}{2}I\dot{\theta}^2 = mgl(1-\cos\theta) + \frac{1}{2}I\dot{\theta}^2 \tag{9-170}$$

安定性を調べるために時間微分すると

$$\dot{V} = mgl\dot{\theta}\sin\theta + I\dot{\theta}\ddot{\theta} \tag{9-171}$$

ここで第2項に(9-169)式を代入すれば

$$\dot{V} = mgl\dot{\theta}\sin\theta + \dot{\theta}(-f\dot{\theta} - mgl\sin\theta) = -f\dot{\theta}^2 \leq 0 \tag{9-172}$$

これより，前例と同様に平行点 $\dot{V} \equiv 0 \leftrightarrow \dot{\theta} \equiv 0$ を考えると $\ddot{\theta} \equiv 0$ がいえるから(9-169)式に代入して $\sin\theta \equiv 0 \rightarrow \theta \equiv 0$ がいえる．

図9-13bに位相面（$\theta-\dot{\theta}$面）と解軌道を示す．安定点は $-2\pi, 0, 2\pi, \cdots$ と複数存在するのでどの安定点に到達するかは初期エネルギーに依存する．

9-6 まとめ

システムを1階連立微分方程式（状態微分方程式）の形で表現する状態空間法を導入し，可制御標準形，可観測標準形，対角標準形，ジョルダン標準形，モード座標形を求め，そのブロック線図表現を示した．さらに，状態微分方程式の解法を2通り説明し，遷移行列の求め方をいくつか紹介した．ついで，2次形式の正定値性の意味について考察し，リアプノフの安定定理の応用を2例考えた．

最後に，行列の性質と注意点をまとめてこの章の終わりとする．

~~~~~~~~ 行列，行列式，遷移行列のまとめ ~~~~~~~~

(1) $IA = AI = A, \quad AA^{-1} = A^{-1}A = I$

(2) $(ABCD)^{-1} = D^{-1}C^{-1}B^{-1}A^{-1}$

(3) $(ABCD)^T = D^T C^T B^T A^T$ （非正方行列でも成立）

(4) $tr(A) = a_{11} + \cdots + a_{nn} = \lambda_1 + \cdots + \lambda_n$（トレースは固有値の和に等しい）

(5) $|A| = \lambda_1 \cdot \lambda_2 \cdots \cdot \lambda_n$ （行列式は固有値の積に等しい）

(6) $|AB| = |BA| = |A| \cdot |B|$ （行列式の順序は交換可能＝可換）

(7) $AB \neq BA$ （行列の順序は交換できない）

(8) $|A^T| = |A|, tr(A^T) = tr(A)$ （行列式とトレースは転置しても不変）

(9) $|A^{-1}| = 1/|A|, \; A^{-1} \neq 1/A$
（逆行列の行列式は行列式の逆数．逆行列は行列の割り算ではない）

(10) $tr(AB) = tr(BA)$
（トレースは順序を交換できる，A, B は正方行列でなくてよい）

(11) $a^T b = tr(ba^T), \; x^T P x = tr(Pxx^T) = tr(xx^T P)$
（スカラー量を行列表現に変換，(10)の特別な場合）

(12) $e^0 = I$

(13) $(e^{At})^{-1} = e^{-At}$

(14) $(e^{At})^k = e^{Akt}$ （k は整数）

(15) $e^{At_1} \cdot e^{\pm At_2} = e^{A(t_1 \pm t_2)}$ （スカラー指数関数に類似）

(16) $e^{At} \cdot e^{Bt} = e^{Bt} \cdot e^{At} = e^{(A+B)t}$ （注意；$AB \neq BA$ のときはいえない）

(17) $\dfrac{d}{dt} e^{At} = A e^{At} = e^{At} A$ （A は正方行列）

(18) $e^{At} = e^{(T\Lambda T^{-1})t} = T e^{\Lambda t} T^{-1}$

(19) $A^T = A$ のとき，対角変換行列は $T^T = T^{-1}$ で，固有値は全て実数

(20) $P > 0 \Leftrightarrow \lambda_i(P) > 0, \; P \geq 0 \Leftrightarrow \lambda_i(P) \geq 0$
（正定値行列の固有値はすべて正，準正定値行列の固有値はすべて非負）

~~~~~~~~~~~~~~~~~~~~~~~~~~~~~~~~

問 題

9-1 次の状態方程式と出力方程式に対応するブロック線図を描き，伝達関数も求めよ．

$$\begin{bmatrix} \dot{x}_1 \\ \dot{x}_2 \\ \cdots \\ \dot{x}_3 \\ \dot{x}_4 \end{bmatrix} = \begin{bmatrix} 0 & 1 & \vdots & 0 & 0 \\ -a_0 & -a_1 & \vdots & 0 & 0 \\ \cdots & \cdots & \cdots & \cdots & \cdots \\ 0 & 0 & \vdots & 0 & -a_2 \\ 0 & 0 & \vdots & 1 & -a_3 \end{bmatrix} \begin{bmatrix} x_1 \\ x_2 \\ \cdots \\ x_3 \\ x_4 \end{bmatrix} + \begin{bmatrix} 0 \\ 1 \\ \cdots \\ b_2 \\ b_3 \end{bmatrix} u, \quad y = \begin{bmatrix} b_0 & b_1 & \vdots & 0 & 1 \end{bmatrix} \begin{bmatrix} x_1 \\ x_2 \\ \cdots \\ x_3 \\ x_4 \end{bmatrix} \quad (9\text{-}181)$$

9-2 (9-13)式2番目の状態変数を(9-5)式のようにαからwに変更したい．A, bはどのように修正すればよいか．ただし，$U_0 \gg w$で$\alpha \approx \tan\alpha = w/U_0$とする．

9-3 例題9-9において，(9-88)式に基づいて遷移行列を求めよ．

9-4 共役複素根の場合計算が多少煩雑ではあるが，例題9-10に習って次式の解を求めよ．

$$\dot{x} = \begin{bmatrix} 0 & 1 \\ -2 & -2 \end{bmatrix} x + \begin{bmatrix} 0 \\ 2 \end{bmatrix} u, \quad x(0) = 0, \quad u(t) = 1 \quad (9\text{-}182)$$

9-5 (a) (9-30)の2式をラプラス変換して伝達関数の一般的表現を得よ．
(b) (9-29)式の要素を代入して伝達関数を具体的に求め，(9-33)式と一致することを確認せよ．

9-6 (9-95)式を2行2列の場合について示せ．

9-7 $\dot{x} = Ax$において，$x(t_2) = \Phi(t_2 - t_1) x(t_1)$, $x(t_3) = \Phi(t_3 - t_2) x(t_2)$, $\cdots$ と次々と状態が推移してゆくことから推移／遷移行列の名が付いた．この関係を導け．

（問題の解答とヒント）

9-1) 次図の通り．

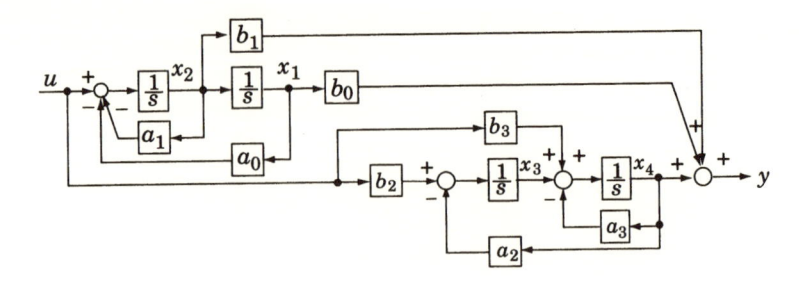

9-2) $\boldsymbol{A} = [a_{ij}]$, $\boldsymbol{b} = [b_i]$ $i,j = 1,2,3,4$ とすれば次の形となる.

$$\begin{bmatrix} \dot{u} \\ \dot{w} \\ \dot{q} \\ \dot{\theta} \end{bmatrix} = \begin{bmatrix} * & a_{12}/U_0 & * & * \\ U_0 a_{21} & a_{22} & U_0 a_{23} & U_0 a_{33} \\ * & a_{32}/U_0 & * & * \\ * & a_{42}/U_0 & * & * \end{bmatrix} \begin{bmatrix} u \\ w \\ q \\ \theta \end{bmatrix} + \begin{bmatrix} * \\ U_0 b_2 \\ * \\ * \end{bmatrix} \delta_e$$

9-3) 固有方程式より固有値を求める.

$$|\lambda \boldsymbol{I} - \boldsymbol{A}| = (\lambda + 1)(\lambda + 2) = 0$$

(i) $\lambda_1 = -1$ のときの固有ベクトルは $\boldsymbol{x}_1^T = \begin{bmatrix} 1/\sqrt{2}, -1/\sqrt{2} \end{bmatrix}$

(ii) $\lambda_2 = -2$ のときの固有ベクトルは $\boldsymbol{x}_2^T = \begin{bmatrix} 1/\sqrt{5}, -2/\sqrt{5} \end{bmatrix}$

これより

$$\boldsymbol{\Phi}(t) = \boldsymbol{T} e^{\Lambda t} \boldsymbol{T}^{-1} = \begin{bmatrix} 1/\sqrt{2} & 1/\sqrt{5} \\ -1/\sqrt{2} & -2/\sqrt{5} \end{bmatrix} \begin{bmatrix} e^{-t} & 0 \\ 0 & e^{-2t} \end{bmatrix} \begin{bmatrix} 2\sqrt{2} & \sqrt{2} \\ -\sqrt{5} & -\sqrt{5} \end{bmatrix}$$

$$= \begin{bmatrix} 2e^{-t} - e^{-2t} & e^{-t} - e^{-2t} \\ -2e^{-t} + 2e^{-2t} & -e^{-t} + 2e^{-2t} \end{bmatrix}$$

9-4) 遷移行列は次の通り.これを(9-81)式第2項に代入して積分する.

$$\boldsymbol{\Phi}(s) = \frac{1}{s^2 + 2s + 2} \begin{bmatrix} s+2 & 1 \\ -2 & s \end{bmatrix}$$

$$\boldsymbol{\Phi}(t) = \begin{bmatrix} e^{-t}(\cos t + \sin t) & e^{-t} \sin t \\ -2e^{-t} \sin t & e^{-t}(\cos t - \sin t) \end{bmatrix}$$

$$\boldsymbol{x}(t) = \int_0^t \boldsymbol{\Phi}(t-\tau)\boldsymbol{b}u(\tau)d\tau = \begin{bmatrix} 2\int_0^t e^{-(t-\tau)}\sin(t-\tau)d\tau \\ 2\int_0^t e^{-(t-\tau)}\{\cos(t-\tau) - \sin(t-\tau)\}d\tau \end{bmatrix}$$

$$x_1(t) = 2\int_t^0 e^{-\xi}\sin\xi(-d\xi) = 2\int_0^t e^{-\xi}\frac{e^{j\xi}-e^{-j\xi}}{2j}d\xi$$

$$= \frac{1}{j}\int_0^t \left(e^{(-1+j)\xi} - e^{(-1-j)\xi}\right)d\xi$$

$$x_2(t) = 2\int_t^0 e^{-\xi}(\cos\xi - \sin\xi)(-d\xi)$$

$$= 2\int_0^t e^{-\xi}\left(\frac{e^{j\xi}+e^{-j\xi}}{2} + \frac{e^{j\xi}-e^{-j\xi}}{2j}\right)d\xi$$

$$= \int_0^t \left\{\frac{j-1}{j}e^{(-1+j)\xi} + \frac{j+1}{j}e^{(-1-j)\xi}\right\}d\xi$$

$$\boldsymbol{x}(t) = \begin{bmatrix} 1 - \sqrt{2}e^{-t}\sin(t+45°) \\ 2e^{-t}\sin t \end{bmatrix}$$

9-5) (a) 一般形は次の通り．

$$\frac{Y(s)}{U(s)} = \boldsymbol{c}_c^T(s\boldsymbol{I} - \boldsymbol{A}_c)^{-1}\boldsymbol{b}_c + d$$

(b) 第2項は自明だから，Faddeev の公式を適用して第1項を求める．

$$\boldsymbol{\Phi}(s) = \frac{\boldsymbol{B}(s)}{\Delta(s)} = \frac{\boldsymbol{B}_0 s^2 + \boldsymbol{B}_1 s + \boldsymbol{B}_2}{s^3 + a_2 s^2 + a_1 s + a_0}$$

$$\boldsymbol{B}_0 = \boldsymbol{I},\ \boldsymbol{B}_1 = \begin{bmatrix} a_2 & 1 & 0 \\ 0 & a_2 & 1 \\ -a_0 & -a_1 & 0 \end{bmatrix},\ \boldsymbol{B}_2 = \begin{bmatrix} a_1 & a_2 & 1 \\ -a_0 & 0 & 0 \\ 0 & -a_0 & 0 \end{bmatrix},\ \boldsymbol{B}_3 = \boldsymbol{0}$$

$$\boldsymbol{\Phi}(s) = (s\boldsymbol{I} - \boldsymbol{A}_c)^{-1} = \frac{1}{\Delta}\begin{bmatrix} s^2 + a_2 s + a_1 & s + a_2 & 1 \\ -a_0 & s^2 + a_2 s & s \\ -a_0 s & -a_1 s - a_0 & s^2 \end{bmatrix}$$

$$\boldsymbol{c}_c^T(s\boldsymbol{I}-\boldsymbol{A}_c)^{-1}\boldsymbol{b}_c = \begin{bmatrix} b_0 & b_1 & b_2 \end{bmatrix}\frac{1}{\Delta}\begin{bmatrix} * & * & 1 \\ * & * & s \\ * & * & s^2 \end{bmatrix}\begin{bmatrix} 0 \\ 0 \\ 1 \end{bmatrix} = \frac{b_0+b_1s+b_2s^2}{s^3+a_2s^2+a_1s+a_0}$$

9-6) 遷移行列を対角座標行列で表すと

$$\boldsymbol{\Phi}(s) = (s\boldsymbol{I}-\boldsymbol{A})^{-1} = \boldsymbol{T}^{-1}(s\boldsymbol{I}-\boldsymbol{\Lambda})^{-1}\boldsymbol{T} = \boldsymbol{T}^{-1}\begin{bmatrix} s+s_1 & 0 \\ 0 & s+s_2 \end{bmatrix}^{-1}\boldsymbol{T}$$

$$\boldsymbol{\Phi}(s) = \frac{\boldsymbol{B}(s)}{|s\boldsymbol{I}-\boldsymbol{A}|} = \frac{1}{(s+s_1)(s+s_2)}\boldsymbol{T}^{-1}\begin{bmatrix} s+s_2 & 0 \\ 0 & s+s_1 \end{bmatrix}\boldsymbol{T}$$

$\boldsymbol{\Phi}(s)$を次の部分分数に展開し，$\boldsymbol{F}_1, \boldsymbol{F}_2$を求める．

$$\boldsymbol{\Phi}(s) = \frac{\boldsymbol{B}(s)}{(s+s_1)(s+s_2)} = \frac{\boldsymbol{F}_1}{s+s_1}+\frac{\boldsymbol{F}_2}{s+s_2}$$

$\boldsymbol{F}_1$についてのみ示す．$\boldsymbol{F}_2$も同様に求めることができるので省略する．

$$\boldsymbol{F}_1 = \left[(s+s_1)\boldsymbol{\Phi}(s)\right]\Big|_{s=-s_1} = \frac{\boldsymbol{B}(s)}{s+s_2}\bigg|_{s=-s_1} = \frac{\boldsymbol{B}(-s_1)}{s_2-s_1}$$

先に求めた$\boldsymbol{\Phi}(s)$の式より分子は

$$\boldsymbol{B}(s) = \boldsymbol{T}^{-1}\begin{bmatrix} s+s_2 & 0 \\ 0 & s+s_1 \end{bmatrix}\boldsymbol{T} \quad \rightarrow \quad \boldsymbol{B}(-s_1) = \boldsymbol{T}^{-1}\begin{bmatrix} s_2-s_1 & 0 \\ 0 & 0 \end{bmatrix}\boldsymbol{T}$$

ここで公式 $tr(\boldsymbol{AB}) = tr(\boldsymbol{BA})$ を適用すれば

$$tr\boldsymbol{B}(-s_1) = tr\left\{\begin{bmatrix} s_2-s_1 & 0 \\ 0 & 0 \end{bmatrix}\boldsymbol{T}\boldsymbol{T}^{-1}\right\} = tr\begin{bmatrix} s_2-s_1 & 0 \\ 0 & 0 \end{bmatrix} = s_2-s_1$$

これより $\boldsymbol{F}_1 = \boldsymbol{B}(-s_1)/tr\boldsymbol{B}(-s_1)$ を得る．

9-7) 強制項の無い場合の状態方程式の解は $\boldsymbol{x}(t) = \boldsymbol{\Phi}(t)\boldsymbol{x}(0) = e^{\boldsymbol{A}t}\boldsymbol{x}(0)$.
これに $t = t_i, t = t_{i+1}$ をそれぞれ代入すると以下の関係を得る．

$$\boldsymbol{x}(t_i) = \boldsymbol{\Phi}(t_i)\boldsymbol{x}(0) = e^{\boldsymbol{A}t_i}\boldsymbol{x}(0)$$
$$\boldsymbol{x}(t_{i+1}) = \boldsymbol{\Phi}(t_{i+1})\boldsymbol{x}(0) = e^{\boldsymbol{A}t_{i+1}}\boldsymbol{x}(0)$$
$$= e^{\boldsymbol{A}t_{i+1}}(e^{\boldsymbol{A}t_i})^{-1}\boldsymbol{x}(t_i) = e^{\boldsymbol{A}(t_{i+1}-t_i)}\boldsymbol{x}(t_i)$$
$$\therefore \quad \boldsymbol{x}(t_{i+1}) = \boldsymbol{\Phi}(t_{i+1}-t_i)\boldsymbol{x}(t_i)$$

参考文献

1) 大島康次郎編："自動制御用語辞典"，オーム社(1969).
2) 計測自動制御学会編："自動制御便覧"，コロナ社(1968).
3) R.ツルミュール著／瀬川富士・高市成方共訳："マトリックスの理論と応用"，ブレイン図書出版(1972).
4) R.C.Dorf著／佐貫亦男訳："制御システム工学"，培風館(1970).
5) 鈴木 隆："自動制御理論演習"，学献社(1970).
6) 高井宏幸，長谷川健介："ラプラス変換法入門"，丸善(1985).
7) 深海登世司，藤巻忠雄 他："制御工学"，東京電機大学出版局(1964).
8) 荒木光彦："古典制御理論"，培風館(2000).
9) 高井宏幸，金台烋，安居院猛："制御技術のための電気工学"，オーム社(1967).
10) 石井順也："回路理論"，コロナ社(1977).
11) O.I. Elgerd："*Control Systems Theory*"，McGraw-Hill(1967).
12) 伊藤正美："自動制御概論（上）"，昭晃堂(1984).
13) M. H. Kaplan："*Modern Scpacecraft Dynamics & Control*"，John Wiley & Sons(1976).
14) J. H. Blakelock："*Aircraft and Missiles*"，John Wiley & Sons(1965, 1991).
15) D. McRuer, I. Ashkenas, D. Graham："*Aircraft Dynamics and Automatic Control*"，Princeton University Press(1973).
16) R. C. Nelson："*Flight Stability and Automatic Control*"，McGraw-Hill(1989).
17) K. Ogata："*State Space Analysis of Control Systems*"，Prentice-Hall(1967).
18) 伊藤正美："システム制御理論"，昭晃堂(1973).
19) 小郷寛，美多勉："システム制御理論入門"，実教出版(1986).
20) 中溝高好，小林伸明："システム制御の講義と演習"，日新出版(1992).
21) 高橋進一，有本卓："回路網とシステム理論"，コロナ社(1974).
22) 市川邦彦："制御理論"，学献社(1984).
23) S. レフシェッツ著／加藤順二訳："非線形制御系の安定性"，産業図書(1976).
24) K. S. Narendra, J. H. Taylor："*Frequency Domain Criteria for Absolute Stability*"，Academic Press(1973).
25) L. マイロヴィッチ著／砂川恵訳："振動解析の理論と応用（下）"，ブレイン図書出版(1984).

索引

ア

RLC 直列回路 28
RC 回路 24
RC 梯子（はしご）回路 51
ISE 99
INS 70
安定性 83
安定増強（大）装置 168
安定微係数 223
アンテナ 72

イ

行き過ぎ時間 85
位相遅れ要素 131
位相角 111
位相曲線 116
位相交点 201
位相交点周波数 202
位相条件 154
位相進み要素 130
位相面 251
位相余有 203
1 次遅れ要素 114, 119
1 次進み要素 121
一巡伝達関数 38
位置偏差定数 94
インディシャル応答 82
インパルス応答 83
インパルス信号 78

ウ

宇宙往還機 177
運動エネルギー 249

エ

SN 比 68
枝 42
Evans 153
エレベータ 43
演算増幅器（オペアンプ）59

オ

オートパイロット 55
Euler の公式 2
遅れ時間 84

カ

界磁制御 30
解析接続 4
外乱 64
開ループシステムの極 188
開ループ制御 64
開ループ伝達関数 38
過減衰 81, 82
重ね合わせ 15
可制御標準形 225
加速度計 50
加速度偏差定数 96
過渡応答 87
干渉 40
還送差 59, 69
感度 57
感度関数 58

キ

逆起電力 33
共振ゲイン値 123, 134, 214
共振周波数 122
強制応答 10
強プロパー 155, 198
行列指数関数 235

極表示 112

ク

クラーメルの公式 43

ケ

ケーリー・ハミルトンの定理 238
計測ノイズ 67
経路 42, 45
ゲイン-位相線図 205
ゲイン曲線 116
ゲイン交点 203
ゲイン交点周波数 203
ゲイン定数 93
ゲイン損失 70
ゲイン比 202
ゲイン余有 202
減衰係数（比） 17
減衰固有振動数 17
減衰振動 81

コ

コーシーの定理 185
航空機縦運動 126, 168
固有（角）振動数 17
固有周波数 117
固有値 243
固有ベクトル 243
根軌跡法 154, 155, 157, 159, 161, 163

サ

斎次方程式 9
最終値の定理 8
最小位相 132
最大行き過ぎ量 85
再突入機 177
SAS 168
作動器 55

シ

時間遅れ 207
時間推移定理 7
時間領域解法 241
磁気ダイポール 30
磁気トルカ 30
シグナルフロー線図 41
自己調整能力 179
仕事率 35
指数関数 3
システム感度 58
システム固定 137
姿勢制御 168, 177, 204
磁束密度 30
実現問題 224
実推移定理 7
質量・バネ・ダンパ（マス・スプリング・
　ダンパ）系 23, 50
時定数 25, 31
自動安定（化）装置 177
自動安定増加装置 216
自動飛行制御システム 179
自由応答 10, 18
重根 14
周波数 17
周波数応答 109
周波数伝達関数 26, 111
主座小行列式 246
出発角 163
出力方程式 221
シュミットトリガ 167
準正定 245
状態空間表示 221
状態微分方程式 221
ジョルダン標準形 231
シルベスターの定理 246
人工衛星 165
信号流れ線図 41
振幅条件 154

ス

ステップ応答 80, 82
スラスタ 167

セ

制御則 208
制御偏差 37
整定時間 85, 149
正定値行列 242, 243, 245
正のフィードバック 36, 60
積分回路 24
積分要素 118
節点 41
折点周波数 117, 120
ゼロ行 147
ゼロ点（零点） 90
ゼロ要素 144
全域通過フィルター 138
遷移行列 235
漸近安定 247
漸近線 157
漸近線の中心 157
線形時不変系 222
線形性 6, 16

ソ

双極子 30
相似（アナロジー） 29
操縦性 178
相乗定理 8, 79
相対安定 149
双対性 231
相補感度関数 58
速応性 83
速度制御 62
速度－トルク曲線 66
速度偏差定数 95

タ

帯域幅 120, 134
対角化 244
対角標準形 231
対角変換行列 237
対数ゲイン 116
代表特性根 87, 136
タコジェネレータ 63
畳み込み積分 78
立ち上り時間 84
多入力・多出力系 41
単位ステップ関数 2
短周期近似 168
短周期モード 90, 92, 126
単振動 81
単入力・単出力系（SISOシステム） 41
ダンパ 16

チ

長周期 126
長周期モード 90, 92
直流ゲイン 57
直流電動機 29, 31, 33
直列結合 36, 46
直結フィードバック 93

ツ

追従問題 99
追値（追従）制御 69, 93
釣合状態 16

テ

定常偏差 56
定値制御 69
DCモータ 30
ディジタル計算機 208
適応制御システム 179

デシベル 116
テスト信号 77, 79
展開定理 10, 12
電機子制御 32
電気子電流 29
伝達関数 10, 23, 25, 27
伝達度 41, 45
電力 35

ト

等角写像 183
等価変換則 36
動作信号 37, 55
到着角 163
同伴行列 226
同伴形式 225
特異点 192
特殊解 10
特性根 12, 18
特性方程式 10

ナ

ナイキスト線図 188
ナイキストの安定判別法 187, 189, 190,
　　191, 193, 195, 197, 199

ニ

ニコルス線図 210, 212
2次遅れ要素 115, 121
2次形式 242, 243, 245

ネ

粘性減衰係数 17
粘性摩擦係数 31

ノ

ノッチ（帯域阻止）フィルター 138

ハ

バイアスモーメンタム衛星 165
バーティカルジャイロ 168
パラボラ（定加速度）入力 95
パワー 35

ヒ

PID制御 96
非干渉システム 41
非減衰固有角振動数 17
非減衰振動 81
非最小位相（推移）系 91, 132
Vishnegradsky 142
非線形 15, 250
ピッチダンパ回路 173, 168
微分回路 25
微分要素 119
評価関数 99, 101

フ

Faddeev(a)の方法 238
フィードバック結合 36
フィード・フォーワード（前向き） 172, 35
複素推移定理 7
符号変換器 61
不足減衰 80, 81
負の実軸 196, 199, 203
負のフィードバック 36, 60
フーリエ変換 109
Hurwitz 142
ブロック線図 35, 37, 39
分離（分岐）点 160

ヘ

閉ループシステムの極 38, 188
閉ループ制御 55
閉ループ伝達関数 189

閉ループ特性根 38
閉ループ特性方程式 38
並列結合 46
ベクトル軌跡 112
ベクトル的解釈 124
偏角の定理 185
偏差（誤差）信号 55

ホ

補償要素 128
補助方程式 146
ボード線図 116
ホール線図 211
包絡線 82
ポテンショメータ（電位差計） 63

マ

前向き（フィード・フォーワード） 35, 38, 48, 172
Maxwell 142

ム

むだ時間要素 114, 207

メ

Mason 41, 45
Mason のループゲイン公式（則） 45

モ

モード 19, 87
モード行列 234
モード座標 234
目標／指令信号 56
モデル規範型（形）適応制御系 99
モデル追従制御系 99

ユ

油圧シリンダー 50

ヨ

余因子 45

ラ

ラウスの安定判別法 143
ラプラス変換 4, 109
ランプ（定速度）入力 94

リ

リアクションホイール 166
リアプノフ関数 247
リアプノフの第2法 248
リアプノフの直接法 247, 249, 251
リアプノフ方程式 248
留数 12
臨界安定 202, 203
臨界ゲイン 201
臨界減衰 81, 82

ル

ループ 42, 46
ループゲイン公式 45

レ

レートジャイロ 168
零点（ゼロ点） 90, 188
連成 40

ロ

ロバスト安定性 57

〈著者略歴〉

嶋田有三(しまだ ゆうぞう)

1948年石川県に生まれる．1971年日本大学理工学部機械工学科航空専修コース卒業．1973年同大学大学院理工学研究科機械工学専攻修了．同年同大学理工学部助手，講師，助教授を経て，1996年同大学同学部航空宇宙工学科教授．現在に至る．
『C＊モデル規範型適応飛行制御系の研究』で工学博士．航空宇宙機の誘導制御などの研究に従事．

わかる制御工学入門
—— 電気・機械・航空宇宙システムを学ぶために ——

2004年4月9日　初　版
2023年3月5日　第5刷

著　者　嶋田有三
発行者　飯塚尚彦
発行所　産業図書株式会社
　　　　〒102-0072 東京都千代田区飯田橋 2-11-3
　　　　電話 03(3261)7821(代)
　　　　FAX 03(3239)2178
　　　　http://www.san-to.co.jp
装　幀　菅　雅彦

© Yuzo Simada 2004　　　印刷・製本　平河工業社
ISBN978-4-7828-4092-4 C3053